四川美术学院学术出版资金资助

重庆主城空间历史拓展演进研究

舒 莺 著

中国建筑工业出版社

图书在版编目（CIP）数据

重庆主城空间历史拓展演进研究 / 舒莺著. 一北京：中国建筑工业出版社，2018.6
ISBN 978-7-112-22194-3

Ⅰ.①重… Ⅱ.①舒… Ⅲ.①城市空间－发展史－研究－重庆 Ⅳ.① TU984.271.9

中国版本图书馆CIP数据核字（2018）第096695号

长江流域的宏观地域环境在不同时期、不同层面赋予了重庆城市历史发展巨大的推动力，塑造出了别具一格的山水城市文化。本书以重庆作为西南地区具有独特自然环境与曲折社会历史进程的典型城市样本，详细记述了古代巴渝先民山地城市建设中的经验和方法，对近代重庆山地城市建设剧变的历史由来，对开埠、建市、抗战时期的城市建设在满足社会需求之时缺乏长远而有预见的规划对系列问题的产生、自然环境与城市发展关系的失衡和现代重庆城市发展使传统城市格局从包括三峡库区在内的八万多平方公里的超大城市，曾经的大分散、小聚居状态转变为"多中心、组团式、网络化"的格局的历程，对其从最初小规模的逐步拓展发展为大规模扩张，从沿江到跨江，再向腹地不断延伸，突破山水分割的生态屏障全过程及多方面影响因素进行了全面深刻的回顾和分析。本书适用于城市规划、建筑设计、景观设计行业及城市史研究从业者和爱好者阅读。

责任编辑：孙硕 唐旭 李东禧
责任校对：张颖

重庆主城空间历史拓展演进研究
舒莺 著
*
中国建筑工业出版社出版、发行（北京海淀三里河路9号）
各地新华书店、建筑书店经销
北京点击世代文化传媒有限公司制版
天津翔远印刷有限公司印刷
*
开本：787×1092毫米 1/16 印张：15¼ 字数：342千字
2018年6月第一版 2018年6月第一次印刷
定价：99.00 元
ISBN 978-7-112-22194-3
（32083）

前　言 |

　　城市发展有其自身的规律，是一个自然产生、发展、壮大的历史过程。城市在自然环境中产生，与社会生产力发展相辅相成、相互促进，城市的扩张实质是农业人口向城市集聚、农业用地按相应规模转化为城市用地的过程。地处西南的山地城市——重庆，从中央王朝的边陲小城逐渐成为长江上游核心城市和国家战略布局中影响社会经济均衡发展与政治稳定的重要城市，诞生之初深受长江水岸与山地自然环境的影响，发展壮大也多赖于其依存的特殊山水环境，虽然重庆和长江流域内各大城市在城市选址、范围拓展、空间布局乃至经济地位、社会分工、文化进步等方面都具有一定的共性，但地理环境与历史条件的差别又显示出独具的个性特色。为此，本书以具有两千多年发展历史的重庆主城扩展变迁分析样本加以研究，抛砖引玉，寄望于更多大家共同探讨山地城市未来拓展之路。

　　古代重庆地处川东平行岭谷，孕育了西南地区早期社会文明，沿长江上游及其支流一带诞生了巴人族群及其城邦。巴人聚居的城市早期文明发展非常缓慢，脉络并不十分清晰。考古与史料记载表明，巴国在长期征伐中依靠自然地理环境据险自守，成为后世城市空间拓展的策源地。在巴人江州古城基础上，主城半岛经历了秦汉到明代中央王朝管辖下的四次大规模筑城，再经清代数次补筑，塑造出了独特的山水城市轮廓。然而，传统城门城墙中封闭与狭隘的旧城空间、艰难的山地交通限制了社会经济发展，近代重庆商业经济发展推动重庆跨越两江，从清末开埠通商到军政时期的九年市政建设，半岛母城之外，江北、南岸城区发展，同时西方技术与生活观念、文化教育理念进入重庆，军政时期的管辖使重庆城市的发展进一步走上正轨，拆除城门，整治街道，修建公路码头，兴建近代邮政、电灯、自来水工程等公用设施使传统时代的旧城内部结构逐渐被改变。近代交通技术使渝中半岛新旧城区、南北江岸核心区域得到开发。近代重庆城市短短五十多年间，却对传统城市产生了颠覆性的改变，历经两千多年而成的沿江扩展的自然生长态势在近代商业社会背景下被打破，人为规划对自然山地环境的自主掌握随着技术水平的提升得到实现。

　　抗战时期是重庆城市从近代化走向现代化的关键时期。八年陪都，重庆城市急速扩张，城区在两江四岸空间中绵延，成为重庆从半岛为中心的小城走向大型都会城市的开始。日寇大轰炸对旧城区带来了严重破坏，但客观上为老城街区重构提供了特殊机会。出于战时安全防御需要的消防安全、火巷构造、街区拓宽等工作对旧城街区的重塑起到了重要作用。作为国家战略防御政治经济需要的战时迁建极大地改变了重庆的经济性质和结构，同时对重庆空间范围的扩张和整体建设起到了极大的促进作用，开启了重庆乡村扩展和城市化新模式，近远郊区各具特色的新街区与新片区中心形成。

现当代重庆城市在社会政治经济环境因素的强大推动作用下，城市规模大幅度扩张。城市空间功能布局在人口、社会经济发展的压力与动力下再次大幅度调整，从"梅花点状"散点分布到"多中心、组团式"城市空间格局的最终成形与当代"二环时代"的来临，政策决定、经济推动、文化影响，分别在新中国成立后几个重要时期发挥了重要作用。主城从半岛独荣到跨越两江，多中心组团式城市在直辖后爆发式扩张，山水阻隔的封闭状态不复存在，桥梁、隧道立体贯通江水、山地，市内外联通交流变得方便快捷，传统古典的自然状态不复存在。重庆从两江襟带的山水之城变为高楼林立的现代商业都会。

当代重庆城市继续保持着快速规模扩张，主城的概念正在被刷新，产生新的政治经济含义。宜居城市和新型城镇化建设成为未来城市发展的关键词，也对尊重自然环境、尊重历史传统和地方文化提出了要求。

"夜发清溪向三峡，思君不见下渝州"，山水古城已然挥别曾经的形态，未来重庆还将继续保持高速的发展与扩张，在有限的城市土地资源上，重新审视已经产生极大改变的自然环境和城市文化，如何采取具有保护性和前瞻性的规划策略，未来城市的修复、更新与城市提质和良性发展，都将是我们于今必须肩负的重要使命。

2018 年初于重庆嘉陵江畔

目　录 |

第1章

绪 论

1.1 选题缘由

1.1.1 研究背景

1. 国内城市史研究发展与现状

城市是人类社会进入文明时代的标志。城市的形成意味着史前生产方式和原始村落生活方式的基本结束，新的生产方式、社会组织和城市生活方式的出现是新文明时代来临的标志。❶城市在社会文明发展进程的特殊意义在于城市的产生与发展，既是一定时空中地域文明的代表符号，同时又是这段时空中人类文明的载体和容器，城市以自身的产生、存在和变化综合体现自然环境与人类智慧文明的共同作用，这是人与自然相互适应、共同融合的成果。研究文明的起源和形成离不开对城市起源、形成的研究，研究社会的发展进步离不开研究城市的发展变化。城市作为人类文明的产物，一直是传统史学研究关注的重要对象，随着我国改革开放的深入发展，现代城市化水平不断提升，城市在社会生活中的地位越来越重要，城市史相应地也就越来越受到学术界的重视。改革开放以来，我国在城市史研究领域取得了丰硕成果，与国际学术界形成了回应，同时体现了鲜明的中国特色。❷

城市史作为历史学和城市学相交叉的一门新兴学科，发展时间并不算长。在国际学术界，欧美城市史研究萌芽于 20 世纪 20 年代初，60 ~ 70 年代以后取得了长足进展，出现高潮，形成了若干理论模式，这与二次世界大战后欧美城市重建的大背景相关，并随着大多数欧美城市的现代化发展而得到推进，进入到 20 世纪八九十年代西方城市史研究界对中国城市史的学术研究开始升温，眼光从笼统的政治视野中对中国政治、外交、军事大题目的关注扩充到了对逐渐现代化的中国城市各个社会层面的关注，并由内及外、由大到小、由外及里❸的对中国单个、区域和整体城市进行了多种讨论研究❹，为当前国内的城市研究提供了新颖的理论方法、研究体系与方向性的指导，尤其近年来对内地中小城市各方面的深入研究不能不引起国内学术界的重视和反思。

我国历史悠久，众多古老城市拥有各具特色的文明发展历程，对城市历史进程的关注也是自古有之、由来已久，但真正形成学术化的研究时间则并不太长，并且

❶ 段渝. 政治结构与文化模式——巴蜀古代文明研究 [M]. 上海：学林出版社，1999：204.

❷ 熊月之. 中国城市史：枝繁叶茂的新兴学科 [N]. 人民日报，2010-11-19.

❸ 卢汉超. 美国的中国城市研究 [J]. 清华大学学报（哲学社会科学版），2008.1.

❹ 西方以美国为代表，对中国的城市研究最初局限于 20 世纪 20、30 年代的城市政治外交与思想研究，50、60 年代以费正清为代表的"西方冲击 - 中国反应"思想成为主流，此后以施坚雅为代表的大区域研究模式（《中华帝国晚期的城市》）开启了对中国城市研究的新起点，20 世纪 80 年代后以对上海城市研究为代表的中国单个城市研究成为潮流，2000 年后更多的中国中小城市进入西方英语世界研究领域。

由于早期中西文化的阻隔，国内城市史的研究是在没有西方理论、方法的借鉴情况下起步的，也就形成了自有的传统体系，人文性的历史记述是比较常见的中国式历史研究方式❶。20世纪80年代后随着改革开放，国内城市现代化程度飞速提升，国内城市研究也就进入到全新的发展阶段，众多研究成果涌现，这和当时的社会发展时代背景是契合的，城市化的历史发展进程需要当前建设和未来规划立足于历史传统基础之上，对城市史的研究成为了必要的课题，历史考证、分析与规律性的揭示成为此后研究的新方向。

就国内史学、学术界而言，这种潮流的出现也是对世界范围内城市研究发展潮流的一种呼应，自这段时期开始，从单体城市个案研究到区域、类型、断代城市形态研究和各种综合研究都取得了系列成果❷。就微观层面的单体个案研究而言，古代地方城市个案研究成果数量众多，尤其对于行政地位高、经济发达的大城市，如北京、上海、成都、西安等城市的研究成果就更多，在近代城市个案研究，自20世纪80年代以四川大学城市研究所、上海社会科学院历史研究所、天津社会科学院历史研究所等为代表，对上海、天津、重庆、武汉四个城市进行的历史研究揭开了国内史学界关于近代单体城市史研究高潮的序幕，十几年时间几乎所有城市中都有相应的专著面世❸；对城市区域、类型、断代等方面进行中观层面的研究，目的是针对具有某种共性的城市群体开展综合分析，深入挖掘和总结其特征、规律，这方面近年来也涌现了很多成果，如李孝聪关于唐宋运河城市城址选择与城市形态、蓝勇对西南地区和长江三峡地区城市的历史文化发展、陈庆江对明代云南震区治所、吴晓亮对洱海区域古城体系等的研究即属此列；作为宏观层面的综合城市形态研究成果就更多，近年来具有影响力的作品也比较突出，这些成果或梳理城市发展历史脉络、提炼总观点，或在综合城市个体特性基础上对城市共性进行分析，如贺业矩《中国古代城市规划史》、张正寰《中国城市史》、李孝聪《历史城市地理》、马正林《中国城市历史地理》等，分别对城市的总体形态、城市组成要素等做了归纳和分析，对区域与个体城市研究具有指导作用。

尽管国内城市史学兴起并发展至今也取得了相应的成果，但在学科理论构建上还有很多地方有待完善：一方面是如何建立并完善国内富有中国特色的城市史学研究体系，因此存在向国外学习的必要，这不仅是学术界是否与国际接轨的问题，更重要的是以科学的研究理论为当前日益国际化的中国城市发展提供必要的支持；另一方面探索国内大中小城市历史特性和发展规律是城市史学的重要使命，国内各类型城市史研究经过多年的发展，在不同层面取得了大量丰硕的成果，但目前还存在不少需要进一步深入的地方，作为所有研究的出发点，对单体城市的研究依然显得很有必要，这是

❶ 陈桥驿，施坚雅.中华帝国晚期城市[M].北京：中华书局，1984.

❷ 成一农.中国古代地方城市形态研究现状评述[J].中国史研究，2010，1.

❸ 隗瀛涛.近代重庆城市史[M].成都：四川大学出版社，1991：1-2.

区域、类型乃至总体性城市研究的依托。对单体城市的研究不能仅停留在传统的研究方法与理论之上，需要多种学科知识的综合利用，充分关注单体城市在中国特有的自然地理环境与历史文化传统等社会历史条件下的个性发展，为我国城市总体发展研究提供具有实际意义的城市形态发展与规律性的总结依据。

2. 当代历史地理学研究与重庆城市研究现状

就城市史研究发展的过程而言，这是需要多种学科的广泛参与，"从现代历史地理学角度去解释现代自然地理、社会发展、人文背景等因素的演变历程，探索其演变规律及内在原因，无疑会对今天的经济建设提供许多借鉴和参考，可对未来的发展提出具有规律性的预见。"❶在众多跨学科的研究中，历史地理学作为研究历史时期人类地理环境变化以及环境与人类社会发展关系的学科为城市史的研究提供了有力的支持，为城市史的研究提供了更为广博的学科背景与研究方法，从历史地理学的角度对城市历史演变进行研究，运用其特有的学科知识探究城市演变规律和内外环境因素，不仅掌握城市过去的情况，对于城市建设的未来走势和发展同样具有重要价值和意义。

要了解一座城市及其文明特征，必须首先了解它的历史，了解它存在的地理环境，城市在时间中存在，故而有其历史，同时也在空间中存在，因此有其地理。❷正如侯仁之先生所言，城市的发展是一个连续的过程，过去、现在和未来处在同一时间链上，不了解一个城市的过去，就无法认识它的现在，也就不可能预测它的未来。❸在充分了解城市在不同历史时期的人类活动与自然环境相互影响的基础上，才能将现代城市的物质与精神文明状态和历史时期相比较，从人地系统的演变中窥探到城市从古至今的发展规律，清晰地掌握城市文明特征形成发展的原因，才能对人类与城市未来发展的方向提出符合城市成长实际情况的正确预见。"未来由现在开始缔造，现在从历史中走来，未来变化的方向离不开对历史进程的探寻。世界历史进程代表着人类文明发展的一种趋势和高度，把握了它，有助于人类的发展获得当代的意义。"❹

在城市如何发展的问题上，有的学者提出研究中国城市的发展有两条线："一条是城市发展的自然历史过程，一条是行政力量强制下一个模式的城市发展道路。这两条线相互矛盾着，斗争着，发展着，形成了中国城市发展史的历史线索。"❺这正是我们要从历史地理学的角度去探究城市发展的科学规律之路：从城市诞生的自然环境本体（自然历史过程）出发，结合社会环境外因（行政力量强制），从两方面着手去获取自然与社会历史力量中蕴涵的对于人类城市发展的当代意义。

研究城市，将其置于与之相关的地域环境中，在类似的自然与社会背景下进行对

❶ 蓝勇. 中国历史地理 [M]. 北京：高等教育出版社，2002.8：8.
❷ 马正林. 中国城市历史地理 [M]. 济南：山东教育出版社，1998：4.
❸ 侯仁之. 试论北京城市规划建设中的三个里程碑 [J]. 北京联合大学学报，2003.1.
❹ 吴良镛. 北京宪章 [R]. 国际建筑师协会第 20 届世界建筑师大会于 1999 年 5 月在北京通过.
❺ 傅崇兰，朱玲玲. 城市发展是一个自然历史过程 [J]. 中国史研究，1989，3.

比研究，无疑将会更加清晰地揭示出城市发展过程中独特的规律性。我国自然地理环境对人类社会发展过程中的影响得到科学肯定并应用于历史地理学研究是近30年才发展起来的，西方史学研究思想的传入和近现代学者们孜孜不倦的辛勤工作使得众多关于自然地理环境与人类社会经济文化、生活环境相互影响的研究成果不断涌现，国内不少学者从所处的区域出发开展了大量的研究，近些年来取得了很多成果，如研究沿海地区的有曾昭璇的《广州历史地理》，研究江浙地区的如李志庭的《浙江地理系统研究》、吴必虎《历史时期苏北平原地理系统探究》、张步天的《洞庭历史地理》、魏嵩山的《太湖流域开发探索》，研究西部地区的有蓝勇《历史时期西南经济开发与生态变迁》和《长江三峡历史地理》、朱圣钟的《历史时期凉山彝族地区经济开发与生态变迁研究》、杨伟兵的《云贵高原的土地利用与生态变迁》、于希贤的《滇池历史地理研究》等。学者们从历史自然地理学、历史经济地理学等角度，结合大量的现代科学研究方法对历史时期区域的社会发展与生态环境之间的相互作用进行了深入的探索，为区域社会发展、防治自然灾害、指导经济建设和文化建设提供了丰富的借鉴与参考信息，在凸显人地关系历史发展过程中相互作用的研究价值的同时也对人类社会发展规律的变化带来了更深刻的认识。

在众多国内外城市个案研究中，重庆并不是一个得到十分重视的城市。这座中国近现代历史上仅在西南地区具有区域政治经济重要地位的城市，在漫长的历史时期中都没有得到中央统治者的特别重视和关注，典籍文献中有关巴渝地区城市信息的记载也不算太丰富，这座城市自有城之说开始到今天，跨越两千多年的建设历程都不是史学界关注的重点话题，随着近现代社会经济发展，直到城市地位得到相应提升，重庆城市与地域文化才逐渐更多地进入人们的视野。作为当代新兴的一线城市，重庆已经迈入国内七个超大城市的行列，城市政治经济文化地位和辐射力与传统时期形成天壤之别，关于重庆城市自身的自然环境与社会文化走向将辐射其周边，所以重庆的城市发展必然成为关注的对象。研究这座城市历史时期的产生、发展和演变，并据此展望未来城市发展趋势已经成为近年来历史、建筑、规划、社科人文等不同学科领域关心的问题，这是时代为区域城市史研究提出的现实使命，也是进一步探索长江上游城市群社会发展规律的历史任务。重庆自古以来从西南边陲的弹丸之地发展至今，日益显示出重要政治经济地位的城市扩张演变过程，一直以来尚未有比较完整的过程梳理和深入分析，重庆作为集聚了大量人口的大城市带大农村特色的超大城市，在现实赋予的国家战略大背景下依然保持着规模扩张的节奏，关注和研究重庆城市在历史时期扩展的演变进程，总结经验教训，审度当下，并为未来如何继续发展提供可供借鉴的模式探讨，是具有现实意义的工作。

1.1.2 研究目的和意义

在中国五千年历史进程中，曾先后产生了无数座城市，在不同的时空中承担了重要角色，在人类历史文明的长河中呈现出多种多样的特征，正是对这些城市的历史地理文化特征的研究，对于剖析城镇体系的发展演变、制定城市的未来发展规划均具有重要的现实意义。对于曾成为某个时期中央政权或地方政权的首都一类的城市，它们对当时的社会发展产生过重大影响，曾在国家的政治生活和经济建设中发挥着很大作用，受到学术界的关注较多，关于它们的记载史料也相对较丰富，往往也是现代历史地理学研究的重点和热点。而在中国以往的文化地理结构中，"西南"不过是传统"一点四方"（以中原汉文化为中心向四周扩展）的某种扩展，❶历代视为"蛮夷"，将其视为远离中原区域的异类文化，即便在长江流域的中下游，因中原早期文化中心东移南迁得到开发后依然未被纳入中原政治经济开发关注的重点，直到明清时期才开始有所改善。

重庆作为地处西南地区的山地城市，处于多重文化的交汇地带，既有本土倾向于防守与稳定的封闭山地本土文化的自然发育，又有倾向于顺从、包容接纳为特征的江水文明所带来的商贸文化，再加上历代外来移民文化的融入，将重庆打造成了一个经济、社会、政治、社会文化碰撞的特殊区域。历经数千年时间，重庆从古代山地聚落历经无数次重大转型蜕变，从传统山地军事城邑到借舟楫之利跨两江的地区商贸中心城市，再到水运、公路连接城市各个区域的政治文化中心，最终成为现在突破山水障碍，沿交通干线不断延伸的多中心、组团式超大城市，从古到今的城市形成演变过程充分显示出了历史继承性和环境影响的强大作用，自然与社会的复杂合力形成有机整体推动从古至今的城市不断嬗变。

近现代以来，作为在长江流域城市群中具有区域性引领作用的城市，重庆以富集的自然资源，深厚的工业、化工、机械、能源等经济支柱体系及重要的交通位置为依托，成为西部开发的引擎与重要增长极的历史任务已经是社会发展的必然。近几年来，重庆作为"两带一路"（长江经济带、丝绸之路经济带与南海通道）的核心之一，"西四角"城市（成都、重庆、西安、昆明）是丝绸之路与长江经济带之间的战略交汇点，通过铁海联运和21世纪海上丝绸之路实施有效连接，体现出国家发展战略层面上的重要地位，被赋予了崭新的时代特征。在这样的大背景下，着眼大局，关注重庆的城市建设、城市文化发展及其在区域环境中的各种作用，将其置身于现代社会的宏大背景下开展深入研究势在必行，就城市个体而言，重庆本身的发展也具有继续深入研究的必要。因此，对重庆主城空间拓展演变研究的内容主要在于两方面：

一是全面梳理重庆主城空间拓展的变迁过程，再现城市发展历史图景。重庆从最初的沿江聚落发展到半岛独荣，再在城跨两江的基础上展拓城区空间，从抗战陪都迁建区分散发展到新中国成立六十多年的高度城市化组团扩展，每个历史阶段的城区形态与空间格局都具有不同特点，通过对历史变迁过程的回顾，对城市不同阶段的城区面貌进行复原，将是对重庆城市历史研究的一种丰富和补充。过去，重庆很长历史时

❶ 蓝勇.历史时期西南经济开发生态变迁[M].昆明：云南教育出版社，1992：5.

期都不是被中央政权关注的城市，更多是以地方军事要塞的角色在某些时刻凸显，其余时期多被忽略，隋唐到两宋时期，其社会地位远远低于西部的西安、成都，城市在这段历史时期的发展文献都极为稀缺少见，如何转换视角看待城市在这个历史时期的扩张停滞，以及抗战时期八年陪都建设让重庆军事防御的地位放大到极致，为城市扩展带来空前的刺激，成为此后几十年城市多中心组团式发展的现实基础。对这些历史过程与城市面貌的追溯，都将是对地方城市史的丰富和补充。

二是总结影响重庆主城区空间拓展的动力机制，探讨当代城市持续规模扩展的必要性与可行性。作为长江流域上游代表性城市，重庆同时又是西部开发的重点力量源泉，在长江文化与西部山地环境中发育成型的重庆主城区，其不断拓展的历程是在多种环境因素综合推动下产生的，早期的军事防御作用要求、近代的商业发展和现代的经济高速增长，现代人口增加与建设用地局促的矛盾显现，逐步从沿江城市生活区到半岛中心功能区的塑造，再到由于城中心的过度集中与山地环境局限的矛盾推动两江四岸多片区的城市组团模式，自然环境、社会政治、经济发展、文化影响、科学技术等各种因素在城市发展的不同阶段展现了不同的力量和效果。以历史时期重庆主城拓展的规律为基础，综合分析社会环境因素的影响，并对不同时期各种环境因素显示的不同力量效果进行综合评价，形成对重庆主城区发展的规律性总结，以此作为对当代城区持续扩展必要性与可行性研究的比较，以求对现实有所补益。

1.2　国内外对重庆城市发展的相关研究

1.2.1　国外研究

虽然中西方城市史研究经过近百年的发展各自都有相应的发展，国内从省城到中小城市都已进入研究者的视野，但在西方世界，除了具有较重要政治文化意义的名城之外，至今为止都没有一部关于中国县城及其以下城镇的完整历史研究的著作出版，显然这与西方城市史研究注重实用的原因有关。重庆在取得商业利益与政治中心的重要地位之前，西方对这座西部内陆城市的关注并不热烈，研究程度与城市当今的发展地位相比较显然是很不够的，例如近些年来，英语世界对中国的城市史研究成果中对重庆投以眼光并被列入研究成果之列的只有止于《战时工人：中国兵工厂劳工（1937-1953）》❶ 而已。

尽管如此，在梳理国外对重庆的研究成果，我们还是可以看到，从 20 世纪初开始，伴随西方殖民经济的扩张，重庆地区以丰富的自然资源和水利航运地位进入了英语世

---

❶　Joshua T.Howard.Workers at War：Labor in China`s Aresenals，1937-1953[M].Standford University Press，2004.

界的视域。虽然，纯学术性的研究严格说来在这一时期并没有开始，但对重庆城市的关注却早早浮出水面，一直延续到抗战时期乃至新中国成立，对重庆的城市关注内容随着重庆在西方国家眼中的城市作用地位而变化，涉及自然探险考察、城市文化民俗、社会人文风情和政治军事外交等诸多方面。具体而言，国外包括日本在内的对重庆城市研究，从 20 世纪左右至今可以大概分为以下几种类型：

1. 宗教调查与探险考察

西方国家对中国城市与城市群体的探索开始得比较早，但对我国西南地区的关注和研究却比较晚，主要是因为长江上游地理环境复杂封闭、进入艰险，但矿产资源丰富、自然风光美丽神秘，一直是西方旅行者和探险者们向往的目的地，重庆也因为其特殊的地理位置而在旅行和探险者们了解西南地区的进程中成为研究的对象之一。

探险考察是西方认识世界其他地区的重要手段，19 世纪，西方国家在全球范围内开展探险，主要以内陆考察为主，所以探险游记在 18 世纪中到 19 世纪末便达到鼎盛，西方人对中国不少地区都进行了探险考察，故而也留下了不少游记报道。[1] 在此之前，对中国的历史地理考察是由肩负传教使命任务的传教士们履行的，他们在开展教义传播、文化交流、医疗教育等工作的时候，同时也进行了对西南地区自然地理、政治经济、社会人文等各方面的调查了解与情报搜集，积累了关于中国国内城市、区域最初的调查资料。比如继马可·波罗和利玛窦之后，17 世纪中叶著名的意大利传教士卫匡国在踏访中国若干省市之后，就用西式方法绘撰了一部完整的中国地理著述——《中国新图志》，其中就涉及四川在内的比较丰富的内容。在这部著述中对中国国内自然面貌、经济发展、社会人文地理等现状进行了分析，将中国主要情况系统地介绍给了欧洲，为欧洲国家在 19 世纪对中国先后开始进行的文化、商业开拓提供了丰富的资料和指引。不过真正对西南地区、重庆腹地比较深入的了解还是以法国天主教为代表的第一批调查者们，他们或从云南、川藏陆路跋涉而来，或由长江天险而进入四川、重庆，也由此提供了对重庆较早的调查资料。

欧美对重庆大张旗鼓地深入探索是在 1876 年《烟台条约》签订、重庆开埠前后，肩负资本主义商业经济扩张开拓先锋任务的探险家们在自己的调查笔记与探险游记中都对长江三峡、重庆城市面貌着意留心。如托马斯·怀特·布莱斯顿的《在扬子江上的五个月》[2]、伊莎贝拉《扬子江峡谷及上》[3]、乔治·莫里斯《一个澳大利亚人在中国》[4]、利德乐《扁舟过三峡》、立德乐夫人《隐秘中国》[5] 和《穿蓝色长袍的国度》、盖洛《扬子江上

❶ Roberts F M. Western.Travelers to China [M]. Shang-hai，Hong Kong and Singapore：Kelly & Walsh，Ltd.1932.

❷ （英）Thomas Wright .Five months on the Yang-TSze[M].Camebridge University Press，1862.

❸ Isabella Lucy Bird.The Yangtze Valley and Beyond：An Account of Jouneys in China[M]. Camebridge University Press，1898.

❹ George Ernest Morrison.An Australian in China[M].Oxford Universty Press Oxford new Melbourne，1905.

❺ （英）Alicia E.Neva Litllle.Inmitate China：The Chinese as I have Seen Them[M].Camebridge University Press，1899.

的美国人》等都记录了他们在长江上游两岸地区、重庆及其周边城市开展的新闻纪实、科学和商业考察以及旅行见闻❶，为国内研究历史时期长江流域、重庆城市的人文地理情况提供了丰富的人文史料。早期的探险家中比较具有代表性的作者是英国人利德乐和美国人盖洛，利德乐作为商人和英国皇家地理学会会员，一直将重庆作为自己长江航行的终点，希望凭借开埠的有利条件为帝国商业资本入侵和开发中国西南内陆富饶的自然资源打开通道，为此，利德乐几度冒险航行川江，一度只凭借窄小的帆船便完成了对峡江航道的亲身考察，并对沿途的城市面貌、社会情况、自然物产、水道情况都做了非常清晰的记载，对研究当时重庆的商业经济状况保留了相当全面的资料，其夫人阿奇伯德在随他航行并滞留重庆时期写下的《穿蓝色长袍的国度》，更以自己的亲身经历对重庆生活的衣食住行、社会风貌、民俗司法都做了细致的记载。美国人盖洛是接受过良好专业训练的人文地理学家，对于航行长江的情况了解和利德乐的商人取向又有所不同，他以自己专业的研究态度，在田野调查过程中还辅以地方志、典籍的查阅，保证自己的旅行专栏提供的中国城市考察情况具有尽可能准确的真实度，同时拍摄了大量精度极高的清晰照片作为补充说明，为读者了解开埠时代包括重庆在内的长江沿岸城市的真实面貌提供了第一手的素材。这些都成为研究近现代重庆城市情况的珍贵资料。

2. 日本各阶层对重庆的全面调查

对以重庆为代表的中国西南地区内陆城市关注最为深入的国家是日本，出于自身的政治企图和政府支持、企业利益推动膨胀下的侵略野心，日本从上至下都迫切需要加强对中国的了解，从中日两国 1871 年定约建交开始，前往中国的日本官民组织逐渐增多，并组成了复杂的调查体系，分为个人旅行调查、领事系统调查、南满铁路株式会社调查、北平情报机关调查和东亚同文书局调查等多种方式，对于长江流域和中国西南腹地城市的研究从民间到官方都投入了很大精力。不少组织和个人性质的中国游历者们留下了大量亲身所见所闻，他们中有像竹添进一郎这样的官僚、政治家，有像内藤湖南、德富苏峰、小林爱雄这样的学者，也有像龙之介、夏目簌石这样的作家，还有更多如中野孤山、山川早水等大批的教习、留学人员以及大陆浪人、商人、宗教人士、儒学者等，他们以游记、报告书、调查书、复命书、地志、诗文等记载留文，先后形成了如竹添进一郎《栈云峡雨日记》、股野琢《苇杭游记》、安东不二雄《支那漫游实记》、中野孤山《横跨中国大陆——游蜀杂俎》、山川早水《巴蜀》等的著作，对长江上游重要城市重庆的地理风物、物产民俗、社会风气、教育通讯、各国在重庆的势力比较等都有涉猎，从这些个人游记形式的资料中可以看到甲午战争后日本民间对中国和以重庆为代表的西南内陆城市的了解，不少关于社会风貌的原始记载都非常细致，同时也提供了大量的考察照片，为我们的研究提供了丰富的实证材料。这些游记内容广泛，但总体看来大多属于以特殊使命或特定目的而出游，和日本的大陆扩张

---

❶ 王晓伦. 近代西方在中国东半部的地理探险及主要游记 [J]. 人文地理，2001.2.

政策密切相关，其内容完全超越了纯粹的访古探胜的观光记，明显是以调查和探知中国政治经济、文化、军事、地理、风土人情为目的的"勘察记"。❶

19 世纪末 20 世纪初，日本官方迫切希望打开中国内陆门户，对以重庆为代表的长江流域城市自然环境、资源物产、社会政治、商业贸易各方面都希望加深了解，在具体操作中进一步加大了组织规模。1896 年日本国内由农务部、商业专科学校、轮船公司等组织代表团队访问重庆，就重庆的票号、当铺、信局、计量、运费、兑率、地价、工资、市场等经济情况开展调查❷，内容非常全面，极具针对性，同时，上海东亚同文书院先后推出了系统的《东亚调查报告书》、《支那经济全书》、《支那经济报告书》、《支那省别全志》、《支那经济地理志》等，日本商人协会也就西南地区的商业情况开展了调查，如上海日本人实业协会编辑的《中部支那经济调查》，其中大量涉及重庆贸易经济和矿产调查，日本蚕丝业同业组会也编辑了《支那四川省的蚕丝业》等，他们对长江上游调查的深入和详细程度深入不仅是其他西方国家所不能及，连我国相关资料的调查整理都未必有如此全面细致❸，对我国后来者的研究工作提供了更为客观的参考史料。

3. 抗战时期的政治文化记录

抗战爆发后，重庆因国民政府迁都由内陆偏狭城市一跃成为与莫斯科、伦敦、华盛顿齐名的世界抗战四大名都，由此而引起了更多的国外关注。重庆本身的资源与环境承载的发展能力因特殊的政治环境而急剧膨胀，大量人力、物资的涌入使得重庆各方面都出现了畸形的繁荣，政治经济、通讯交通、社会风气为之大变，迅速成为一座初具现代规模的城市。这一时期西方对重庆的关注和研究更多在于政治和外交关系，城市肩负的政治功能与使命超越了其本身的环境。众多身负政治宣传报道任务的记者，对战时重庆的政治经济、社会动荡、轰炸战况都做了全面报道，如以美国为代表的《时代》周刊、《生活》杂志的记者们用摄影了大量记录抗战时期的重庆生活，《纽约时报》、《华盛顿邮报》、《洛杉矶时报》、《基督教箴言报》等都以新闻报道的文字形式向世界传播关于重庆的消息，西方世界对重庆城市的关注应该说在抗战期间达到巅峰，但其内容却较之 20 世纪初与日本人对重庆的内容记录要狭窄得多，对政治的关心超越了城市本身。

4. 现当代城市研究

或许是源自重庆城市在新中国成立后本身较平淡的发展所致，西方世界对这座内陆山地城市的关注很长时间都没有再表现出更多的热情，对其的研究成果也比较缺乏，

❶ 张明杰 . 近代日本人中国游记 · 总序 [M]. 北京：中华书局，2006.10：4.
❷ 周勇，刘景修译编 . 近代重庆经济与社会发展：1876-1949[M]. 成都：四川大学出版社，1987：137.
❸ 蓝勇 . 近代日本对长江上游的踏查调查及影响 [J]. 中国历史地理论丛，2005.7.

在不少著作中重庆很少作为独立的城市个体被列入单独的研究对象，更多是以长江上游城市群体中的其中一个而被顺带提及，如赫赫有名的施坚雅《中华帝国晚期的城市》也只是在《城市与地方体系层级》论文中略提及重庆及其腹地，近几年来的国外城市史研究更少涉及重庆，即便有，也多目光停留在抗战时期政治经济的局部领域，缺乏较新的关注焦点。相比对北京、上海甚至苏州、扬州等城市，西方对其大到商业经济、社会冲突，小到人力车、建筑、报纸、电影、民俗传统等细枝末节都有成体系的研究，虽然近现代至今重庆的社会政治经济地位已经不逊于成都，然而国外研究者的注意力放在成都城市的显然比重庆多，可见，重庆作为西方城市史研究的对象在当代的关注度有限。

历数国外对西部地区、重庆城市的考察与研究可见，西方对重庆城市的聚焦点主要在近现代时期，这和重庆城市地位变化息息相关。在近现代国外对重庆城市的关注和研究中又按不同时期表现出不同的特点。早期（开埠前）主要在地理环境、民俗人情等浮于表象的城市景观上关注比较多，对自然环境条件的考察分析非常细致；中期（开埠后）对自然资源矿产、经济社会与文化关注相应增加，对涉及城市基础建设的内容也有所涉及，但少有专门着意，相对而言属于比较缺乏；抗战之后集中于战争冲突与政治矛盾，对具象的城市情况如城市面貌、城市交通、公共事业建设等有一些相关的原始记载，罕有（在当时的情况下实际上也不大可能）对城市本体的建设发展情况进行深度分析。重庆近代城市发展变化的痕迹都可以找得到相应的一些印证记载，但总体而言，对城市的面貌和发展分析还是较为零散和粗浅，不够深入，没有形成系统全面的研究成果，这既是西方国家利益诉求所决定，同时也根源于近代重庆城市本身的环境和国内经济政治地位的缓慢变化，所以直到今天，重庆走过抗战陪都的政治文化中心巅峰之后，也就没有引起过超越此前城市发展的国际关注度。

但值得注意的是，西方学者在对重庆城市、重庆地区的研究中几乎一开始就带着多学科的手段，综合历史学、社会学、经济学、统计学等多学科知识来观察和分析城市及其成长环境，这种跨越学科间界限的研究方式是值得国内学者开展研究时学习和借鉴的。

1.2.2　国内研究

中国城市历史研究中涉及重庆的内容并不算少，虽然现代学术意义上的城市历史地理研究时间不长，传统意义上的研究却有深厚积累。总体而言国内研究可分为几个方面：

1. 历代文献典籍与官方史料

历代典籍中有关地域自然环境空间、城市营建思想的文献相当丰富，不少传统经典文献或多或少涉及到对西南巴蜀地区的一些自然环境描述，早期文献如《山海经》《禹贡》、《水经注》等，都可以模糊地窥见西南区域的影子或轮廓。

尽管古代记述都邑城市建设及其周边自然环境、山川地理的资料比较多见，但就巴渝地区而言，近现代之前各种著作对重庆、甚至西南地区的自然地理环境的记载还是比较有限，文献资料的积累较之于西北、华北的城市所在地显得比较薄弱。《禹贡》、《史记》、《汉书》等史家经典文字有限，对重庆地区着墨自然不多，并且涉及具体内容显得更是语焉不详，历代总志也多限于行政设置、沿革内容，像郦道元的《水经注》这样以当地水道为纲，记载河流发源及流经地之时，还能记录西南地区城邑、交通、民俗、物产的典籍实属少数，它所载的人文地理方面的内容，为历史城市地理、经济地理、军事地理研究提供了材料，也为今天的城市规划、港口建设、旅游资源的开发提供了参考资料。❶《华阳国志》一书作为研究巴蜀地区的经典之作，对包含重庆在内的巴蜀地区各方面情况做了详细记载，由于作者为蜀人，所以能进行比较详细的记载巴蜀地域各种情况，但后世所能了解的古代巴渝信息也只限于作者记述的这段时期。

隋唐以来，山高路险、封闭落后的巴渝之地在士大夫眼中属"危邦不入"的范畴，属于朝廷贬谪之地，于中原统治而言不属需要特别重点建设的地区，多赖于自然发展，正史中有关巴渝城市的记载也就相当有限，反而是官吏宦游与民间人士记载弥补了这种不足（后文将专门分析）。宋代以后，《太平寰宇记》、《舆地纪胜》等总志中对西南、重庆的看重因地区经济发展变化和军事地位的提升而有所增多，但对于巴渝地区的城市内部建设情况较之于古都城市、东南沿海商业发达城市的变化记载还是比较模糊，缺乏较为系统完整的准确信息。

元明清时期，对西南、重庆地区的各种情况记录的文献资料随着城市地位的变化有了较为长足的发展，一方面是重庆、西南地区在经济发展、政治地位上有所提升，统治阶层有深入了解区域情况、满足封建王朝统治的需求，另一方面是因为历史地理文献本身发展所决定，区域性的方志记载由普及发展到全盛，❷地理总志体例更为规范，科学性亦大为增强，实地考察和测量绘制地图的方法在这一时期进一步广大，为历史地理文献的研究提供了更为可靠的依据。重庆的自然历史、政治经济情况详细载入元、明清《一统志》及各种官修通志中，区域建制、户口、山川、贡赋、地产、名胜较以往总志更加分明。越到近现代时期，对重庆城市的社会经济、城市状况的信息也就越来越丰富，这是学术与城市本身发展的共同作用。

2. 诗词游记与传统民歌对巴渝社会的反映

与官方记载相反，文人记载与民间传唱对西南、重庆地理环境、人文社会的刻画留下了比较丰富形象的记录，奠定了古代重庆、巴渝地方文化记载的基础，现代人文

❶ 杨正泰. 中国历史地理要籍介绍 [M]. 成都：四川人民出版社，1988：72.
❷ 杨光华，马强. 历史地理文献导读 [M]. 重庆：西南师范大学出版社，2006.6（1）：177.

中关于川东巴渝地区的信息大多源自这些诗词歌赋的形象描绘，也为后代研究古重庆巴渝社会文化提供了大量史料素材与文字记载依据。

来自民间的鲜活史料一方面出现在历代文人们的诗词歌赋与游记笔记之中，一方面出现在民间歌咏里。在这些感性的文字记载下，提供了许多正史不传的第一手丰富内容，为后世的人们开展研究提供了可循之迹。比如，关于巴渝舞，曾经著乎《尚书》，又载于《晋书》《宋书》等，就展现了山地文化彪悍的一面，载于《华阳国志》的诗歌"川崖惟平，其稼多黍。旨酒嘉谷，可以养父"❶反映了对巴渝地区物产丰富、酿酒历史由来已久的特点等，此后的乐府民歌、巴渝竹枝词（后来发展为文人仿竹枝词体诗词），对巴渝险恶的山水环境、自然风光、劳作方式、城市面貌、民间节庆习俗等都用朴实的语言进行了形象描绘，如乐府诗中载"滟滪大如马，瞿塘不可下"❷、"巴东三峡巫峡长，猿鸣三声泪沾裳"❸，竹枝词里"层层楼屋依山势，个个秋船宿水湾"、"雨洗浓妆罗带湿，通远门上野坟归"、"朝天门外水交流，朝天门里起高楼"❹等描述，揭开了正史中未能载入的细节，对城市地理空间、内部形态、建筑形式都提供了丰富的细节资料。

历代吟咏巴渝的诗词歌赋众多，自秦汉到明清几千年，不少文人墨客留下在巴渝地区的所见所闻，唐宋时代以诗词、游记记载巴渝地区风土人情、民风民俗达到巅峰，成为此后的文人传统，李白、杜甫、李商隐等著名诗人进出巴蜀、旅行三峡而写下的诗篇，将巴渝所在的三峡地区自然风貌与社会生活载入千秋史册，成为不可抹去的巴渝川东记忆，大批宦游蜀中的中原官吏如陆游的《入蜀记》和《剑南诗稿》、范成大的《吴船录》等在前人记载的基础上进一步丰富，延续了对巴渝地区社会变化的文字记载，以更为可信的个人身份、语言记载见闻提供给了后世可考的历史资料。

3. 近现代时期多学科研究的深入发展

历史发展进程曲折深远，关于重庆山地城市的学术研究起步非常晚。直到近三四十年，历史学、人类学、社会学、规划学、建筑学、考古学等领域的学者们在时代发展的大背景推动下先后才对重庆城市开展了更多更深的研究，在历史文化传统、经济政治变化、城市沿革变迁、城镇和历史建筑发展问题上取得了较大的进步，获得了系列成果。

第一阶段是重庆作为独立文化个体研究在史学界、文化界的崛起。重庆作为城市个体，最先得到关注的是因为其具有代表性的城市文化。西南地区的学者们将重庆作为一个独立的历史人文区域开展研究，其标志是展开对"巴"文化的讨论。随着20世纪30年代考古学上一些重要发掘出现，"巴"文化进一步引发了学术界的重视，也成

❶（晋）常璩. 华阳国志 [M]. 刘琳校注. 成都：巴蜀书社，1984（1）《巴志》: 2.

❷ 陶灵. 夔门滟滪堆［N］. 引用的南朝乐府民歌《滟滪歌》，《重庆晚报》2015-10-14（18）.

❸（宋）郭茂倩. 乐府诗集 [M]. 北京：人民文学出版社，2010.

❹ 熊笃. 历代巴渝竹枝词选注 [M]. 重庆：重庆出版社，2002.

为从此与"蜀"文化区分开来的重要标志。20 世纪 80 年代末,"巴"文化研究已经形成了比较系统的成果,代表性著作先后有童恩正《南方文明》❶、《古代的巴蜀》❷、徐中舒《论巴蜀文化》❸以及王川平主编的《巴渝文化》❹系列丛书。这些论著重在追溯远古时代巴渝文化的起源和特点,将早期巴文明同蜀文明对比,从中树立巴文明的独立成长地位。从这些著述中可以寻找到早期巴人活动的痕迹,了解到上古时期巴地自然环境信息,从早期人类生活的空间中获得城邑起源之初产生和存在的理由。20 世纪 80 ~ 90 年代,随着我国区域地方史研究蓬勃兴起,史学界对重庆城市历史研究也日益增多中尤其以隗瀛涛、周勇两位学者为代表的历史学者们开启了对重庆近现代城市研究的先河,其代表专著有《近代重庆城市史》、《重庆通史》、《重庆:一个内陆城市的崛起》等,从城市史角度对重庆城市的社会政治、经济文化、军事地位等角度研究,分析城市及其结构的历史演进规律,其中周勇的《重庆·一个内陆城市的崛起》❺和《重庆通史》❻总结了重庆从川东地区封建军政中心逐渐转变为长江上游经济中心的历史发展过程,而隗瀛涛的《重庆近代城市研究》❼更加全面系统地对重庆在近代历史上政治、经济、社会、文化等各个方面都加以了详细介绍和分析,为重庆建立直辖市提供了最为权威的史实资料。这方面的论著对于近现代重庆城市的兴盛繁荣论述全面而透彻,不仅是对一百多年来重庆城市发展历程的记述,更是对以往重庆城市表象后面的经济因素、社会力量等诸多合力共同作用使得重庆之所以呈现今时今日之貌的解答。此外,还有徐朝鉴主编的《重庆抗战论丛》也就抗战时期重庆的重要历史地位进行了全面研究,是对城市近现代化过程的深入补充。

第二阶段是对重庆所在区域的社会文化、政治经济和历史研究走向全面深入,同时对城市个体研究在方法上有了新突破。随着对城市个体研究的深入,20 世纪 90 年代后期,历史地理学、文化学领域进一步对巴渝地区的历史研究拓展,在重庆地域文化的产生发展及其特点研究方面硕果累累,先后有西南大学蓝勇的《西南历史文化地理》❽和《长江三峡历史地理》❾、郑敬东的《中国三峡文化概论》❿、薛新立的《重庆文化史》⓫等。这些成果同以往研究相比较而言,最大特点在于对巴渝区域文化的核心元素进行了纵深考察,在分析归纳中注重史实考证,改变以往就国家行政区划研究区域文化地理的方式,关注受自然地理和社会因素划分文化区域的力量,在"事实上体现国家、

❶ 童恩正. 南方文明 [M]. 重庆:重庆出版社,1998 年.
❷ 童恩正. 古代的巴蜀 [M]. 重庆:重庆出版社,1998 年.
❸ 徐中书. 论巴蜀文化 [M]. 成都:四川人民出版社,1982 年.
❹ 王川平. 巴渝文化 [M]. 重庆:重庆出版社,1984 年.
❺ 周勇. 重庆·一个内陆城市的崛起 [M]. 重庆:重庆出版社,1989.
❻ 周勇. 重庆通史 [M]. 重庆:重庆出版社,2002.
❼ 隗瀛涛. 近代重庆城市史 [M]. 成都:四川大学出版社,1991.
❽ 蓝勇. 西南历史文化地理 [M]. 重庆:西南师范大学出版社,1997.
❾ 蓝勇. 长江三峡历史地理 [M]. 成都:四川人民出版社,2003.
❿ 郑敬东. 中国三峡文化概论 [M]. 北京:中国三峡出版社,1996.
⓫ 薛新立. 重庆文化史 [M].《重庆文化史料》编辑部出版,1990.

环境和社会的关系"❶，这为追溯重庆山地城市的历史形成同环境之间的人地互动关系研究提供了理论依据。

除了传统的历史文献研究方法，不断发掘出的地图、图像资料也为城市变化发展历史过程提供了大量丰富准确的信息，这些地理图册和照片通过直观的图像、数据，系统反映了重庆城市在不同历史时期的变化，使得不同时间的比较研究更为简单。虽然在地图学史上很早便有划时代意义的《大元混一方舆胜览》，其在分省地图中列出了四川省区地图，而清代后期又有了《重庆府治全图》、《增广重庆地舆全图》等，对重庆的城市描述更加完备而详细。现在重庆的城市研究对重庆的历史情况掌握较多的借用了地图手段。依据这些对城市传统形态具体呈现的有价值的地图资料（如光绪六年、十二年国璋和张云轩绘制的《重庆府治全图》、光绪末期刘子如绘制的《增广重庆地舆全图》、民国元年的《重庆城全图》和《重庆府城厢巡警区域图》、1891 年重庆海关绘制的《重庆城区略图》，❷ 都提供了非常丰富的城市历史变化信息），对这些地图中呈现出来的不同时空下的城市内容逐渐演变的过程加以复原的重庆近代城市图景，成为揭示城市空间转型研究的依托，这项工作近年来开展得比较多，也取得了相应的成果，2013 年 10 月重庆勘察设计院、西南大学分别推出《重庆历史地图集》、《重庆古旧地图研究》，成为目前研究城市发展变化最直接的资料。此外，近年来众多关于重庆的老照片也不断被发掘、涌现，《抗战之都——重庆》、《重庆大轰炸图集》、《重庆旧影》、何智亚的摄影作品《重庆老巷子》、《重庆老城》以及大量抗战时期西方记者的新闻摄影图片的发掘，都成为研究重庆城市发展变化的新依托。

第三阶段是在历史与文化学基础上的多学科融入将重庆城市研究推向了全面发展的新高潮。作为城市研究内容的重要组成部分，城市建筑、城市规划、经济发展研究都在近二三十年中加大了对重庆城市研究的力度。其实多学科领域的交叉研究就重庆地区而言开始的时间也还算比较早，尤其在建筑学领域，抗战时期就有以梁思成、刘敦桢等为主导的中国营造学社，他们对西南建筑的调查、对重庆山地民居建筑的关注在刘敦桢《西南古建筑调查概况》❸、刘致平《中国居住建筑简史（附四川居住建筑）》❹中都有重点体现，他们对重庆山水环境背景下形成的传统建筑做了详细研究。新中国成立后，对四川历史城镇和建筑的调查研究工作深入开展，四川省建委编写的《四川古建筑》❺、季富政的《巴蜀城镇与民居》❻ 等专著相继出版，重庆作为四川的一部分，其历史城镇和城市建筑也列入其中。这些著作详细考察记载了重庆山地城市中民居及行政、文化建筑的历史风貌，对具有地域特色的传统建筑形成原因、采用的建造方法

❶ 李智君 . 文化地理研究的范式转换与中国历史文化地理学 [J]. 中国社会科学报，2010.7.
❷ 蓝勇 . 长江三峡历史地理 [M]. 成都：四川人民出版社，2003.
❸ 刘敦桢 . 西南古建筑调查概况 [M]. 天津：津大学出版社，1999.
❹ 刘致平 . 中国居住建筑简史（附四川居住建筑）[M]. 北京：中国建筑工业出版社，1990.
❺ 四川省建设委员会 . 四川古建筑 [M]. 成都：四川科学技术出版社，1992.
❻ 季富政 . 巴蜀城镇与民居 [M]. 成都：西南交通大学出版社，2000.

都做了详细的说明，通过建筑内外的特征来分析西南和重庆地区的自然地理环境、社会人文情况。以系统的建筑遗存考察、整理和说明了城市自然社会环境的历史状况，对近现代城市研究是一种科学而有效的方法，对考古发掘、历史典籍中缺失的细节具有重要补充作用，同时也是最好的说明实例。

20世纪80年代开始，重庆作为一个特殊的地理区域彰显的要求已经日益强烈，政府、高校和历史文博系统都投入了相应的人力物力对重庆的历史文化古镇和建筑开展研究，先后有重庆市城乡建委、重庆市规划局对开埠以来重庆城市建筑各方面的归纳整理，建筑工程学院唐璞、黄光宇教授对山地建筑和城镇的研究，张兴国对巴渝古建筑的研究，杨嵩林对近代重庆建筑的研究以及何智亚对重庆古镇的研究，西南交通大学季富政对巴蜀乡土建筑的研究，彭伯通的古城研究，重庆文物局组织的对文物建筑的调查等，学者们和各种研究机构相继推出了系列有关重庆城市建设的成果，如重庆市城乡建设管理局《重庆市建筑志》❶、唐璞《山地住宅建筑》❷、欧阳桦《重庆近代城市建筑》❸、何智亚《重庆古镇》❹、《重庆老城》❺、黄光宇《山地城市学》❻、王川平《重庆文物论丛》❼、彭伯通《古城重庆》❽、季富政《巴蜀城镇与民居》❾等学术成果。近些年来官方针对这些研究成果在综合各学科理论的基础上投入实践，并在实践基础上不断总结，通过近二三十年来重庆城市建设工作中对重庆自然地理、历史文化传统、巴渝建筑风格、山地城市建筑与古镇保护的考察、归纳、总结，遵循本地自然环境，按既有城市状况的现实条件，提出开展实施新的城市建设的建议，满足社会的需要，使得重庆城市面貌有了很大改观。

近年来，随着重庆政治经济地位的不断提升，关注重庆及其在西南地区乃至全国的地位和作用成为趋势，西部大开发战略大背景下重庆城市地位的日益显著，提升山地人居环境建设规划和建筑技术的要求越来越强烈，研究西南地区城市历史、巴渝山地民居、山地城市公共空间规划建设的相关成果也越来越多，所以先后涌现出了以重庆大学赵万民教授、西南大学历史地理研究所蓝勇教授等为代表的高校力量和规划局、城乡建委等政府机构在这方面的研究投入。重庆大学等高校机构以三峡库区人居环境研究为大背景，关注重庆城市发展，对西南地区和重庆山地城市开展了很多相关课题研究，推出了《山地人居环境研究丛书》，重庆市规划局也就"重庆风格"城市规划与地域特色建筑研究总结了课题成果，对指导城市建设的具体工作做了相当深入的研究，

❶ 重庆市城乡建设管理局. 重庆市建筑志 [M]. 重庆：重庆大学出版社，1997.

❷ 唐璞. 山地住宅建筑 [M]. 北京：科学出版社，1994.

❸ 欧阳桦. 重庆近代城市建筑 [M]. 重庆：重庆大学出版社，2010.

❹ 何智亚. 重庆古镇 [M]. 重庆：重庆大学出版社，2009.

❺ 何智亚. 重庆老城 [M]. 重庆：重庆大学出版社，2010.

❻ 黄光宇. 山地城市学 [M]. 北京：中国建筑工业出版社，2002.

❼ 王川平主编. 重庆文物论丛 [C]. 重庆：重庆出版社，2000.

❽ 彭伯通. 古城重庆 [M]. 重庆：重庆出版社，1981.

❾ 季富政. 巴蜀城镇与民居 [M]. 成都：西南交通大学出版社，2000.

此外值得一提的还有《重庆》研究课题组专门组织研究撰写了《重庆》❶一书，重点对近现代重庆的各方面情况进行了调查梳理，对这座逐步走入国际舞台的大型城市更为立体、全面地进行了多角度分析。同时，重庆市还就城市在西南地区的定位与未来发展开展了研究，由西南大学历史地理研究所组织编写了《西三角历史发展溯源》❷，将重庆、成都、西安的历史渊源和未来走势进行综合对比研究，将重庆置于更宽广的视野中来加以考察，把对城市的研究提升到更为广泛的角度。

从自古至今对重庆城市的国内历史研究可以看到，长期以来官方与民间都有各自的立场表现，作为正史记载，重庆这座崛起不到一百年的城市，官方掌握简单的沿革、建制、人口和商贸情况已经显得比较完善，而民间则关注与民生密切联系的社会人文、民俗生活等细节，这种互不干涉的记载彼此成为一种印证和补充，也成为近现代城市研究的基础，多学科领域研究的加入，从不同的视角挖掘重庆城市的发展、演变，对分析总结城市变化规律奠定了深厚的基础。

目前尽管不同学科领域都在不断涉猎和加深对重庆城市环境与社会历史发展之间的渊源研究，但从自然环境变迁和社会历史进程推动城市发展在具体的城市形态变化、内部空间结构的方面都还存在值得继续探索的空间。

本书希望在以往前辈学者们潜心研究的学术成果基础上，从自然地理、考古资料、文献地图、建筑规划、社会文化等多个角度去重新审视重庆这座古城，从沿江居民定居点不断线性扩张，环江为池，进而跨江发展，形成多中心、组团式现代都会的全过程，深入分析其在山地水岸环境中曲折发展的动力源泉。在对这座两千多年来长期被大山封闭的城市崛起于近百年的曲折发展历史做出回顾之时，更多希望有助于对这座已经位列全国七个超大城市之中的西部最大城市的未来发展有所补益，毕竟这座超大城市承载的不只是近现代历史上短暂的荣光，更多的是千万人口负重前行、带动西部内陆经济发展的现实。

1.3　重庆主城空间拓展与环境影响研究相关问题

1.3.1　研究定位

城市是一座综合了丰富地理与人文色彩的复杂系统，不同学科有不同的出发角度，有多种切入点和研究方法。历史地理学研究是将处于一定时空中的地理环境作为研究对象，主要追溯研究对象在特定地理环境与历史时空中的变化，对于城市的研究也是

❶ 《重庆》课题组 . 重庆 [M]. 北京：当代中国出版社，2008.
❷ 蓝勇 . "西三角" 历史发展溯源 [M]. 重庆：. 西南师范大学出版社，2011.

将其置于特定的环境时空中进行考察，以获取更为全面系统的认知。

重庆作为西南地区具有独特自然环境与曲折社会历史进程的城市，历经几千年的形成发展，其中涉及自然、社会经济、政治文化等多种环境影响因素。从古代边陲、近代重镇到现代大都会，自然与社会多环境因素在不同时期对重庆地区城市拓展、空间布局、交通组织都有不同程度的作用，从不同层面影响城市形态、内部结构。两千多年前建城之初就选定在渝中半岛城区作为城址的旧位置，是以后缓慢拓城的基础。由此兴起的主城区无疑是最具有代表性的城市扩张演变分析样本。

本书从研究本体重庆主城的历史拓展过程出发，结合自然地理环境，追溯政治经济文化地理影响，综合分析各种因素，对其城市扩张演进的规律加以总结，以主城区的扩展演变为基础，解析重庆城市形成发展的影响机制，对当代重庆城市建设持续规模扩张与拓展的方式进行必要性和可行性探讨。

1.3.2 研究地理空间的界定

现今重庆城市位于中国西南部长江上游地区，北接陕西、湖北，南临贵州，东连湖北、湖南，西接四川，行政区域总面积8.24万平方公里。作为行政区划的重庆城市在进入近现代之后，城市发展的范围轮廓非常清晰，主城与周边近区郊县在近现代以来界线分明。一般所指的重庆主城主要是指当前行政区划中的九区，即渝中、江北、南岸、沙坪坝、大渡口、九龙坡、巴南、渝北和北碚，实际上历史时期的"主城"概念一直都处于不断的动态变化之中。所以在这里还需要明确两个问题，以利于后文研究的开展。

一是重庆与巴渝。就文化层面而言，重庆的地域总是容易和巴渝相混淆，而实际上自古巴渝涵盖的地域又包括主城之外的长江、嘉陵江流域所及的众多区县，尤其是三峡地区，在时间上先于"重庆"的"巴渝"，地域概念在习惯所指的范围远远大于现今人们意识中的重庆主城,其综合的社会政治文化影响区域也涵盖了重庆主城区。所以，如何在范围更广的传统"巴渝"与主城"重庆"两个概念中选择合理的地域界定开展研究，需要加以明确。由于本书以从古至今的城市演进进程为序进行研究，其中会部分涉及到一些主城之外，对城市扩展有影响的巴渝地区社会、政治、经济、文化等多方面影响因素的探讨，但并不将其作为主城研究的空间范围。

第二是如何看待始终处于动态中的"主城"。由于主城从古至今都在扩张，从最早的半岛尖端到上下半城，再到整个半岛，而后是跨江三区，再到此后的主要六区，"主城"概念是无法固定下来的。所以，任何试图静态的探讨"主城"或者将主城区域固化，都是不现实的，也不是本书研究的目的。综合考虑到城市历史发展的系统完整性以及历史、社会、文化等因素影响的典型性，本书研究立足点是重庆主城空间拓展演进，所以地域空间范围就以历史时期城区扩展形成的过程为变动线索，整体包括今天渝中区、江北区、南岸区、沙坪坝区、九龙坡区、大渡口区六区和近现代具有典型意义的近郊城区北碚、渝北、巴南等。不过，在不同历史时期，对区域逐步发展的代表性范围做重点分析，如传统时代古城拓展主要依据城墙修筑的范围来研究，近现代时期则重在按行政区划来分析，也只有这样才能比较准确地分析主城空间拓展的不同模式扩张特点。

1.3.3 关于环境的定义

城市拓展演进涉及到周围环境因素的影响，在分析重庆城市演变的总体规律时，本书也将对环境机制进行探讨，所以在此对环境因素作相应的明确。

传统意义上的环境一是指以自然要素为主的空气、水、土壤、动植物等为内容的物质因素构成的客观环境，二是指以人类社会文化观念、法律制度、行为准则等为内容的非物质因素构成的主观环境。其中，自然环境往往是指未经过加工改造的而客观存在的各种自然因素之和。社会环境则是人类以自然环境为基础，通过长期有计划与目的性的开发，逐渐创建起来的人工环境，带有深刻的人类主观思想痕迹，其发展演变受到自然环境、经济发展以及各种社会条件的支配、制约，也是人类物质文明发展和精神文明水平的标志。

环境作为本书研究的重要因素，其涉及的对象包括自然与社会两方面。本书所研究的自然环境主要是指城市所产生的自然地理环境，其中包括地理位置、地形、地貌、气候、水文、物产等,社会环境作为城市发展的重要影响因素则包括经济发展、政治军事、社会文化、科技信息等内容。

1.3.4 重庆主城空间拓展的历史分期

为了能够更好地把握重庆城市在自然与社会环境综合影响下主城空间拓展变迁的过程，本书以重庆城市社会历史发展为时间坐标依据，把重庆主城空间展拓的典型模式按时间进程分为五个大的历史时期，即先秦时代城市起源期、沿江拓展的传统山地城市期、跨江拓展的商业城市发展期、分散扩张的战时首都建设期和组团拓展的都会城市期。

1. 先秦时代城市起源期（远古～公元前 316 年）

这一时期涉及的时间范围从公元 200 万年前到公元前 316 年，即从原始社会到秦灭巴蜀，设立巴郡，巴王国归入中央王权管辖前的时期，即先秦时期。这个时期长期受到山川地理分割制约，与外界交流有限，原始部落酋邦和方国时期城市的产生受到环境制约，具有极强的独立原生性，与归入秦王朝管辖后的城市建设方式具有明显区别，这个时期巴国城市迁徙与巴国江州城址的选择是研究的重点。

2.沿江拓展的传统山地城市期（公元前 316 年~明清）

这一时期时间跨度从秦灭巴蜀，川东地区被纳入中央政权体系到明清时期，在两千多年的传统中原权力的统治下，尽管历代王朝更替，重庆城市始终保持了连续发展，并且在地方文明与中原社会文化之间不断交流碰触中受到各种影响，历经秦汉到明清的不断扩展，最终形成传统山地时期半岛沿两江而筑的上下半城空间格局。

3.跨江拓展的商业城市发展期（清末~1937 年）

这一时期是重庆城市空间拓展的过渡期，时间范围也具有一定过渡性，前接明清后期。抗战时期，城市的传统商业发展在开埠通商刺激，迈向近代化发展之路，主城空间逐步跨越嘉陵江、长江，又在军阀统治背景下突破城墙阻隔，开拓新旧城区，并向内部陆地继续扩展。这段时期城市商业化发展经济、政治文化因素与西方社会的影响都对城市造成了强烈冲击，是主城空间从线性扩展转为组团发展的重要衔接，在重庆城市空间发展进程中具有重要意义。

4.分散扩张的战时首都建设（1937 年~1946 年）

抗战迁都对于重庆城市的冲击与影响是空前的，社会政治经济文化在陪都时期发展到史前高峰，以军事防御为目的的迁建区建设揭开了主城全面散点布局扩张的基础，并为片区、组团的产生发展奠定了早期工业、文化基础雏形。

5.组团拓展的都会城市期（1946 年~今）

新中国成立后重庆城市建设曲折发展，从新中国成立初期的艰难恢复，历经三线建设曲折发展，又在改革开放之后获得动力，直到直辖时期迈进现代大都市行列，工业文化、商业文化、国际文化在崭新的历史时期中再度融合，推动城市组团扩张，形成当代"多中心、组团式、网络化"格局，主城各片区相互独立又相互联系，构建了当代超大城市的都会新格局。

1.3.5　研究方法

1.历史文献分析

通过查阅文献资料，获取重庆城市发展的有关文字史料记载，再对收集的各类文献资料进行归纳整理，梳理出清晰的重庆从古至今的规模拓展、变迁过程。

2.综合分析

综合利用文献、地图、照片，同时运用历史地理学、规划学、建筑学等学科知识，对掌握的城市信息资料加以整理，分析城市内部功能空间的布局变化。

3. 田野考察

对城市景观的复原问题,通过对城市遗迹、建筑遗存等现实文物的勘察以补足文献、图册的不足,对资料信息不全、图片资料难以体现的部分进行田野考察,同时对有关信息进行验证。

4. 比较研究

将重庆城市发展、变迁的历史时期进行纵比和选取典型时期进行横比,同时和长江流域、四川盆地相关城市建成、变化过程相比较,多角度、多层次地寻找可借鉴、利用的信息。

5. 地图的绘制与利用

充分利用地图资料承载的内容进行解读与分析,挖掘历史文献所没能反映的内容,使研究过程能开展得更为深入,获得更有价值的内容。

第 2 章

城市起源：巴国城市萌芽（远古～公元前 316 年）

2.1 巴国城市产生的历史地理环境

2.1.1 传统重庆地区地理环境综述

城市发展与所处的自然环境密不可分，宏观地势与地形地貌，所处的山脉位置、走向、高度和河流的长度、流域面积以及由此决定的航运条件、交通道路状况、联系的周边城市等都对城市的历史发展和未来潜力具有很大影响。自古以来重庆地处长江上游，是我国自然地理和传统人文相对独立的地区，城市的形成发展也和所处的自然地理环境影响联系紧密。

1. 地理位置与地形地貌

重庆在四川盆地东南部，位于四川盆地东部平行岭谷中部丘陵、南缘山地交接地带。上古时期，重庆所在地是《禹贡》"九州"中"梁州"所属区域，四周高山围合，形成自然分隔屏障，古重庆所在区域地势由南北向长江河谷逐级降低，北部、东部及南部为大巴山、巫山、武陵山及大娄山所环，是世界上最典型的褶皱山地。这里是几千万年前盆地沉积盖层抬升并强烈挤压、断裂，兼受流水侵蚀的结果，最终形成系列低山、丘陵谷地组成的平行岭谷，以华蓥山和龙泉山为界，分为华蓥山以东的川东平行岭谷、龙泉山以西的川西坝子和两者之间的丘陵地段，川东岭谷由华蓥山、中山与东山等十余条狭窄的条状山地由东北向西南延伸，山地与其间的丘陵谷地相互交替，重庆主要城区所在的区域，长江以北自东向西分别有黄草山、明月山、铜锣山、龙王洞山、中梁山、缙云山、云雾山、巴岳山、花果山、黄瓜山、箕山、西山、螺观山等山脉，长江以南为丰盛山、桃子荡山、南龙山、真武山、石龙峡山等山脉。其中，明月山、铜锣山、中梁山和缙云山之间与长江、嘉陵江河谷的交错地带集合了主城最早发展完善的区域。❶

受特殊地质构造和岩性影响，重庆地区地貌复杂多样，地形千姿百态。❷四周地形有平坝、丘陵与台地、低山和中山。其中丘陵（含平坝）占幅员面积的 60.1%，低山占 28.6%，两项合计占 88.7%，构成全市地貌类型的主体。其中，中山地占 6.4%，平坝仅占 3.3%。全市为"三分山、六分丘、三厘坝"的地貌组合结构。区域地貌起伏很大，平坦地不超过 4%，大于 7 度的坡地面积高达 80%。2014 年度《中国国家地理》对重庆城市海拔高度不同地形的统计数据显示各种高度的地形在整个城市中都占有席

---

❶ 罗灵军，张海鹏 . 平行岭谷地貌影响下的重庆城市建设 [J]. 重庆地理信息，2013，6.

❷ 童恩正 . 古代的巴蜀 [M]. 重庆：重庆出版社，1998.

位，虽然 500～1500 米海拔的地形区域占了全市地形的一半，1500～2000 米海拔的区域也占据一定比例，极端低洼与高山不算太高比例，但已经足以让整个城市环境呈现出多级次的变化（表 1）。

不同海拔高度区域所占重庆全市地形比例汇总　　　表1

海拔高度（米）	面积（平方公里）	所占比例（%）
< 200	1782	2.2
200～500	31014	37.6
500～1000	13387	36.9
1000～1500	13387	16.2
1500～2000	4641	5.6
> 2000	1256	1.5

（注：根据《中国国家地理·重庆专辑（上）》2014 年 1 期编制）

从地区地势与地形在自然地貌的展布上可见，重庆全市以丘陵、山地为主的坡地层次明显，山地多以 1500 米以下的中山为主，起伏也在 500 米以下，谷底宽广，适合人类生活❶。这些地形可以分布为五个地貌区，即西部丘陵区、中部平行岭谷低山丘陵区、南部低山中山区、东南部中山低山区、北部大巴山中山区，在此地形地貌丰富的环境中，广泛分布着典型的石林、峰林、溶洞、峡谷等喀斯特自然环境景观，也蕴藏了丰富的天然气、煤矿、温泉地热资源，成为人工环境建造的特色基底，是山地城市形成的原始基础，成为城市产生发展与地域特征形成的根本原因。

这种丘陵起伏的山地环境宏观上决定了城市的发展模式、范围拓展，微观上对日常生活、居住交通、社会交往有很大影响。因山就势的城市构造，最终成就了独特的山城风貌，城市创建之初，这是山地军事重镇的优势所在，悬崖峭壁，易守难攻，此外还直接决定城市的位置和功能区域的划分，甚至具体到街道、城门、城墙的设置，以及建筑形态的变化。

2. 气候特征

重庆地区属于亚热带季风性湿润气候，夏热冬暖，春早秋凉，空气湿润，多云雾，少霜雪，降水丰沛，热能和水能资源丰富，年均气温 16～18℃，长江河谷地区稍高，渝东南地区略低。多雾、多雨与夏季炎热是重庆地区的代表性气候特征，主城地处数条岭谷阻挡的丘陵峡谷地段，地势低陷，故而风力微弱，夏季高温，有火炉之称，兼以两江水流的蒸发作用，使得大气水分含量多而相对湿度大，容易造成团雾集聚，所

---

❶　单于蕾. 中国国家地理·重庆 [J].2014，1.

以一年有 1/3 的天气为雾日，又有"雾都"之名。

3. 水文特征

河流水域资源是城市发展的重要自然条件。重庆市内江河纵横，水网密布，是重庆得天独厚的自然资源。长江、嘉陵江、乌江等主要流经重庆的河流均属长江水系，长江干流自西向东横贯全境，横穿巫山，形成著名的长江三峡，嘉陵江、长江在渝中区与江北区交汇，乌江在涪陵区汇入长江，嘉陵江西岸最大支流涪江在合川注入嘉陵江，綦江在江津汇入长江，大宁河在巫山注入长江。一方面河流纵横，为水路航运提供了良好的条件，为地形复杂的山地城市发展选择交通方式另辟蹊径；另一方面，地表径流丰富，为城市生活用水和地下水的丰富存储、补给提供了来源，同时还拥有令人称道的地下热矿水和饮用矿泉水资源，是难得的城市资源。从古至今，水能资源的开发与利用对城市的发展进步也具有积极推动作用。

2.1.2 先秦巴国城市产生的环境综合分析

先秦时代，人类社会囿于改造自然环境技术力量的匮乏，从生产力的发展到聚落、城市、国家和文明等各种社会活动都较多受制于自然地理环境。古代巴国地处川东，位属长江上游，是先秦时期较早建立的部族方国，城市的起源、形成和发展受川东地区地理环境影响极大。

1. 先秦时期川东自然地理环境

中华民族繁衍生息的广袤土地经历了极其漫长的变化过程，人类与动植物生存栖息的陆地从浩瀚的海洋逐渐演变而来。浮出海洋的陆地，经地壳内部运动挤压，将中华大地分隔成千姿百态的地理单元，形成了高原、盆地、丘陵、平原和湖泊。此后洪荒时代的人类不断依托自然又改造自然，以寻求获得更加有利的生存空间，史书载："昔在唐尧，洪水滔天，鲧功无成。圣禹嗣兴，导江疏河，百川蠲修，封殖天下，因古九囿，以置九州" ❶，就以神话色彩记述了洪荒时代早期人类与自然斗争的过程，人类文明也就在这样的背景下开始产生。

今天华夏大地所处的巨大陆地上，自西向东梯级而下形成三大阶梯，其中海拔在 1000 ~ 2000 米之间的二级阶梯单元范围的云贵高原、四川盆地是史前早期人类活动较活跃的地区之一。高山环绕、充满河谷丘陵的内陆盆地中灿烂的巴蜀文明开始孕育生长，而位于四川盆地东部的早期巴人先民们也从距今约 200 多万年前开始了原始的社会活动。

温暖湿润的气候环境是文明发展的重要条件之一。重庆地区属于亚热带季风性气

---

❶ （晋）常璩撰，刘琳校注. 华阳国志校注 [M]. 成都：巴蜀书社，1984：15.

候，研究表明，古代川东地区夏季湿热，秋季多雨多雾，冬季温暖，早期巴人生活的气候较现在更为暖和湿润，动植物自然生长，物产丰富，在良好的渔猎条件之外还"土植五谷，牲具六畜"❶，不过，四川盆地温润的气候提供的优势条件在复杂的山地自然环境中还是大大被削弱，较之于川西平原差距明显。重庆所在的地区千百年前就被大自然塑造为奇特的平行岭谷造型，自南北向长江河谷逐级倾斜，从东北到东南，弧状平行排列着黄草山、明月山、铜锣山、华蓥山、中梁山、缙云山、云雾山、巴岳山与南部金佛山、黑山、石壕山等将山地地形围合成南北高、中间低的地形，形成了河谷气候效应，日照少而阴天多，故而冬季多雨多雾，夏季炎热伏旱，湿气大而瘴气重。最为重要的是，这种南北高山阻隔，对河流走向造成了影响，所以东西方向多有河流纵横，同时山地环境还极大地阻碍了早期南北陆地交通❷，对古代巴国城市的起源、形成、发展和城市空间分布拓展都产生了不同程度的影响。

就微观环境而言，滨水的平坝河谷、河岸台地往往都是早期文明较早产生的区域。在这些平坝高台区域，地势开阔，相对平坦，拥有生活用水的丰沛资源，同时也有航行交通的便利条件，适合发展早期农业如渔猎和耕作，并且还自带防御屏障功能。近些年来在巴渝地区沿长江、嘉陵江、涪江两岸的阶地上发现了众多旧石器时代的人类活动遗址，❸反映出临江阶地在早期文明孕育中的优势。从旧石器时代巫山龙骨坡、丰都长江沿岸井水湾遗址群、奉节长江沿岸出土的旧石器时代遗存到新石器时代玉溪坪遗存（距今约 7800 年）、楠木园文化遗址（7000～6500 年）、大溪文化遗址（约 6000年左右）、哨棚嘴文化（约 5500～4000 年）都是散居在三峡近水地区的文化痕迹❹。显然，古巴人在靠山临水的环境中逐渐定居并形成聚落，进而才打下了缔造早期城市文明的基础。

2. 经济地理环境

川东平行岭谷的山脉与河流将四川盆地东部分割成无数丘陵、小坝、山岭平地，造成水热条件组合差异大、多样化的土地类型，在耕地、林区、草甸、荒地和水域等复杂的自然环境条件下，巴族内部各地经济开发形成了差异化发展。

沿东西走向的长江、嘉陵江及其支流交汇之处多为平坝，现今重庆所在的主城地域主要就位于这岭谷中的平坝地带，这里在当时已经是具有相对较好的种植条件的区域，也较早相继得到开发，而周围其余山坡坡度多为 15～25 度，后期开发较缓，随

---

❶ （晋）常璩撰，刘琳校注.华阳国志校注[M].成都：巴蜀书社，1984：25.

❷ 隗瀛涛.近代重庆城市史[M].成都：四川大学出版社，1991：50～51.

❸ 以下资料来源参见：杨华.长江三峡地区新石器时代文化遗迹的考古发现与研究[J].重庆历史与文化，1999（1）；刘豫川、邹后曦、杨华.三峡地区古人类房屋建筑遗迹的考古发现与研究——兼说湖北、湖南及成都平原地区古城遗迹比较（下）[J].湖北三峡学院学报，2000（3）；刘豫川、邹后曦.从三峡库区文物考古成果看重庆地区史前和先秦历史的新轮廓[J].重庆历史与文化，1999（2）；杨华.长江三峡地区古人类化石和旧石器文化遗迹的考古发现与研究[J].巴文化研究通讯.6-7.

❹ 蔡金英.三峡古代聚落形态研究[M].北京：科学出版社，2011：8～14.

江流而上大多是中部、西部、西北部的丘陵和低山。所以这些平坝地区成为早期农业生产和先民聚居的首选，也是城市最早孕育的地区。

在纵横的山脉中植被茂密，常绿阔叶林丰富，是野生动植物生长的良好温床，经济林木、作物种类多样，"其果实之珍者：树有荔芰，蔓有辛蒟，园有芳蒻、香茗、给客橙、葵。其药物之异者有巴戟、天椒；竹木之瑰者有桃支、灵寿；其名山有涂籍、灵台，石书刊山。"❶良好的气候也为动物的生存提供了适宜条件，渔猎对象非常广泛，史载生息此地的板楯蛮以射白虎为业，廪君蛮长于捕鱼，还练就了部族善于制舟浮水的专长，渔猎在这样的背景下成为巴地原始农业的重要内容之一。❷渔猎作为巴地的主要生产方式在巴人考古遗迹中多有体现，冬笋坝船与昭化宝轮院墓葬都是水岸渔猎生活的实例，以至于有学者甚至断言巴人社会文化的本质就是渔猎文化❸。不过这种业态是不断发展的，殷商之前从事采集渔猎活动的痕迹比较重，考古发掘也证实了这种倾向。但随着巴人进入三峡地区，并开始占据中部平坝地区，不断受到近在咫尺的蜀国稻作农业生产发展的影响，到春秋时期，平坝地带的农作物种植已经成为常态，粮食不仅供食用，还用于酿酒，此外制盐、采集丹砂、铸造青铜器技术水平都发展得比较好，有的甚至作为贡品。《华阳国志》中"川崖惟平，其稼多黍。旨酒嘉谷，可以养父。野惟阜丘，彼稷多有。嘉谷旨酒，可以养母"❹，以及"桑、蚕、麻、纻，鱼、盐、铜、铁、丹、漆、茶、蜜、灵龟、巨犀、山鸡、白雉，黄润、鲜粉，皆纳贡之"❺的史料记载可为佐证。

从总体而言，川东农业仍处于比较粗放的状态。作为早期城市发展的物质基础，巴国社会经济的生产方式结构必然会影响到社会发展与城市的构建。

3. 文化地理环境

山环水阻的地理环境在将巴地封闭在川东岭谷地区的同时，也使其受外部文化环境影响的程度相对削弱。由于适宜的气候与较为多样的动植物生长供应，巴人拥有独立生存和发展的条件，所以巴文明诞生之初便体现出较多的个性化发展的地域特色。

近几十年来不断在巴渝地区沿长江、嘉陵江、涪江两岸的阶地上发现众多古人类活动的遗址，为新旧石器时代远古人类群落沿江岸活动提供了重要线索。❻巴人族群中濮、賨、苴、共、奴、獽、夷、蜑诸蛮随着石器广泛运用于生产，从渔猎、采集逐渐走向耕作农业和畜牧业，长江、嘉陵江两岸依山傍水，在洪水线以上的沿江台地都

❶ （晋）常璩撰，刘琳校注. 华阳国志校注 [M]. 成都：巴蜀书社，1984：25.

❷ 蓝勇. 长江三峡历史地理 [M]. 成都：四川人民出版社，2003：112.

❸ 蔡靖泉. 考古发现反映出的成都平原先秦社会经济文化发展 [J]. 江汉考古.2006（3）.

❹ （晋）常璩撰，刘琳校注. 华阳国志校注 [M]. 成都：巴蜀书社，1984：28.

❺ （晋）常璩撰，刘琳校注. 华阳国志校注 [M]. 成都：巴蜀书社，1984：25.

❻ 以下资料来源参见：杨华. 长江三峡地区新石器时代文化遗迹的考古发现与研究 [J]. 重庆历史与文化，1999（1）；刘豫川、邹后曦. 年重庆库区 2001 年考古发现 [J]. 重庆历史与文化 2002（1）；杨华. 长江三峡地区古人类化石和旧石器文化遗迹的考古发现与研究 [J]. 巴文化研究通讯.6-7.

会成为他们选择的定居点❶，村落也开始出现。这些早期族群，如濮人，在巴人迁入川东前散布在渠江、嘉陵江等流域，是巴人之前重庆地区最早的主人，后来巴人移居之后化入巴族❷。蜑族，蜑之一名，见于《后汉书·巴郡南郡蛮传》中李贤注引《世本》："廪君之先，故出巫诞也"。《说文》称其"蜑，南方夷也"，也是在廪君之前居住在三峡地区的古居民，并且是"水居之民，习于乘船。"❸

巴人长期生活劳作于古巴渝地区，搏击自然与渔猎活动锻造了坚强而崇勇的传统心理特征，所以巴人多以勇敢善战的形象出现在历史上，世代以白虎为图腾，"兵避太岁"武器的出土等文献记载与物证都多角度地体现出巴人善战威猛的个性。巴人与北方文明、荆楚之间征伐不断，殷商末年因战功而被周王朝当作诸侯国看待。周王朝建立之后，巴国又与其明确了藩属关系，"以其宗姬封于巴，爵之以子。"❹考古发掘也充分展现出古代巴民族好战尚勇的个性，1954 年，重庆猫儿沱冬笋坝出土 81 座巴人墓中有 21 座船棺墓，有扁茎柳叶形巴式剑、圆刃折腰式铜钺以及铁斧、铁刀等近千种文物，兵器上多铸有"手心纹"、"虎纹"和犀牛纽印章，涪陵小田溪出土的错金编钟、虎钮錞于等文物近 100 件，从文物形式和制作工艺来看，巴族文化这个时期已经具有了较高的水平，❺代表勇武的武器与文化符号在墓葬中淋漓尽致地体现，可以想象，这种族群崇尚勇武的文明特征在推动巴人不断对外扩张、争斗的同时，必然也会在一定程度上影响巴国城市建设和文明发展。

4. 政治地理环境

在相当长的历史时期，巴人部族文明的对外联系与发展都受制于川东地区的峡谷地理环境，使其保持了自身地域文明的特性。虽然与外部接触与交流较少，但还是在一定程度上受到了北方与邻近蜀国、楚国的影响。

根据史料记载和考古发掘，巴人在夏商周时期与黄河流域文明都有联系，从较早的妇好伐"巴方"到出师助武王伐纣，得到西周王朝论功行赏，爵之以子，可见巴国作为"远国"与黄河流域文明地理距离相距甚远，虽然有一定联系，但是这种交流与联系关系还是相对比较松散，到春秋之际时，更是"巴国分远，故于盟会稀"❻，有学者认为，正是因此原因，巴国反而意外地长期保持了自身文化的延续。❼

值得一提的是，相对于和北方黄河流域文明的联系，巴文明与楚文明的交流更为频繁，只是很多时候这种联系方式更多表现为战争。从考古资料中可以清晰地得知巴

---

❶ 隗瀛涛 . 近代重庆城市史 [M]. 成都：四川大学出版社，1991：52、55.

❷ 杨铭 . 论古代重庆地区的濮、僚族 [C]. 载彭林绪、冉易光 . 重庆民族研究论文选 [M]. 重庆：重庆出版社，2002：216.

❸ 邓少琴 . 巴蜀史迹探索 [M]. 成都：四川人民出版社，1983：61.

❹ （晋）常璩撰，刘琳校注 . 华阳国志校注 [M]. 成都：巴蜀书社，1984：21.

❺ 杨华 . 长江三峡地区古代腰坑葬俗的考古研究 [J]. 董其祥重庆考古纪要 [J]. 三峡大学学报（人文社会科学版），2005（1）.

❻ （晋）常璩撰，刘琳校注 . 华阳国志校注 [M]. 成都：巴蜀书社，1984：31.

❼ 蔡金英 . 三峡古代聚落形态研究 [M]. 北京：科学出版社，2011.

文明与楚文明存在的交流与相互影响，两者在开发山地水岸的生产劳作方式上非常相似，居住建筑特点很相似，在早期城池构筑上也存在很多共同点。❶ 如宜昌中堡岛遗址有开凿在聚落周围的沟槽遗迹，与同时期和战争有关的"乱葬坑"并存，这种沟槽极有可能属于当时人们的防护建筑❷。中堡岛遗址与大溪文化相关，而大溪文化在巴人文化中有所传承，楚国的筑城手法极有可能启发了巴人城市建设采取同样的方式❸，是造成巴子城不见城垣的猜测依据之一，显示出相似自然社会环境下类似的文化发展的共性。

相较于黄河流域文化、楚文化的交流，巴文化与蜀文化的交流更为频繁易见。在今重庆小南海一代的巴国"新市里"发掘出的大批巴蜀"桥型币"展现了巴蜀间的经济贸易，证实此时的地区贸易已经具有官方机构。❹ 但巴蜀文化间的交流程度绝对是值得思考的问题之一，先秦时期的巴蜀远不如秦汉后进入中央统一管辖后表现出众多的共性。在巴国曾立都的每一个地方都没有发现严格意义上的大型城址文明痕迹，与蜀的宝墩文化、三星堆文化、十二桥文化等洋洋大观的文明遗迹比较起来始终非常空洞。巴人的五都虽有文献记载，但迄今并未发现遗址，造成目前学界对巴文化众说纷纭、莫衷一是，所以对于一直以来都在讨论的巴文化是否受蜀文化影响等方面的深入研究都受到了制约。

2.2 先秦巴人建城活动

2.2.1 早期巴人建城遗址

虽然迄今为止都没有巴渝地区巴人古城址的考古发掘，但从一些小规模遗迹发掘中我们也可以看出古代巴人已经具备了古城防护意识，如前文提及的曾经在宜昌中堡岛遗址周围一度清理出成排的大溪文化时期的沟槽建筑遗迹。此外，从廪君"君乎夷城"和賨人筑"賨城"的两个事件中，我们亦是可以窥探早期巴人部落的筑城。

《后汉书·南蛮西南夷列传》中记载有廪君征服巴郡五姓支系及盐水部落的经过，从中可以得知廪君筑城以及早期巴族的一些生活特性。

"巴郡南郡蛮，本有五姓：巴氏、樊氏、曋氏，相氏，郑氏。皆出于武落钟离山。其山有赤黑二穴，巴氏之子生于赤穴，四姓之子皆生黑穴。未有君长，俱事鬼神，乃

❶ 张良皋. 匠学七说 [M]. 北京：中国建筑工业出版社，2002：30.
❷ 杨华. 三峡地区古人类房屋建筑遗迹的考古发现与研究——兼说湖北、湖南及成都平原地区古城遗迹比较（下）[J]. 湖北三峡学院学报，2000，3.
❸ 巴国城市"栅栏说"，参见毛曦. 先秦巴蜀城市史研究 [M]. 北京：人民出版社，2008：238—239.
❹ 段渝. 巴蜀古代城市的起源、结构和网络体系 [J]. 历史研究，1993，1.

共掷剑于石穴，约能中者，奉以为君。巴氏子务相乃独中之，众皆叹。又令各乘土船，约能浮者，当以为君。余姓悉沉，唯务相独浮。因共立之，是为廪君。乃乘土船，从夷水至盐阳。盐水有神女，谓廪君曰：'此地广大，鱼盐所出，愿留共居。'廪君不许。盐神暮辄来取宿，旦即化为虫，与诸虫群飞，掩蔽日光，天地晦冥。积十余日，廪君伺其便，因射杀之，天乃开明。廪君于是君乎夷城，四姓皆臣之。廪君死，魂魄世为白虎。巴氏以虎饮人血，遂以人祠焉。"❶

　　上述引文对巴人从"未有君长，俱事鬼神"到廪君"君乎夷城"的过程做了带有传奇色彩的记载，也揭开了巴人祖先逐渐从散居洞穴之中进入到聚众称王的氏族部落时代，开始早期文明生活的历史进程。其熟悉水性，长于造船浮水，精于掷剑射箭的部族个性也跃然而出，显示出早期巴族近水生活的生产生活特性。

　　此外，《世本》、《晋书》、《太平寰宇记》等书亦详细描述了巴人先祖廪君选择最初城址的过程。其中，《太平寰宇记》中载："廪君乘土船，下及夷城。夷城山石险曲，其水亦曲，廪君望之而叹，山崖为崩。廪君登之，上有平石，方二丈五尺，因立城其傍而居之，四姓臣之。"❷从此条史料可以看出，廪君筑城中的选址考量，根据周边地形和水文环境，最后择山地筑城，显示出巴人最早筑城沿江倾向。

　　廪君所筑"夷城"今遗址尚存，为鄂西清江中游的早期巴文化遗址香炉石遗址，属于青铜时代地域性的考古学文化，时限为距今4000～3000年间，与史传的廪君活动年代相吻合，当地曾出土了比较丰富的遗物，计有石器、陶器、骨器、铜器、甲骨和陶印章等文物近万件。❸香炉石文化时期的人们多居住在河流两旁的台地上，其经济生活以渔猎为主、采集和种植为辅。这与廪君部族的生活环境相吻合，其文化的源头从陶器中的罐釜等炊具的形制特征看，可追溯到大溪文化和城背溪文化。从该地出土的迄今为止我国最早的陶印章和商周时期的大批甲骨中可明显看到这一阶段的文明程度较高。

　　在嘉陵江流域筑城的是另外一支巴族板楯蛮——賨人。关于賨人筑城的情况同样有史可循，"宕渠盖为故賨国，今有賨城"❹，"古賨国城在流江县东北七十四里，古之賨国都也"❺，可见当时作为板楯蛮代表的賨人曾修筑都城，遗憾的是现代考古发掘没能提供实证。

2.2.2　巴子五都与城垣建构的讨论

　　巴人是对散布在嘉陵江、长江流域的濮、賨、苴、共、奴、獽、夷、蜑诸蛮的统称，巴人和他们生活的环境空间实际包括了巴地与巴王国两重含义。《山海经》、《华

❶ （宋）范晔撰，（唐）李贤等注. 后汉书 [M]. 北京：中华书局，1965（86）（南蛮西南夷列传）：2840.
❷ （宋）乐史撰，王文楚等校. 太平寰宇记 [M]. 北京：中华书局，2007（147）：2865.
❸ 刘豫川. 从三峡库区文物考古成果看重庆地区史前和先秦历史的新轮廓 [M]. 重庆：重庆出版社，2001.
❹ （晋）常璩撰，刘琳校注. 华阳国志校注 [M]. 成都：巴蜀书社，1984：96.
❺ （宋）乐史撰，王文楚等校. 太平寰宇记 [M]. 北京：中华书局，2007（147）：2865.

阳国志》等典籍都对远古巴人起源及他们活动的范围留有记载，后世学者们也对巴人起源提出了9种观点。❶巴人在川东地域先与楚国联盟，扫荡江汉诸小国，春秋时代，又数相攻伐，战国时期实力渐衰，巴王国的范围也在不断变化中，领土地域盈缺不定，《华阳国志·巴志》载"其地东至鱼复，西至僰道，北接汉中，南极黔涪"❷，巴地占据疆域可谓一度相当宽广。但按照学者段渝的看法，常璩所描述的是不同时期的巴人领土的汇集，而不是巴国在同一个时期所占有的全部疆域，一向惯于迁徙的巴渝族群在战国后期更是变化甚剧，这个地理范畴的描述显然是将巴人活动的不同版图拼合在了一起，从中可见巴国疆域版图随着巴人在过往历史时期的演进中不断变化。❸总体而言，巴人先后据有汉中东部，曾向大巴山东缘发展，又曾举国南迁江、鄂之间，最后进入川东，兼及与鄂、湘、黔相邻之地。战国时期，巴族在迁徙过程中，虽立国于川东，但却五次迁都（图1），其中在江州——现今重庆存在的时间最长，史称"巴子都江州"，也是古重庆见于文字记载之始。

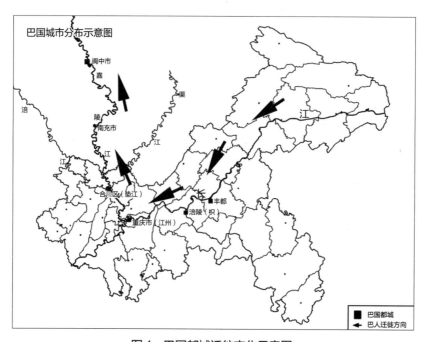

图1 巴国都城迁徙变化示意图

（资料来源：根据毛曦.先秦巴蜀城市史研究[M].北京：人民出版社，2008：232，作者改绘）

战国初期，峡江沿岸已成为巴国之地，入主川东建立国都的巴国版图比较广阔，东至清江流域，西至川东，以川东为政治中心。然而，随着楚国势力的推进，巴地开始不断缩小，特别是在与楚国的征战中相继失去清江流域、峡江之地后，巴国孤守川东，

❶ 毛曦.先秦巴蜀城市史研究[M].北京：人民出版社，2008：25.

❷ （晋）常璩撰，刘琳校注.华阳国志校注[M].成都：巴蜀书社，1984：25.

❸ 段渝.政治结构与文化模式——巴蜀古代文明研究[M].上海：学林出版社，1999：54—82.

政权摇摇欲坠。❶ 最终不敌强楚与蜀国的攻伐、蚕食，势力渐微，求救于秦却最终为秦国所灭。❷ 巴国灭亡后，秦取其凭险据守的功能地位，将江州作为治所，建立了最初的以行政中心和军事据点为功用的古城邑，于战国时期正式开启了重庆城市建设的第一页，而巴人作为一支民族力量逐渐融入了华夏文化的历史长河中。

巴人建城的明确记载见诸《华阳国志》，战国时期的巴子城处在不断变迁中，王国首都在历史版图中变化不定，故有"五都"之说。对此，《华阳国志》称："巴子时，虽都江州，或治垫江，或治平都，后治阆中，其先王陵墓多在枳"。❸ 五座都城的建都时间，按照考古学家王善才先生的观点，这个时期应是"巴人中期（春秋战国时期）的事"。此外，台湾历史学家李冕世先生认为"巴族西迁进入川境，应当是春秋战国时期的史实"。除五都外，也有学者认为巴国应该有不止一座城，否则不会有"蔓子请师于楚，许以三城"的情况出现。目前相继有云阳李家坝、开县余家坝及宣汉罗家坝遗址的发现，使巴文明的面貌得到丰富和扩充，但巴国城址的考古发掘还是相当欠缺。❹ 总之，关于巴国"五都"的考古工作并没有得到系统开展，相关文献中仅有零星记载，具体如下：

江州，具体位置应在今天重庆市区，为战国时期都城之一。除了作为政治中心外，还承担一定的经济功能（"立市于龟亭北岸，今新市里也"❺）。《舆地广记》有云："巴县，本江州，古巴国也"❻。《舆地纪胜》卷 175 亦记江州："周武王克商，封周姓为巴子，遂都于此，因险固以置城邑，并在高岗之上"❼。《水经注》亦载："江州县，故巴子之都也"❽。上述所引诸书说法类似，但具体城址没有说明，与今相符合的状态是建在高山上，据险自守，应该符合战国时期巴人选择建城的防御条件。

垫江，据考证这座巴国都城应在今合川南津街一带。❾《华阳国志》记"或治垫江"❿。《括地志》载："巴子城，在合川石镜县南五里，'石镜'，故垫江县也"⓫。亦无城垣发掘。

平都，具体城址在今丰都境内，《水经注·江水》载："江水东迳东望峡，东历平都，峡对民丰州，旧巴子别都也"⓬。无土质城垣发掘。

阆中，晚期巴国都城，《舆地纪胜》卷 185 载"阆中古城本张仪城也"⓭。秦于此"执王以归"。另据《通典》载"城名曰高城，前临阆水，却据连岗"，具有极为有利的防

❶ 段渝.政治结构与文化模式——巴蜀古代文明研究 [M].上海：学林出版社，1999：165—166.
❷ 蒙和平.三峡之谜——三峡考古纪实 [M].南昌：百花洲文艺出版社，2006：46.
❸ （晋）常璩撰，刘琳校注.华阳国志校注 [M].成都：巴蜀书社，1984：25.
❹ 杨华.三峡地区远古至战国时期古城遗迹考古研究——兼说湖北、湖南及成都平原地区古城遗址比较（下）[J].湖北三峡学院学报，2000：3.
❺ （晋）常璩撰，刘琳校注.华阳国志校注 [M].成都：巴蜀书社，1984：33.
❻ （宋）欧阳忞撰，李勇先、王小红校注.舆地广记 [M].成都：四川大学出版社，2003（33）：1024.
❼ （宋）王象之撰，李勇先点校.舆地纪胜（第九册）[M].成都：四川大学出版社，2005：5113.
❽ （北魏）郦道元著，陈桥驿校注.水经注校注 [M].北京：中华书局，2007：773.
❾ 毛曦.先秦巴蜀城市史研究 [M].北京：人民出版社，2008：23-33.
❿ （晋）常璩撰，刘琳校注.华阳国志校注 [M].成都：巴蜀书社，1984：58.
⓫ （唐）李泰等著，贺次君辑校.括地志辑校 [M].北京：中华书局，1980：193.
⓬ （北魏）郦道元著，陈桥驿校注.水经注校注 [M].北京：中华书局，2007：776.
⓭ （宋）王象之撰，李勇先点校.舆地纪胜 [M].成都：四川大学出版社，2005，（第九册）卷 185：5379.

守地势，但依然无十质城垣发掘。

枳是重庆涪陵境内的巴人国都，《华阳国志》曰："先王陵墓多在枳" ❶。《战国策·燕策二》亦云："楚得枳而国亡"。关于城市的介绍极其简约，只有个比较模糊的区域概念，其余信息一片空白。这里发掘了大量的战国时期墓葬与巴国文物，但就城址而言依然未有所获。

尽管文字寥寥，但从仅有的建都空间位置信息提供看得出一些演变痕迹，可以捕捉到一些关于春秋战国时期巴人城市的情况，对于巴人此前的城市具体情况还是罕有文字提及，也有学者言及巴人在巴中起源建立国都 ❷，但也没有实证。此后虽有云阳李家坝、开县余家坝和宣汉罗家坝等遗址发掘，但巴国城址依旧没有更多被发现，❸ 凭借这些零散的信息分析看出，巴人春秋战国时期五迁其都，其主要路线都是沿长江水岸而行，在江州的留驻时间最长，故史书普遍称江州为"巴子之都"。当然也有学者提出江州是川东巴国的唯一政治中心，垫江为当时一大重镇，平都是宗教中心与军事供应基地，相当于行都，阆中更是战时暂时充当首都的避难地。❹ 总体看来，五都具有共性，显示出先秦时期城市兴起的规律：五座城市产生都是源自军事政治需要，主要功能是作为军事防御据点，城市沿江散点而建，沿长江向嘉陵江自东往西迁移，占据以江河为池、山地为屏障的防守地形优势。

历史时期的巴国城市，不管是廪君时代的酋邦中心城还是战国时期的江州、垫江、平都、阆中和枳都没有留下关于城池更多的城墙、城垣遗迹和文献记载。曾经创造了早期文明的部族所拥有的远不止一座城市的王国，其城市图景远不如古蜀国丰富实在。那么古代巴人五都城市城垣何以无存？关于这个问题，学界有所探讨。

古人之城不一定筑有城墙，所以巴国迄今没有发现城垣留存亦属正常，一度有人认为巴国发端于山寨，山寨则是利用自然地形，采用自然沟壑加上人工削壁和树立荆棘而成，从事城市规划研究的陈苏柳在《城市形态的设计、发展与演变——城市形态的双向组织研究》一书中也指出城市边界划分的两种状态：明确界限与模糊界限。栅栏与城墙都属于可见的明确界限，而天然山河以及种族、文化、教育、经济等模糊的界限也是分隔城市的一种方式。❺ 这为城市围合空间的组成提供了一种思维方式，即城墙的存在不是城市的唯一确认标志，天然阻隔也可能是城市建立的依托。学者段渝、毛曦、杨华等人在遍寻考古实证与文献资料之后对巴国无城加以深入分析总结，认为巴城至今没有找到城垣实体，原因分析起来主要有两种：

❶ （晋）常璩撰，刘琳校注.华阳国志校注 [M].成都：巴蜀书社，1984：58.

❷ 周集云.关于古巴方国都城所在地的考证 [J].南充师范学院学报，1987.3.

❸ 参见四川大学历史文化学院考古系、云阳文管所.云阳李家坝遗址发掘报告 [C].重庆库区考古报告集.北京：科学出版社，1997；陈淑卿，王芬.重庆余家坝巴人墓地的发掘收获 [J].山东大学学报（社会科学版），2004.1；四川省文物考古研究所、达州地区文物管理所、宣汉县文物管理所.四川宣汉罗家坝遗址 2003 年发掘简报 [J].文物，2004.9；罗家坝遗址笔谈 [J].四川文物，2003.6.

❹ 参见管维良主编.重庆民族史 [M]，重庆：重庆出版社，2002：53-54.

❺ 参见胡道修.从 1 到 600，重庆城区的始建迁徙与拓展历程 [J].重庆地理信息，2011.1.

一是"栅栏"说。巴国建城所在地没有像同时期相对发达国家夯土版筑建起高大城墙，而是在城四周用竹木捆绑扎为栅栏，形成藩篱以代城墙，树立自己的国土标记。这种木制栅栏显然不适合长期保存，不可能在漫长的历史时期留存下来，故而巴国城市无城垣也就是很正常的事情了。这在考古发掘中有宜昌中堡岛遗址木栅栏城墙的出现❶作为考证。栅栏围城的特殊建筑形态的存在是有可能的，一方面学者们推测，是受到古代楚国曾经以栅栏藩篱取代城墙做法的影响，巴楚之间紧密相连，类似做法彼此影响是完全可能的；第二，巴人作为尚武的民族，具有强烈的扩张愿望❷，巴人后期的发展历史就是一部不断经历战争与迁移的历史，在这种疆域版图变化很不稳定的情况下花费大量人力物力修筑高大城墙显然是不太现实的，用栅栏代替城墙远远快捷容易得多；第三，从目前所知的几座战国时期巴国城市来看，都分布在河流沿岸，按照古代建筑史学家张良皋的分析，长江流域生活的先人们居于植被丰饶、竹木蔽日、古树参天的环境中，依托丰富的竹木资源和临水而居的现实条件生存使得先秦时期的人类很容易就掌握了将干阑建筑作为开发自然的武器。以捆绑方式简单实用的建立起吊脚楼是巴人长期以来的传统，用栅栏代替修筑城墙完全是有可能的，而且就地取材非常方便易行，在频繁的军事征战中，这种构筑防御建筑设施的方式显然能够很便捷地满足需要。从这三个因素考虑，巴人会以栅栏替代城垣的构筑，以此区分边界是完全可能的。

二是"以山为城"说。生活在川东岭谷中的巴人城市自然环境具有鲜明的地域特征，丘陵起伏的山地高岗，地形地貌崎岖不平，巴国政权统治者选择建立城市的主要作用是军事防御而不是发展经济，所以军事防守职能重在安全与防守，选择险要稳固的地点作为建城之地具有关键主导作用，和平原地区城址的选择有所区别，地势险要的地方易守难攻，有的山形起伏不平，错落变化，本身就如城墙，❸"天生重庆"的描述并不是空穴来风，自然天险的山势使得再筑城墙已无必要，以山为城成为一种特殊的建城方式，并一直被重庆历代城市营建所看重。因此，山城不见城垣是自然环境所造就的特殊结果。

纵观巴人城市变迁，不管其间历经多少次变动，位置、大小、格局都是悬而未决之谜，但一些基本的特征还是保留了下来：城市建立基于军事防御需要，其选址多在自然沿江位置，大都分布在嘉陵江、长江沿岸；其次是城池注重利用自然环境优势，依山为城，以水为池，在建造方式上，极有可能利用山地屏障或就地取材，用木制篱笆划分早期城市界限。虽然巴人最终没能留下城市建设中深刻的物证，但巴地自然环境形成的地界分割和实现军事防御目标的作用却十分明显，这种依靠自然环境之利，沿江建城的历史过程中显示出的是巴人充分利用自然环境资源的原始智慧。

❶　林春.宜昌地区长江沿岸夏商时期的一支新文化类型 [J].江汉考古，1984.2.

❷　参见刘豫川，邹后曦.重庆文物考古工作五十年 [M].重庆：重庆出版社，1999；孟广涵主编.历史科学与城市发展——重庆城市史研讨会论文集 [C].重庆：重庆出版社，2001；段渝.四川通史 [M].成都：四川大学出版社，1993.

❸　参见杨华.三峡地区远古至战国时期古城遗迹考古研究——兼说湖北、湖南及成都平原地区古城遗址比较（下）[J].湖北三峡学院学报，2000.3.

2.3　巴子江州城址范围分析

　　巴子五都之一的江州位于今渝中半岛上。半岛地处北纬 29° 31′ ~ 29° 34′，东经 106° 30′ ~ 106° 36′，属四川盆地东南边缘山地，两江交汇处，地形为西部和中部高，向南、北、东三面倾斜，西部鹅岭为最高处，海拔 379 米，东北角朝天门沙嘴最低，海拔 160 米 ❶。

　　关于巴人在今重庆城区正式修筑江州的确切时间，《华阳国志·巴志》比较肯定地说"仪城江州" ❷，表面看是从秦时期开始算起，但学者们推测张仪驻江州城不能算作是重庆城市的最初筑城时间。从巴人建都江州、垫江、平都、阆中，并建先人陵墓在枳，可以推知，无论开展建都还是修先王陵墓活动都是与修城相联系的，所以在张仪筑城之前，巴王国应当筑有城郭。并且，江州城不仅筑有城郭，巴国城池还不止一座孤立的江州城。《华阳国志·巴志》载："蔓子请师于楚,许以三城" ❸。蔓子能"许三城"，那么当时的巴国除了国都，应该至少有三城以上的其他城池，否则不可能用来乞师于楚 ❹，张仪后来筑江州城不过是在原有巴子国都基础上的扩建和补筑而已。那么，作为后世一直沿袭旧址、不断扩充的江州因何缘起？在这段时期生活在重庆土地上的古人居住的江州城址到底存在于何处？

　　春秋时期由于军事防御的政治需要催生了大批名城大邑，于是产生了筑城热潮，秦汉时代作为中国历史上最早的大一统王朝初建的时代，郡县制的推行使得筑城活动又成为必要，又掀起了第二波筑城热潮。古代重庆所在的自然山水地理环境天生拥有绝佳的理想防守条件，虽然先秦时期的城池并未在渝中半岛留下更多可考的痕迹，但其后文献中不断反映张仪、李严等筑城是"因旧址"，可见古人一直遵循前人的城址选择，其后在两千年的漫长过程中都是以此为基础不断展拓，成为我们研究城市扩张的主要依据。以往的考古工作和学者们对巴渝古城进行了潜心研究，围绕江州选址、城墙修筑和空间布局情况形成了很多观点。❺

　　关于巴子江州位置起源，有一定的文献根据，巴人在周武王时期襄助克殷，故有"封宗姬于巴,建都此地,因险固置城邑,或在高岗之上"之记载,不过西周初期分封诸侯国、

❶ 重庆市渝中区人民政府地方志编纂委员会.重庆市市中区志（1986-1994）[Z].重庆：重庆出版社，2006.

❷ （晋）常璩撰，刘琳校注.华阳国志校注[M].成都：巴蜀书社，1984：33.

❸ 同上书，第32页。

❹ 杨华在《三峡地区远古至战国时期古城以及考古研究》一文中也持此观点，认为作为文明古国的巴国应该有远不止一二座城市。

❺ 参见（晋）常璩撰，刘琳校注.华阳国志校注[M].成都：巴蜀书社，1984；毛曦.先秦巴蜀城市史研究[M].北京：人民出版社，2008；童恩正.古代的巴蜀[M].重庆：重庆出版社，1998；段渝.巴蜀古代城市的起源、结构和网络体系[J].历史研究，1993.1.

建都江州和战国时期迁都的历史记载有一定矛盾，只能说对于城址选取的高岗地貌描述值得关注，与渝中半岛朝天门一带景象相贴合，同时加上巴蔓子许城与后世巴王墓的记载，江州位于半岛上的可能性极大，学者吴庆洲甚至根据自己的研究，提出了巴子城应该在今天重庆的太平门与千厮门之间的猜想。[1] 其后对江州位置还有一些看似确切的记载，如《舆地纪胜》卷 175 记江州“在巴县南五十步，东西十五步”，“东接州城，西接县城”，[2] 仿佛对方位有清晰概念，但从州、县的提法出发分析，可能并非巴子时期江州城址的状态，最早也是秦汉之后的城址。另据《华阳国志·巴志》载：“又立市于龟亭北岸，今新市里是也”[3]。《寰宇通志》卷 62 有所补益：“龟亭山在江津东北六十里，其状如龟，有古精舍”。按其所指，官方市场方位在今天重庆小南海一带[4]，不远处即是 1954 年冬笋坝考古发掘出土的战国巴蜀“桥形币”出土的地区（商业贸易区）所在，中心城址有可能在附近，但又和“因险固置城邑，或在高岗之上”的地貌不符合。

　　关于巴人城市还有一个值得参考的建筑，就是在今江北郭家沱一带修建的用于防卫的滩城，南北朝李膺《益州记》有载，但书已失传，嘉庆《大清一统志》有：“古滩地。在巴县东七十九里岷江岸，周回一百步，阔五尺，相传巴子于此置津是也”记载，文字引自《舆地纪胜》，而《舆地纪胜》又源自李膺，准确性待考，只是提供了一个信息，就是嘉陵江北岸有类城建筑。滩城用于防守和监视来犯敌军，但文献都没有提供比较准确的定位，所以城市核心区域准确位置并不容易推测。只能获得的信息是：城市据险筑城、都城应修筑在位置较高处，江州防守滩城在今江北之外，交易集市在今九龙坡铜罐驿一带。即便现在看来，滩城、集市和城市母城中心地带之间都还有相当的距离，就国都中心城址选择而言不具有特别优势。但可以大胆推测，巴国都城江州应在滩城与集市（今江北、九龙坡）之间，滩城用于防守和预警的另一道防线是在也有居民较多聚集的嘉陵江北岸，虽然并非江州国都城的直接防线，但这里附近可能有一座城址。

　　各种信息堆积，但大部分都是推测。结合自然地貌与传统古人类居住习惯，再综合文献典籍资料提示的古城、滩城位置，以及根据考古发掘出的冬笋坝集市、通远门附近的巴子墓葬地点推测，巴国江州可能应该不止筑城一处，估计分别在铜锣峡外（防守滩城不远处）、九龙坡冬笋坝附近（集市周边）、通远门附近（巴子墓葬并有相应地势高度）以及朝天门一带（近水便利）等地方都可能存在城址，江北、九龙坡等有适合居住的临江缓坡地段和滩地，估计也有较多居民点聚集，所以也用于分担巴王国不同的社会经济功能，但作为国都政治军事中心，早期城市最重要的防御条件大于一般生活居住需求，渝中半岛同时具备水道交通、方便渔猎、生活劳作的沿江缓坡地带，又有区域地形制高点可据险防守，所以，巴子江州政治军事中心最可能是城址的主要所在地。按照这样的推测，巴子江州诞生之初，在渝中半岛、江北、九龙坡都有建城

❶　吴庆洲.四塞天险重庆城——古重庆的军事防御艺术 [J].重庆建筑，2002.2.

❷　（宋）王象之撰，李勇先点校.舆地纪胜 [M].成都：四川大学出版社，2005：5133-5140.

❸　（晋）常璩撰，刘琳校注.华阳国志校注 [M].成都：巴蜀书社，1984：58.

❹　邓少琴.巴蜀史迹探索 [M].成都：四川人民出版社，1983：21.

的可能（图 2）。古代巴人在这些区域较多聚集，当然，也可能就是巴人整个江州故城统治范围所及，巴国社会较早时期的生活就在这些地域开展。

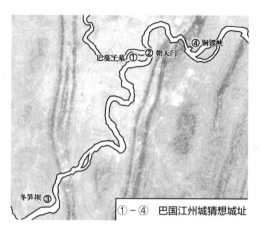

图 2　巴国江州城址位置猜想图
（资料来源：依据史料及考古发掘信息绘制）

2.4　小　结

古代重庆地区处于川东丘陵地带，具有特殊的自然地理条件和孕育社会文明的客观物质基础。原始社会时期，川东沿长江及其支流诞生了巴人族群及其城邦，巴人聚居和城市文明的形成过程非常缓慢，脉络并不十分清晰。有限的考古与史料记载表明，巴人城市具有三大特征，一是军事防御需要是影响城市产生的直接原因；二是城市诞生于山地水岸环境中，依山筑城为其特色；三是城市变化迁移轨迹均为沿长江及其支流线性分布。

先秦时期的巴国受到自然环境限制，陆路交通不发达，与北方中原民族交流较少，与水路便利而与东西紧邻的荆楚、蜀国接触较多，尤其与楚相争极大地影响了城市迁移、扩张与构筑，使巴国城市从诞生之初就显示出浓厚的军事城池特征。巴国城市构筑主要功能集中在军事防御上，和巴国长期征伐有密切联系，城池没有留下夯土城墙考古遗迹，文献资料揭示其多依靠自然地理环境形成据险自守的天然城墙优势，抑或有可能采用木栅栏围合。

巴子江州国都城址所在地点是历代筑城的原始基础依托，尽管迄今没有当时城垣发掘的考古实证，但根据对市场、聚居点、部族墓葬分布，以及文献与考古发掘的信息，可以推想江州时期巴国建城城址及范围存在的数种可能性，从古城后来的发展变迁来看，巴国都江州的几处城址存在的可能性地点都是后世散点定居并发展的策源地，也是城市后来进一步拓展的基础。

第 3 章

城市空间拓展是一个动态演进的过程，其结构与形态以自然环境为基础，同时受到当时社会政治、经济文化、技术发展的影响，每次扩张都以旧有格局为基础不断提升，只是其拓展方式、过程和发展趋势中又具有一定的必然性与特殊性。

秦灭巴蜀之后，巴国被纳入中原王朝体系，随着秦汉王朝统一交通体系的建立[1]和城池的修筑，封闭环境中成长的巴文明状态被北方统治力量强势打破，社会政治、经济水平、文化发展逐渐受到多方面的影响而嬗变，江州城的修建成为重庆城市史上公认的有确切记载的建城之始。

回顾整个传统时代，自秦汉到明清，古代巴渝城市建设尚处于主要以农业为基础的时代，社会生产力水平有限，对自然地理环境高度依赖，但随着北方先进文化的不断输入并得到上层社会的主动开发，城市开始持续拓展，"有不容人不竭人力之巧，以补天工之不足"，"山川布而相其阴阳，则有市镇据其形胜，则有关梁阻扼凡以守其国也"[2]。渝中半岛位置在嘉陵江与长江交汇处的狭长半岛形陆地上，作为早期城市发展的起点，是重庆山地城市发展的母体，巴国建都以来就是重庆政治经济文化发展的集中地，自秦汉到明清，在面积22.56平方公里的半岛土地上，历经秦代张仪、三国李严、南宋彭大雅、明代戴鼎等四次有史记载的筑城和清代数次补筑，逐渐形成了从渝中半岛沿江地段始发形成下半城，再进而推进形成上、下半城，最终完成古代重庆环水而成的传统政治经济文化中心的建构。

秦汉到明清的重庆城市空间拓展是与社会的曲折发展相映照的，在山地自然环境没有发生大改变的情况下，社会经济变迁、城市政治地位调整，重庆城市历史演进与空间拓展都比上古先秦历史时期要复杂深刻得多。所以，溯源古代重庆城市扩展的道路轨迹，探寻古人克服狭隘的山地环境开拓地势、造就传统时代山水之城的动力之源，需要把视线重新投入到最初筑城的年代，寻找到城市真正开始建设的源头。

3.1　秦汉时期江州城修筑与变化

3.1.1　秦代张仪江州城的修筑

1. "仪城江州"的政治经济环境

公元前316年，周慎王五年，巴为救苴，求救于秦，秦伐蜀，统帅张仪"贪巴、苴之富，因取巴，执王以归，置巴、蜀及汉中郡，分其地为三十一县，仪城江州。"[3]秦灭巴二

---

❶ 邹逸麟.中国历史人文地理[M].北京:科学出版社,2001:299-320.

❷ (清)王梦庚.重庆府志[M].北京:国家图书馆出版社,2011.

❸ (晋)常璩著,刘琳校注.华阳国志校注[M].成都:巴蜀书社,1984:32-33.

年后设巴郡，郡治初在阆中，后移至江州。公元 221 年再灭六国，在全国推行郡县制，巴郡为秦 36 郡之一，郡境"东至鱼复，西至僰道，北接汉中，南极黔涪"❶，领县数不详，可考的有江州、垫江、阆中、枳、胸忍、宕渠、江阳、符县等❷。在先秦时期就已经发展起来的沿江城邑或者军事堡垒，秦管辖巴郡之后将这些城邑、堡垒中的一部分加以改造，形成兼有行政管理和军事堡垒职能的城市，进而催生和壮大了一批长江、嘉陵江干道上具有一定规模的城镇。其中，江州城的修筑是秦在关中之外筑城的早期典型代表。

秦巴郡江州城修筑的最主要动因在于军事控制与推行王权统治的需要。虽然古代巴地被渲染为"盛夏无水，土气热毒，如炉炭燔灼，山水皆有瘴，而水气尤毒"❸的炎热恶瘴之地，但这并不妨碍其地理位置的重要性，秦惠王时期攻楚依靠巴蜀优势："秦西有巴蜀，方舟积粟起于汶山，循江而下至郢三千余里，舫船载卒，一舫载五十人与三月之粮，下水而浮，一日行三百余里。里数虽多，不费汗马之劳"❹。克巴之后就更视巴郡为要塞之地，将江州作为巴郡首府和川东地区军政中心，一方面以江州为镇守据点和进攻楚国的大本营，另一方面对巴人残部蛮夷君长在政治上予以优待，以达到安抚目的，最终保证巴蜀稳定并支持统一天下的大格局，这种"分封君长"的政策成为后世管理少数民族地区羁縻制度、土司制度之滥觞。

秦王朝统一诸国后对巴渝社会经济的开发是江州城此后发展的物质支撑。古代川东巴地一直以来发展相对不均衡，自然地理环境限制较多，"江州以东，滨江山险"，"垫江以西，土地平敞"，❺渝西部多浅丘，相对开发比较容易，东部有众多平坝，更适宜农业耕作，除此外更多地域是高山大川，刀耕火种的劳动方式开发难度比较大，这种环境中低下的原始农业让区域生产发展迟滞，与北方已经进入精耕细作的深度农业化生产差距很大。

秦灭巴蜀后又统一天下，结束了诸侯国分立的局面，在巴郡诸县行政区设置上依照"山川形便"的原则，按长江及其主要支流山川形势划分，行政中心邻江而设，这与历史时期经济开发最先由沿江台地开始、与水陆交通条件便利的自然环境是相适应的。此后，又通过中央政权实施对巴渝地区的管辖，逐步采取了分封君长、移民通婚、轻刑轻赋、田开阡陌、设置交通路线等具体的政策制度维护中央政权在巴地的统治❻，还迁"秦氏万家"入巴蜀实施开发，北方民众陆续移居三巴地区，逐渐成为巴渝西北

❶（晋）常璩著，刘琳校注. 华阳国志校注 [M]. 成都：巴蜀书社，1984：25.
❷ 参见蓝勇、杨光华、曾小勇等著. 巴渝历史沿革 [M]. 重庆：重庆出版社，2004：24.
❸（宋）范成大. 吴船录　卷下. 参见（宋）范成大撰，孔凡礼点校. 范成大笔记六种 [M]. 北京：中华书局，2002：214.
❹（西汉）刘向编著. 战国策·楚策 [M]. 哈尔滨：哈尔滨出版社，2011.
❺（晋）常璩著，刘琳校注. 华阳国志校注 [M]. 成都：巴蜀书社，1984：32-33.
❻《后汉书·南蛮西南夷列传》载"秦……以巴氏蛮夷为君长，世尚秦女，其氏爵不比更，有罪得以爵除"。此外，四川青川 1980 年曾出土秦昭王时期《为田律》木牍，可见秦时巴蜀地区已经在推行"开阡陌"制度，这是秦王朝开发巴蜀、发展农业生产的见证。

部地区的主体民族。❶ 巴人也逐渐被同化，融入了北方主流社会。在中央政权力量推进下的巴渝社会发展趋于稳定，经济得到了较为深入的开发，成为此后江州城继续拓展的基础。

2. 张仪江州城的修筑

虽然中国现存古城多数为明代修筑，但从历代典籍记载内容分析，秦汉之后直到清代，中国城市发展相对稳定，变化较少，进程也比较缓慢，❷ 这其中变化也包括了城市形制与空间布局变化。秦汉时期树立的城市样本沿袭很长时间，直到近代工商业繁荣之后，军事防御的重要性开始让位于人流聚散、商业交通功能发展的需要后，古城墙封闭围合的局面才被打破，城市选址、空间扩展、格局布置才开始出现新变化。在此过程开始之前，秦汉时期筑城格局一直被沿袭，对古代城市建设的影响覆盖了很长一段时期，这主要是因为秦汉时期的城市修筑除了保持春秋战国筑城潮中对军事防守重要性的继续强调外，对社会政治管辖与经济生产生活也予以了一定程度的关注❸，这是城市建设的基本需求所在，所以秦汉格局得以延续很长时间也就在情理之中。

作为古代西南地区早期受到北方城市建设思想影响的典型之一，秦时张仪筑江州城是中原文化对西南地区文化最直接的强势植入。秦时巴郡治江州并非属于州一级的行政单位，而是"洲"之意，古江州在嘉陵江流入长江的地方，两江汇合而形成半岛，故名。❹ 巴蜀之地为秦所取，设为郡制，固然有重要的军事政治目的，对于巴蜀本身而言，古城的修筑开启了城市发展的新时代，以山为城或树栅栏为墙的时代宣告终结，北方修筑城墙的文化在巴郡落地生根。

作为与秦同时期在巴蜀两地建造的城市，当时蜀郡古城分筑太城、少城，两城合计不到 4 平方公里，郡治少城仅 1 平方公里多，巴郡在物质条件上不如蜀郡，繁华程度无法相比，中央政权重视程度也有所不同，江州城垣不太可能会超过"与咸阳同制"的蜀郡，所以隗瀛涛先生就认为江州城垣不会超过成都少城，故而至多 1 平方公里。❺ 董其祥认为张仪城在两江半岛，中心在朝天门、望龙门、千厮门到小什子之间，方圆不过 2 平方公里。❻

巴蜀先六国早 90 年而亡，为秦所取之后，表面上给予巴子、蜀侯的政治地位是相当的，城市级别也是一致的，但蜀城修筑级别却高于江州。

《蜀王本纪》载："秦惠王遣张仪、司马错定蜀，因筑成都而县之。成都在赤里街，张若徙置少城内，始造府县寺舍，令与长安同制。"❼

❶ 参见蓝勇、杨光华、曾小勇等著. 巴渝历史沿革 [M]. 重庆：重庆出版社，2004：25.
❷ 参见吴必虎、刘筱娟. 中国景观史 [M]. 上海：上海人民出版社，2004：169-170.
❸ 谭继和. 成都城市文明与城的年龄考析 [J]. 中共成都市委党校学报，1999（6）.
❹ 彭伯通. 重庆地名趣谈 [M]. 重庆：重庆出版社，2001.9.（1）：11.
❺ 参见隗瀛涛. 近代重庆城市史 [M]. 成都：四川大学出版社，1991：56-57.
❻ 参见隗瀛涛. 近代重庆城市史 [M]. 成都：四川大学出版社，1991：56-57.
❼ （汉）杨雄. 蜀王本纪，引自（宋）乐史撰，王文楚等校. 太平寰宇记 [M]. 北京：中华书局，2007，卷 72：1463.

《华阳国志·蜀志》亦载："惠王二十七年，仪与若城成都，周回十二里，高七丈；郫城周回七里，高六丈，临邛城周回六里，高五丈。造作下仓，上皆有屋，而置观楼射兰。成都县本治赤里街，若徙置少城内。营广府舍，置盐、铁、市官并长丞，修整里，市张列肆，与咸阳同制。"❶

张仪蜀城"与咸阳同制"，有详细的城市尺度、空间设置，对置官建署、立市设里都做了说明，而江州城除"仪城江州"之外没有更多记载。蜀城依据咸阳修建，但目前有关秦都咸阳的文献资料也不算多，依据各方典籍及考古发掘可知咸阳是一座表面并不具有规划性的古代都市，其后经过连续性建设后呈现出沿渭河为横向中轴、咸阳宫为纵向中轴的形态，不少考古资料表明咸阳城具有明显的城市功能分区：咸阳原上为宫殿区即官署、政治区；原下为手工业、商业区和居民聚居地。蜀城"与咸阳同制"学界也存在争论，到底是完全照搬咸阳的城市尺度建城，还是只是简单模仿咸阳格式分区，以助于推行秦政治经济统治管理尚无定论。

秦城成都有大城少城之分。古代城郭，是传统中国古城的有机组成部分，"筑城以卫君，造郭以守民"。❷《管子·度地》有云："内为之城，外为之郭。"❸东周、秦汉时期我国古代城市城郭制已经发展得比较充分，秦代咸阳城市建制对卫官、守民的功能区分是很明确的，所以成都有大城少城之分，一则以维护秦的官方管辖力度，保持与民众生活的距离，二则是便于把秦王朝的统治理念注入蜀地。作为秦一统天下的强大物质资料来源依靠地之一，秦王朝一边对巴蜀"移民以实万家"，充分开发巴渝，一边又通过"与咸阳同制"的方式稳定移民、教化巴蜀，所以用咸阳城市之制管理巴蜀是一种必要手段。因此，可以推测江州城的管辖也应该有可能会采取类似于蜀国的方式，有城郭分置，也应该有对官府衙署与市井进行合理布置。

3. 张仪江州城址探讨

巴郡江州城受到自然地形限制和统治需要，城址选择倾向于在交通便利又易于防守的地方，但对于城址的具体位置，是在渝中半岛前端还是江北，学界至今存在疑点，有一城之说，也有南北分置之说。持一城之说比较有代表性的有三种说法：

其一为"南城"说，认为张仪城在两江半岛，今《重庆市志》就采用了这种观点，认为江州城建于今重庆渝中半岛上，但是位于岛前端还是中部，依然无定论，但从后来李严筑城的位置因循旧址扩建来看，半岛前端为张仪江州城所在地似乎更加可能，因为考古发掘内容对此有所支持。1952年重庆港务局在朝天门磨儿石码头修建货运缆车挖掘土石方时，发现一口古井，井内有人工锯过的鹿角和若干绳纹陶片，1958年又在贺家码头附近的古井中挖掘出1米左右的绳纹陶井栏两段，1976年四川省轮船公司

---

❶ （晋）常璩著，刘琳校注. 华阳国志校注 [M]. 成都：巴蜀书社，1984：196.

❷ 《吴越春秋》言："鲧筑城以卫君，造郭以守民，此城郭之始也"。转引自吴泽. 吴泽学术文集 [M]. 上海：上海人民出版社，2013：30.

❸ 黎翔凤撰、梁运华整理. 管子校注 [M]. 北京：中华书局，2004：1501.

在修建防空洞时又在距地面 5 米深处挖掘出直径为 1 米的木井栏和绳纹陶罐，这些文物经重庆市博物馆鉴定属于战国时期遗物，由此可见当时江州城在今天朝天门、千厮门、东水门、小什字一带都有市井痕迹保留。

其二为"北府"城之说，持此观点者认为城址在江北嘴一带，如周勇主编的《重庆：一个内陆城市的崛起》、隗瀛涛主编的《近代重庆城市史》，认为当时的江州城在今嘉陵江北岸，与半岛相对。

其三是说巴县西或西北部❶，这种观点立足所涉及的地理位置由于参考信息在不同时代有所变化而缺乏确定的指向，所以定位显得比较模糊。

近年来一些学者综合两种说法，认为秦汉时代江州城应兼有北府城和南城，并认为秦汉时的江州城为北府南城的双城结构，北府在江北，今嘉陵江汇入长江北岸处的江北嘴（今重庆市江北区江北城）一带，北府城是政府驻扎之地，南城在两江半岛，为市民聚集之地。❷ 这种说法是笼统把张仪建江州城和汉代明确的南北城之治合为一起讨论了，没有对张仪城最初的位置选择加以明确。

到底是一城还是南北分置，可以从当时巴蜀筑城的整体环境出发来加以分析。一方面，巴蜀两地同时期建城，张仪构筑城郭极有可能都延续北方城池建筑的传统分治思想，对军民进行分隔；另一方面，从社会环境实际情况分析，当时的历史条件和江州地区的自然环境对于两岸城区的出现提供了现实基础：

首先从城市发展基础分析。江州渝中半岛、长江北岸之地开发较早，虽未曾发现传统意义上修筑的具体城池，但巴蔓子"许三城"的事迹揭示了巴子时期半岛有城的事实。从理论上讲，渝中半岛及江北早期有土著居民的开发，后来又有巴子王国建都的经营，在长江、嘉陵江沿岸形成定居聚落和集市，有墓葬等与城市建设有关的活动已经很长时间❸，虽然没有修筑专门的城垣记载，但从考古发掘和关于集市方面的文字分析来看，半岛上人们生产生活、商业活动已经达到一定程度，具有了普通城市的功能。由于社会经济都有一定的发展基础，适合民众聚居生活，即便没有建立有形的城垣，自然环境赋予的天然山地与水岸天生有拒敌的优势，从防守角度出发是最好的筑城选择，并且在当时还需继续讨伐六国，军事安全更显重要，因此郡治中心以旧城为基础更符合情理。

其次从军事管辖角度看分置的可能性。张仪筑江州城主要是出于加强控制和管理需要，当时巴郡初设，江州以东枳还有巴王子残部负隅顽抗，巴内部还有完整的酉邦集团盘根错节于巴旧地，安全防务是必需之策。按秦汉时代的筑城习惯，一般城邑往

❶ 参见唐治泽、冯庆豪．老重庆影像志·老城门 [M]．重庆：重庆出版社，2007：10.

❷ 胡嘉渝，杨雪松，许艳玲．秦汉时期重庆城市空间营造研究 [J]．华中建筑，2011.4.

❸ 管维良在《重庆民族史》中认为江州是巴国唯一的政治中心，垫江为一大重镇，平都为宗教圣地和军需供给基地，阆中为北部中心。《华阳国志》等文献有早期都城"先人陵墓多在枳"、"立市于龟亭北岸"的记载，考古发掘有巴蜀桥形币出土，种种细节等可推知巴人在此前对都城建设有所经营，虽然迄今没有在渝中半岛对先秦之前的城市建设活动有更多发现，但据此推测作为具有地利优势并保持时间最长的方国首都应该有相应的生产生活基础设施及政治、经济、文化功能性建筑。

往是在前代城圈内围筑土城，主要用于安置郡治所等行政管理机构，百姓散居城外，中国传统城市空间的习惯是以闭合的城墙为其主要特征，城墙是农业文明象征，也决定着城市的范围、规模和城市等级，体现出了中国传统社会政治统治秩序、军事防御以及保护臣民的作用，是城市形态的标志。❶秦汉时代，城市的格局以城郭制来体现封建礼制和维护统治阶级利益，城墙将城与郭包围起来，组合成了中国古代城市的两个有机组成部分。"筑城以卫君，造郭以守民"言明了两种各自的性质及不同的功能。城郭制在东周时期的都城中得到了很大的发展，春秋时多为套城，即城在内，郭套外，战国时由于国人暴动不断，郭中"民"对近距离的城中之"君"造成威胁的先例，因此造成城与郭分离、相邻或毗连，以避免战国时期城邑那样拥有大量居民，出现民众冲击政治管理机构造成威胁君主的情况重演，加上秦移民迁徙进入巴地，与当地土著间的融合还需要时间，巴国旧民的存在也很难预测是否会威胁到秦治所和移民的安全，选择可靠的区域加以安全维护保障是很有必要的，所以也存在选择城池分置的可能性。

第三，从江北地区的环境条件分析发展可能性。江北嘴及其附近相国寺一带区域，就其自然环境而言，在先秦时期就存在居民较多定居生活的可能性，就地形而言，其缓坡坡度大部分不超过 5 度，对岸朝天门地区坡度在 10 度以上，部分地段甚至超过20 度以上，如果朝天门一带以高险为特色，江北在当时的生产条件下显然更能发挥居住和生活优势，河岸台地有近水筑城优势，在取水供给、古代小型木船停靠的水运便捷性高，随着秦代一统巴蜀开发巴渝，在原有基础上加以发展，建立新城区是完全可能的，不过秦代筑城更多考虑军事安全而不是居住方便，而旧城具有的防御优势——"四塞之险，甲于天下"❷的特征是显而易见的，所以即便江北地区已经有较多的居民聚居点，具备在此设立移民定居之城的条件，但和南城功能依然有别，虽然为后来汉代北府城的设立奠定了基础，但从当时的社会条件来看，防御依然居于首位。

因此，综合来看，张仪时期筑城更多是出于军事安全考量，把江州城选择在有一定基础的巴人旧都建设，定于在长江北岸的半岛前端朝天门地段显然更具有可行性，而嘉陵江北岸虽然部分具备良好的生活居住自然环境条件，也存在比较集中的百姓居住区，但也只不过是东汉时期建立北府城为巴郡"所理"的基础。

3.1.2　汉代江州城南北之治

1. 汉代巴郡的社会经济发展

秦亡后，刘邦初为汉王，以巴蜀汉中为基地定三秦、灭西楚，统一全国，巴蜀是汉王朝建立的最大支援力量，蜀汉的粮食资源借助巴郡的航运，极大地支持了汉王朝征战讨伐，巴郡在军事水运方面的重要性极大凸显出来，所以此后汉王朝非常重视对

❶　参见李彩. 重庆近代城市规划与建设的历史研究（1876-1949）[D]. 武汉：武汉理工大学，2012.

❷　（清）乾隆. 巴县志 [M]. 四库全书本.

巴郡的控制和管理。不论是刘邦"自汉中出三秦伐楚,萧何发蜀汉米万船,给助军粮"❶、"诸侯之兵四面而至,蜀汉之粟万船而下"❷,武帝时期山东水灾,汉王朝以巴蜀粮食经巴郡水道外运救济,还是西汉时代岑彭讨伐公孙述、刘备控制巴蜀,都对巴郡地域表现出极大的军事依赖。

汉代四百余年的统治中,对巴郡地区的开发也比较重视,其发展也很快,"休养生息"政策带来社会相对安定,中原王朝的政治经济制度推行到巴渝地区,移民内迁不断开发,东汉之后川东地区的社会经济文化进入了相对繁荣的时期,农业、手工业、制造业等都有比较大的发展,巴郡的"桑麻、丹漆、布帛、鱼池、盐铁足相供给京师"。江州城"城固而粮多",❸江北北府城设橘官,胊忍设盐官,宕渠设铁官等专门负责土产资料的购储与运输,❹比秦代而言,汉王朝时代巴郡的经济发展更进了一步。

北方王朝对巴渝地区的经营,除了行政上的管辖保证封建统治力量的控制,还在巴蜀对外交通联系上采取了较大力度的开发,尤其在加强南北联系的道路上有较大发展,除了战国时期开通的故道、金牛道、褒斜道外,秦代开通了便利西南的五尺道,汉代又相继开通了米仓道、子午道、灵官道等,并将巴蜀与向西、向东扩展的通路进一步打通,使得从关中到巴蜀的道路进一步扩展到云南、江汉、西藏、越南等更为广阔的地方,在这样的环境中巴地与关中、关东、江南的联系逐渐紧密,中央政权与巴渝的交流得到更好的加强,西南边陲之地在秦汉时期得到长足发展,造就了相对比较稳定的社会条件,为农业、手工业的发展提供了有利的发展时机,成为传统时期城市建设起点的物质基础。

汉代江州作为巴郡治所,为14个州县的政治经济中心,每个县城都有比较完整的行政建制,"十里一亭,十亭一乡"❺,江州作为巴郡中心形成了城市体系,过去巴国时期已有数座城市(五都),在这个时期扩大到覆盖三巴大地的十来个城市(郡治、县城)❻,形成了区域城市网络。在巴郡城市体系中,受自然环境制约,不同城市之间的经济发展也相应的不平衡。其中,经济文化发展程度比较高的主要有江州、临江(治今忠县)、胊忍、垫江、阆中、汉葭、安汉(治今四川南充)、鱼复等,同时这些城市大多拥有较好的自然物产资源,如盐铁、桑麻、丹漆、鱼池等,还出产多种经济类作物,稻作农业比较发达。其余诸县地,多是土地贫瘠之区,多以粗放农业、狩猎为主要经济类型。区域城市之间也有市场贸易,像盐、铁等必需用品可以通过市场交易获得,在临江、安汉等一些较大的县城,各有"桑麻丹漆,布帛鱼池,盐铁足相供给"❼,巴郡商业"薪

❶ (晋)常璩著,刘琳校注.华阳国志校注[M].成都:巴蜀书社,1984:196.
❷ (西汉)司马迁.史记[M].北京:中华书局,1959.卷97.《郦生陆贾列传第37》.
❸ (南朝宋)范晔.后汉书[M].北京:中华书局,1965.卷17《岑彭传》.
❹ (晋)常璩著,刘琳校注.华阳国志校注[M].成都:巴蜀书社,1984:196.
❺ (晋)常璩著,刘琳校注.华阳国志校注[M].成都:巴蜀书社,1984:50.
❻ 《汉书地理志·卷二十八上》载:"巴郡,户十五万八千六百四十三……县十一:江州、枳、阆中、垫江、胊忍、安汉、宕渠、鱼复、充国、涪陵"。北京:中华书局,2012:1436.
❼ (晋)常璩著,刘琳校注.华阳国志校注[M].成都:巴蜀书社,1984:49.

菜之物，无不躬买于市"❶，显示出城市萌芽时期商品交换的活力，除了形成行政中心江州和文化中心阆中，各城还发展了相应的集市贸易❷，虽然早期商业中心还没有出现，但已经具有一定基础。

随着政治稳定和农业、手工业的进一步发展，城市各方面也得到更多发展，人口也逐渐增多，公元 135 年，巴郡太守但望上疏称："郡治江州……地势侧险，皆重屋累居，数有火害，又不相容，结舫水居五百余家，承两江之会，夏水涨盛，坏散颠溺，死者无数"❸。虽是呈报城市灾害，但从所述情状可见郡治江州的城市非常繁盛，"重屋累居"的港口城市面貌已经接近于近现代时期的景象，仅仅居于江岸的棚户居民就已经达到五百多家，可见城区人口相当可观，城市发展、人口和以往时代大不相同，但地势侧险的江岸地带对日益扩展的社会经济、大量人口不相适应，水灾火患频发，对城市空间与居住环境产生了拓展和改善的需求。

2. 两汉郡治南北城变迁

发轫于战国的江州城，经秦汉时代的修筑建设，巴人旧城作为原始基础得到拓展，旧有的城池与秦汉北方王朝的管辖方式"拼贴融合"❹，同时加上移民迁入后在生产活动和风俗习惯上带来的推动力，促使巴郡城市在形态、空间等方面产生变化，不过由于山地水岸环境的限制，不可能完全照搬平原城市的营国制度作方正之城，而是造就了嘉陵江南岸的南府城与北府城隔江呼应，形成舟楫相通的双城格局。

两汉时代巴郡社会经济稳定，有"江州城固而粮多"❺之誉，巴郡治所仍在江州，杨雄《蜀都赋》描绘当时江州城市："分川并治（驻），合乎江州"。只是两汉时期的郡治之所在半岛南城与江北之间变迁，位于江北的北府城一度成为巴郡政治军事中心，据《华阳国志·巴志》刘琳所注："江州县，原巴国郡，秦置县，为巴郡治。两汉至南朝因之。"❻ 汉承秦制，巴郡仍以江州为治。《华阳国志·巴志》又载："汉世，郡治江州巴水北，有柑橘官，今北府城是也，后乃还南城。"❼ 不过，"汉世郡治江州巴水北，北府城是也，后乃徙南城。"❽ 江州虽曾有南北两城分置、城市核心区在嘉陵江南北岸之间地带迁移的情况。只是北府城作为治所和一直具有深厚城市发展基础的南城相比，经济和社会环境存在差距，舟楫联系对当时的城市管理而言显然存在诸多不便，所以回迁南城是趋势所在。

❶（晋）常璩著，刘琳校注. 华阳国志校注 [M]. 成都：巴蜀书社，1984：45.
❷《水经注》载平都"有市肆，四日一会"；县"治下有市，十日一会"，胊忍："有民市"，《华阳国志》载鱼复有"新市里"等，都是早期集市贸易的反映。
❸（晋）常璩著，刘琳校注. 华阳国志校注 [M]. 成都：巴蜀书社，1984：48-49.
❹ 参见邹逸麟. 中国历史人文地理 [M]. 北京：科学出版社，2001：99-132.
❺（晋）袁宏著，李兴和校释. 袁宏后汉纪集校 [M]. 昆明：云南大学出版社，2008：73.
❻（晋）常璩著，刘琳校注. 华阳国志校注 [M]. 成都：巴蜀书社，1984：65.
❼（晋）常璩著，刘琳校注. 华阳国志校注 [M]. 成都：巴蜀书社，1984：61.
❽（北魏）郦道元著，陈桥驿校释. 水经注校释 [M]. 杭州：杭州大学出版社，1999：583.

现代考古发掘为江州城南北双城建设和文明发展程度提供了有利佐证，两江交汇的渝中半岛东半部地区几十年来先后发掘出汉代陶井圈、木井壁和汉代墓葬，是人烟比较稠密、市井形成的可靠依据，而在今江北嘴到刘家台一带估计为北府城城址所在，此处发现"偏将军"金印，也有较多的秦汉建筑遗迹和建筑材料出土。嘉陵江两岸考古物件的大批出现表明嘉陵江北岸、长江和嘉陵江交汇的半岛东部可能是汉代人们活动比较频繁的城市区域，也可能就是南北治城之所位置集中所在的地方。其中，嘉陵江北岸的江北嘴重庆大剧院一带发现的秦汉板瓦、筒瓦和瓦当等建筑构件，以及当时的排水设施——T形渗水井，❶进一步验证了秦汉时代北府城存在的真实性及其大概位置，还从比较先进的排水系统设置中侧面反映了北府城的建造水平。此外，在江北刘家台、石马河一带还有大量的汉晋墓葬考古发掘❷，可以推断北府城建立之后，治所虽南迁，但江北城区依然在延续发展。虽然江州郡治先后有北府城与南城之别，但显然这种分置对江北城区后世发展具有积极意义（图3）。

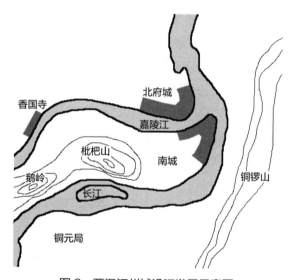

图3　两汉江州城沿江发展示意图

除了郡治江州先后有南北府城外，近代考古发掘发现同一时期的南岸涂山脚下秦汉时代已经逐渐形成了一些村庄，沙坪坝沿江地段、九龙坡长江两岸有居民点，考古出土的江北盘溪汉代石阙、船形棺及其殉葬品等都表明了当时嘉陵江、长江沿岸有更加丰富的物质文明发展，人口聚居活动显示原有的聚居点也在不断扩张。巴郡居民在今天主城区两江沿岸分布生活的地点越来越多，并且被江水隔断的聚居点板块之间以水运交通为支持，为城市后来的变迁打下了基础。

---

❶ 胡道修. 从张仪城到彭大雅城——重庆城市起源之一 [J]. 重庆地理信息，2011.6.

❷ 刘豫川，邹后曦. 重庆考古工作五十年 [C]. 巴渝文化 .4.

3.2　三国战争背景下的江州城空间拓展

3.2.1　三国时代江州筑城的社会环境

三国时期蜀汉政权偏于西南一隅，尤其是在荆州丢失、夷陵兵败之后，江州据三峡天险，其政治军事地位越显重要。秦汉以降，江州城在西南地区发展迅速，重筑大城，迁移郡治势在必行。中书令李严与诸葛亮同受刘备白帝城托孤之重，任中都护，留镇永安。蜀汉建兴四年（公元 226 年），诸葛亮出兵汉中，命李严负责后方事务。李严在江州驻防四年，对江州城做了一番修筑和规划。总的来说，李严扩大江州城，军事目的为其一，另一方面也有社会发展、人口增多的客观因素存在。

人口增长是江州城面临的现实问题之一。东汉末年到三国时期北方战乱造成社会长期动荡，承秦汉以来开发巴渝的良好态势，加之巴郡远离南北争夺核心区，环境相对较为稳定，北方移民纷纷涌入。《后汉书·刘焉传》载："南阳、三辅民数万户流入益州"[1]，这种举族内迁巴蜀地区的情况促使巴蜀的人口数量快速膨胀，西汉时期巴郡人口为 70.814822 万[2]，东汉初年增加到 108.6049 万[3]，东汉末年，则为 187.5535 万[4]，虽不见具体城市人口的专门记载，但郡治江州城中人口剧增的事实显而易见。增加的人口对原有的江州城造成的现实压力不可避免，扩大城区自然成为主政江州者需要去面对和解决的问题。

当然，军事防御还是扩城的最主要原因。江州位于长江和嘉陵江汇合处，具有水运之便，蜀汉东出三峡和吴魏争霸，江州的战略地位更显重要。建安二十四年（公元 219 年），刘备夺取汉中，立于蜀中，取得益州之后在江州巴子梁置阳关，以费观为太守领江州都督，李严组织军事力量进一步加强三峡防务，以备东吴偷袭。其后刘备病逝前以李严为中都护统内外军事，留镇永安，诸葛亮北伐后又以李严为知后事，移屯江州[5]。

在人口增长和军事守险的双重压力下，建兴四年（公元 226 年）春，"都护李严自永安还住江州，筑大城"[6]，开始了三国时期城市规模的被动扩张。

❶　（南朝宋）范晔 . 后汉书 [M]. 北京：中华书局，1965. 卷 75《刘焉传》.

❷　（东汉）班固 . 汉书·地理志 [M]. 北京：中华书局，1962. 卷 28.

❸　（南朝宋）范晔 . 后汉书 [M]. 北京：中华书局，1965. 卷 33《郡国志第二十三》.

❹　（晋）常璩 . 华阳国志·巴志 [M]. 刘琳校注，成都：巴蜀书社，1984：20.

❺　（西晋）陈寿撰 . 三国志·蜀志 [M]. 北京：中华书局，1959. 卷 40《李严传》.

❻　（西晋）陈寿 . 三国志·蜀志 [M]. 北京：中华书局，1959. 卷 33《后主传第三》，894.

3.2.2 沿江而筑的李严大城

李严大城的修筑，一方面是对城墙周围的扩展，另一方面也是从战略上对城市地形空间的进一步布置和充分利用。通过这一次筑城，江州在这一时期大体具备了今天重庆核心城区下半城雏形。《华阳国志·巴志》详细记载了李严扩城的全过程：

"后都护李严，更城大城，周回十六里。欲穿城后山，自汶江（今长江）通水入巴江（今嘉陵江），使城为州（洲），求以五郡，置巴州，丞相诸葛亮不许。亮将北征，召严汉中。故穿山不逮，然造苍龙、白虎门，别郡县，仓皆有城。"❶

作为重庆城市发展过程中有明确史料记载的筑城活动，李严大城的构筑除了基于军事防守的需求和满足人口居住空间的扩展外，还有一个谋划是欲凿穿现渝中区鹅项岭，自长江通水入嘉陵江，使两江得以相通，以江为池，以崖岩为墙，城在孤岛上，成为江心洲，并"求五郡置巴州"。这在当时确是一个大胆的想法，同时也暴露李严个人的政治野心。由于李严与诸葛亮同为刘备托孤重臣，二者在蜀汉大政方针上具有不可调和的矛盾，这种分庭抗礼的意图自然未能得到诸葛亮的同意，"丞相诸葛亮不许……故穿山不逮"，并将李严召回汉中军中。李严的大城可能原计划是修筑城门多处，由于李严的中途离开，助诸葛出兵汉中，仅修好"苍龙"、"白虎"东西两道城门。❷大城修筑后，巴郡、江州迁治于此，北府城便逐渐冷落。除了外围城墙，建兴八年，诸葛亮北征，命李丰为江州都督督军，大量囤积粮食以备军用，故还有"然造苍龙、白虎门，别郡县，仓皆有城"❸的记载，《太平寰宇记》中有"今州所理在巴城北谷仓城"记载相对应，作为与行政办公的郡城、储备粮食的仓城之别的外围城墙，李严所筑之城被称为大城。

三国时期江州城范围的扩张有了比较详细的数据记载，"周回十六里"，东汉一里相当于今天的433.56米，可计算出李严城围6936.96米，城周约7公里左右，大城的修筑是对前代南城的增筑，使城区面积得以扩大。关于大城的范围,学界有不同的说法，大城是否扩及今上清寺一带历来皆有争议。主流观点认为其应是南线起沿江至南纪门，北线大致为大梁子、人民公园、较场口一线，约有2平方公里❹，整体局势顺山势布局，东西宽长，南北狭短。赵廷鉴则认为大城北线已经达到了上清寺和观音岩地段。❺综合来看，和秦汉时期仅占据半岛东部前段的江州城相比，李严大城囊括了南从南纪门到朝天门，北至朝天门、千厮门、洪崖门，西面越过大梁子靠近观音岩，包含江岸的下半城范围，并向上半城延伸。《蜀中名胜记》载："按治西十里，浮图关左右，顾巴

❶ （晋）常璩，刘琳校注.华阳国志·巴志 [M].成都：巴蜀书社，1984：28.
❷ 黄中模主编.中国三峡文化史 [M].重庆：西南师范大学出版社，2003：251.
❸ （晋）常璩著，刘琳校注.华阳国志校注 [M].成都：巴蜀书社，1984：196.
❹ 重庆市地方志编纂委员会总编辑室.重庆市志·地理志·历史地理篇 [Z].成都：四川大学出版社，1992：727.
❺ 赵廷鉴主编.重庆 [M].北京：新知识出版社，1958：13.

岷二江，是李正平欲凿处，斧迹犹存。"❶ 这是对凿山具体位置的记载，虽"穿山不逮"，但按李丰已经完成扩城计划的事实分析，浮图关内属半岛东端的区域都在李严大城规划范围内。

李严扩城的选址充分考虑并利用江州城的山水之势。其扩城从政府军事布防到个人政治目的，据险防御都是其衡量的主要因素，所以大城修筑比较突出的特色是城墙修筑与山地地形的契合。民国《巴县志》对凿山建城的险要情况提供了非常生动的描绘：

"佛图关控巴城之咽喉，环带两江，左右凭岩，俯瞰石城如龟，自下望之若半天然……东下鹅颈岭，山脊修耸，不绝如线，李严欲凿此通流，使全城如岛，诸葛武侯不可，乃止。"❷

这段记载突出描述了李严大城占据的地理优势，实际上，在民国时期拆除城墙之前古城自然环境改变都很小（即使现在渝中半岛大部分地形都没有改变），浮（佛）图关是半岛内陆唯一的陆路通道，大城沿江建成，江水环绕，从最高位置俯视则见山脊高耸，靠近长江沿岸一带的下半城城池仿佛在半空中，鹅岭以下为临嘉陵江的峭壁，山脊陡峭，蔓延不绝。整个城区充分利用大梁子山脊线，将沿长江岸的平坦地势纳入城区，由依山势筑城墙，达到俯仰长江、嘉陵江两岸，形成易守难攻的效果。凿断陆路，进一步把山地天险和人工城墙防御的效果加以强化，无疑是深化军事防御的最佳手段，这种通过占据有利地势，意图割据的筑城活动自然会被诸葛亮制止（图 4）。

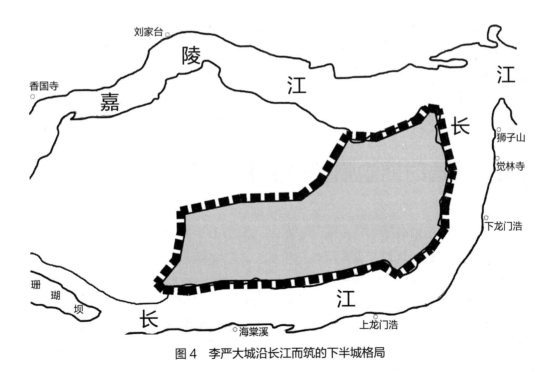

图 4　李严大城沿长江而筑的下半城格局

---

❶ （明）曹学佺. 蜀中名胜记·重庆府 [M]. 重庆：重庆出版社，1984，17: 237.

❷ （民国）. 重庆地域历史文献选编 [M]. 成都：四川大学出版社，卷 1: 36.

李严筑城与张仪江州城不同，大城修筑的城市重心集中于渝中半岛南城，并且向沿长江一带的缓坡地带倾斜延伸。这当中固然有人口繁盛、经济社会发展的需求，更重要的是北面临嘉陵江一侧山势陡峭，滨江用地狭小，城市发展空间不足，而长江沿岸地势低平，有更为宽阔的开发空间，加之长江水上交通经过秦汉时期的发展已经逐渐成熟，沿长江开发的便利条件优于嘉陵江沿岸，所以李严大城是沿山体而建、重心偏于长江沿岸地段、向有利地理环境做出的选择。此后历代对古城不断扩建修筑，但城市重要区域发展始终以尽量避开自然困境为上选。政治经济中心被放在地理空间条件相对优厚的地段，最后逐渐形成下半城集中官衙郡治重要处所和生产生活便利区布局。

李严所筑江州城城市内部空间少有史料谈及。从当时的社会背景分析，此前战乱频繁，民族群体迁徙流动非常活跃，移民文化与地方传统进一步融合，中原文化思想对巴郡管理者的浸染必然会表现在城市的构筑与空间安排上。李严所筑大城重点在于据险自守，充分彰显军事格局优势，对息息相关的日常管理和民生经营也有关注，所以据载有大城、郡城、仓城之别。不过由于受到地貌与旧城发展的基础限制，半岛中相对平缓的地段是城市重心所在，所以大城官署布置也必须安排在既能据险又便于出行的地段，与社会日常生活有关的居住区、早期手工业区、商品交换区位置相对自由，也应该多以地形和交通条件为依托自然生成。

李严大城经过修筑，虽然最终没有达到穿山的目的，但却选定了半岛中最适合军事防守和传统城市管理的沿长江区位，将秦汉时期的城市核心从半岛东段向半岛大梁子山脊下大幅度扩展，下半城初具雏形，还有扩至上半城较场口和观音岩的趋势。其后经隋唐五代至两宋九百余年，巴渝古城大体上保持了这种格局，无较大力度的筑城扩展文献记载。

3.3 隋唐时期渝州城市扩展停滞

中唐以前，中国的经济、政治、文化中心在关中及黄河中下游地区。四川盆地除了川西平原之外，区域开发程度都比较低，商品经济十分微弱。四川区域内的经济交流以富庶的川西与其周边地区之间为主，外部经济交往规模不大，主要以川西平原地区通过川北的栈道和直接经过长江顺流而下同外部往来的方式进行，在此状态下，重庆仅起着过境驿站的作用。因而，在川中和川东经济未取得与川西分庭抗礼的地位之前，这种交往形式越是发展，则重庆的地位越是衰微，自南北朝到隋唐而至北宋，拥有西川锁钥之称的夔州，逐渐取代了重庆而成为川东地区的军政中心。经济上的长期弱势，加上军事地位、人口的下降，导致渝州城市发展缓慢，鲜有城池扩张的机会。

3.3.1　社会人口变化与城市发展迟滞

在传统农耕文明自然经济条件下，人口数量的多少基本上可以反映一个地区经济发展水平的高低，从侧面也可以反映出一个地区城市发展程度，而冷兵器时代的古代城市，多为城墙围合的封闭性城市，在规划时，往往要留出人口增殖所需空间，所以城市在规划兴建过程中需要综合考虑可容纳的人口数，这在李严筑城时期已经得到显现。

正史中关于唐初巴渝地区编户人口官方统计　表2

	贞观十三年（公元639年）		天宝十二年（公元753年）		引用出处
	编户	人口	编户	人口	
渝州	12710	50713	6995	27685	《旧唐书·地理志》卷39：渝州，旧领县四。户一万二千七百一十，口五万七百一十三。天宝户六千九百九十五，口二万七千六百八十五。
开州	2122	15540	5660	30421	《旧唐书·地理志》卷39：开州，旧领县三。户二千一百二十二，口一万五千五百四，天宝户五千六百六十，口三万四百二十一。
万州	7898	38123	40743	110840	《旧唐书·地理志》卷39：万州，旧领县七。户七千八百九十八，口三万八千一百二十三。天宝户四万七百四十三，口十一万八百四。
忠州	8319	49478	6722	43026	《旧唐书·地理志》卷39：忠州，旧领县五。户八千三百一十九，口四万九千四百七十八。天宝户六千七百二十二，口四万三千二十六。
夔州	7830	39550	15629	60050	《旧唐书·地理志》卷39：夔州，旧领县四。户七千八百三十，口三万九千五百五十。天宝户一万五千六百二十九，口六万五十。
黔州	5913	27433	4270	24240	《旧唐书·地理志》卷39：黔州都督府，旧领县五。户五千九百一十三，口二万七千四百三十三。天宝县六，户四千二百七十，口二万四千二百四。
涪州	122701❶	57880	9400	44722	《新唐书·地理志》卷40：涪州，户九千四百，口四万四千七百二十二。
南州	3583	10366	443	2043	《旧唐书·地理志》卷40：南州，旧领县三。户三千五百八十三，口一万三百六十六。天宝领县二，户四百四十三，口二千四十三。
溱州	28432❷	13646	879	5045	《旧唐书·地理志》卷40：溱州，领县二。户八百七十九，口五千四十五。
合州	14934	50210	66814	107220	《旧唐书·地理志》卷39：合州，旧领县四。户一万四千九百三十四，口五万二百一十。天宝领县六，户六万六千八百一十四，口十万七千二百二十。
合计	78422	352939	157555	455292	

❶ 新旧唐书地理志均未载涪州贞观时期的户数，赵文林等考证为12270。参见赵文林，谢淑君.中国人口史[M].北京：人民出版社，1988：202.

❷ 蔡利.唐宋时期四川盆地市镇的居民结构和管理研究[D].重庆：西南大学，2011：10.

隋代在今重庆市范围内共设有三个郡，分别为巴郡、涪陵郡、巴东郡，其中涪陵郡有编户 9921 户，巴郡有编户 14423 户，巴东郡有编户 21370 户❶，总计 45714 户，户籍人口密度自西向东逐渐递减。隋末唐初重庆四川没有遭到大的战乱影响，唐贞观年间，在今重庆范围内设有渝州、开州、万州、忠州、夔州、黔州、涪州、合州、南州、溱州，共计 10 州，约 78422 户，352939 人，到天宝年间增至 157555 户，455292 人（表 2）。

唐代贞观十三年，大重庆范围内编户总数比隋代增加 71.55%；唐代天宝十二年编户数比隋代编户增加 244.7%。从唐代贞观到天宝一百多年的时间里，大重庆范围内受政府直接管理的在籍人口增加 29%，编户增加 100.86%，说明隋唐时期大重庆地区经济社会获得了较大发展，能够养活更多的人。

据《隋书·地理志》记载："渝州，隋之巴郡。武德元年置渝州，因开皇旧名，领江津、涪陵二县。其年以涪陵属涪州。三年置万春县，改万春为寿县。贞观十三年以废霸州之南平县来属，天宝元年改为南平郡。乾元初复为渝州。"由此可知，唐代天宝十二年渝州与涪州辖区范围大致与隋代巴郡辖区一致。而相较于隋代巴郡编户 14423 户，唐代贞观年间渝州有编户 12710 户，涪州 12270 户，共计 24980 户。从隋到唐代贞观十三年间，渝、涪二州政府管理的编户从 14423 户增加到到 24980 户。编户数量增加了 10557 户，增幅是 73.2%。

天宝年间，二州总户数较隋代巴郡总户数虽增长 13.67%，但相对于今大重庆范围内，天宝年间今大重庆范围内编户总数比贞观年间编户数增长 100.86%，比隋代大增 244.7% 的大背景下，其增长幅度微乎其微。

另外，天宝十二年编户人口数较贞观十三年间，从贞观时期的 24980 户 108593 人，降到天宝年间的 16395 户 72407 人，降幅分别达到 34.37% 和 33.32%。与这期间大重庆范围内的编户增加 100.86%，差距可谓天壤之别。从以上的数据和分析中可见，从隋代大业五年（公元 609 年）到贞观十三年（公元 639 年），再到天宝十二年（公元 753 年），巴渝地区（今重庆市和涪陵区）编户和人口经历了一个由快速上升到缓慢下降的过程。

另据《旧唐书·地理志》记载统计，唐太宗贞观十三年，全国共有 304.1 万户，其中四川为 69.4 万户，约占全国总户数的 23%。但是到了玄宗天宝元年，全国共有 897.4 万户，四川只有 117 万户，仅占全国总户数的 13% 左右。从太宗贞观十三年到玄宗天宝元年，相距 103 年，四川人口占全国人口的比重几乎下降一半。四川户籍增长缓慢的主要原因，并不是由于四川人口增长缓慢，而是四川人口大量逃亡的结果。自唐初以来，经济发达、物产丰富的四川地区一直是朝廷搜刮的重点地区，故而陈子昂在上疏中直指其弊："蜀中诸州百姓所以逃亡者，实缘官人贪暴，不奉国法，典吏游容因此侵渔，剥夺既深，人不堪命，百姓失业，因即逃亡。"❷ 实际上四川逃户问题，

---

❶ （唐）魏征等.隋书·地理志 [M]. 北京：中华书局，1997. 卷 29.

❷ （唐）陈子昂.陈子昂集 [M]. 上海：上海古籍出版社，2014. 卷 8《上蜀川安危事》.

在太宗晚年就已经初现端倪，到武周时期，更成为全国户口逃亡最为严重的地区，直到开元年间都未能解决，仍然是"蜀雕敝，人流亡。"[1] 这种情况反映在户籍上，就是编户、人口数增长缓慢，以至于逐步减少。

唐代中国的城镇化水平达到 10%[2]，然而在小农经济为主的经济形态未做根本性改变的情况下，中国的城镇化水平长期以来未有大的发展，新中国成立初期，城镇化水平仍然只有 10.64%。就李严大城 2 平方公里的面积来看，按照唐代 10% 的平均城市化水平计算，贞观时期城内最多居住 5000 余人，天宝年间更降至 2700 余人，仅从人均居住面积来看，没有筑新城或扩建城市的必要。当然，由于中国传统夯土建筑不耐雨水冲刷，隋唐时期地方政府在沿用李严大城的同时，对于城墙的修补，甚至是小段城墙或城楼的改建在所难免。但由于缺乏史料记载，且从考古发掘也未获得有力证明此段时期有大规模筑城的证据，所以从人口生存发展（抑或是人口容积率）的角度来看，隋唐时期重庆城市没有重新大规模修筑城墙的必要。

3.3.2　军事地位不振导致城市扩展迟滞

1. 民族融合消减军事压力

传统时期在汉夷杂处地区修建城池，是为了加强对少数民族的控制，同时也是作为中央王朝在少数民族地区国家存在和官府权威的体现。如《新唐书·徐坚传》[3] 载："时监察御史李知古兵击姚州洱河蛮，降之，又请筑城，使输赋徭。坚议：'蛮夷羁縻以属，不宜与中国同法，恐劳师远伐，益不偿损。'不听，诏知古发剑南兵筑城堡，列州县。"

秦汉时期，江州尚属汉夷杂居，而生夷势大之地。《三国志·邓芝传》曾载"（公元 248 年）十一年，涪陵国人杀都尉反叛，芝率军征讨，即枭其渠帅，百姓安堵。"战后，鉴于当地土著夷人强悍的战斗力，乃"移其豪徐、蔺、谢、范五千家于蜀，为猎射官。分羸弱配督将韩、蒋，名为助郡军。"[4] 将少数民族迁徙到蜀汉统治中心地带，一方面削弱其势力，便于就近监控；另一方面又利用少数民族力量充实军力，一举两得。鉴于当时重庆周边治下少数民族的不时反叛，张仪、李严在重庆筑城，亦应有震慑控驭周边土著之意。但隋唐两宋时期是巴渝民族地区进一步融入华夏民族的重要时期，隋朝对巴渝土著多采取控制手段，唐王朝则是招抚、征服并用，"开南蛮"、二度"开山洞"，设都督府，统领羁縻州县，对南平撩、黔州蛮地区采取了大规模的开发，另一方面，在"夏人少，夷僚多"的地方实施开发加管控，如设立昌州"以镇押夷僚"[5]。唐代主政巴渝之地的官员亦将控驭汉化蛮獠作为执政要务，如唐初李孝恭任夔州总管兼

❶ （宋）欧阳修 . 新唐书 [M]. 北京：中华书局，1975. 卷 125 列传：50.
❷ 崔大庸 . 中国城镇化的前世今生 [N]. 潇湘都市报，2013.3.17.
❸ （宋）欧阳修 . 新唐书 [M]. 北京：中华书局，1975. 卷 199.
❹ （晋）常璩，刘琳校注 . 华阳国志 [M]. 成都：巴蜀书社，1984. 卷 3：83-84.
❺ （唐）李吉甫修 . 元和郡县图志 [M]. 北京：中华书局，1983. 卷 33.

刺史后，首先就"悉召巴、蜀酋长子弟，量才授任，置之左右，外示引擢，实以为质"[1]。朝廷在任命巴渝官员武将之时，也多任用与少数民族有交往经验的官员武将。在唐王朝多管齐下的治理之下，最终促成渝、涪等汉夷杂处的州郡僚汉融合，夷僚汉化。在夷僚汉化基础上，筑城以镇压夷僚的现实需要和社会基础不复存在。

新旧《唐书》之中关于蛮僚作乱及寇掠州县的记载比比皆是，但渝州南平僚则有所区别，《旧唐书·南平僚》[2]载："南平僚者，东与智州，南与渝州，西与涪州接，部落四千余户。土气多瘴疬，山有毒草及沙虱蝮蛇。人并楼居，登梯而上，号为干栏。男子左衽露髮徒跣，妇人横布两幅穿中而贯其首，名为通裙。其人美髮为髻，鬟垂于后，以竹筒如笔长三四寸斜贯其耳，贵者亦有珠珰。土多女少男，为婚之法，女氏必先货求男族。贫人无以嫁女，多卖与妇人为婢。俗皆妇人执役，其王姓朱氏号为剑荔王，遣使内附，以其地隶于渝州。"生息于渝州的南平僚自唐贞观三年归附以来，有唐一代未曾反叛，"深藏山谷，不籍有司"的生僚逐渐被汉族同化为供力役、纳田赋与齐民等的"熟夷[3]"。所以相对于周边其他汉夷杂居地区筑城以震慑少数民族武装反叛的做法，渝州没有这方面的危急，镇压防御也不是迫切的现实需要，故而其军事地位不得彰显。同时，少数民族的内附也说明汉夷融合和中央政府对巴渝（渝涪二州）地区管控能力的增强。唐中期刘禹锡关于夔州之所以秩为上州的原因中说："（夔州）按版图，方轮不足当通邑，而今秩与上郡齿，特以带蛮夷故也。"[4]从反面印证了渝州民族融合、社会井然是导致其地位不被高度关注的重要原因。

2.大一统局势下川东地区军政地位的整体边缘化

重庆历史上四次筑城无不与其当时重要的军事政治地位密切相关，张仪筑城江州，因江州为巴国腹心之地，同时也是新设立的巴郡首府，筑城江州当有震慑巴国遗族，控驭川东之意。且当时楚国控制巫郡，掌控夔门之险，导致司马错三次"浮江伐楚"皆无功而返。巴东地区除了夔门之外，只有重庆最为险要，适合防守。故而，张仪在江州筑城，既是防守楚国、震慑巴国遗族之需，亦为伐楚的前进基地，同时也是尚未取得夔门天险控制权的情况下，不得已而为之的最优筑城选址之地。

东汉初年公孙述割据巴蜀，东汉岑彭兵至江州城下，因江州地势险峻，兵精粮足，自恃不能攻占，派威房将军冯骏围困江州，自己则亲率大军继续西进。汉军围困江州一年多，随着时间的推移，兵力、粮草越来越少，公元36年（建武十二年）七月，江州最终被冯骏攻克。能够强攻破夔门江关的岑彭，却对攻破江州城无可奈何，只能采用围困之计，这和后来南宋末年蒙古围困重庆城，致使张珏兵乏粮绝，最终士卒投降，导致城被攻占，如出一辙。无论是东汉初年田戎据守江州抵抗汉军，还是张珏抗蒙，

[1] （宋）司马光.资治通鉴[M].北京：中华书局，1993.卷184：4.

[2] （五代）刘昫.旧唐书[M].北京：中华书局，1975.卷197：147.

[3] 王明珂.由族群到民族：中国西南历史经验[J].西南民族大学学报：人文社科版，2007：11.

[4] （清）董诰等编.全唐文[M].北京：中华书局，1983.卷660.

都显示了重庆城易守难攻和东联荆楚、西接蜀中的地理地势优势。同时也说明了其二线防守、独木难支的窘迫地位。无论公孙述的成家政权还是南宋军队，其据守重庆，发挥重庆地理和地势优势的前提是或剑阁不失、或夔门不破，丢剑阁失蜀中之地，以重庆地理地势优势合夔门天险，可保川东巴渝之地不丢；破夔门而守重庆，在剑阁不失守的情况下，依靠嘉陵江和长江可对蜀中之地形成环状保护圈。而一旦东、北两线皆破，重庆城则独木难支，纵然是天险，亦难敌久困。以至于北宋灭后蜀过程中，北、东两线皆破，则后蜀皇帝孟昶只能乖乖投降。重庆城在巴蜀境内扮演着一个进可攻、退可守的战略支点作用。

张飞溯江而上，险败于江州城下，最后计诱严颜出城而战，否则以山城地势优势张飞很难攻下江州城。故此后李严筑城一方面是因为确实在实战中看到了重庆城在军事防御中的地势和地理优势，同时也是在当时蜀汉政治军事形势之下，与诸葛亮分庭抗礼、控驭川东的绝佳节点。当时蜀国控制夔门，若夔门与重庆互相呼应，便有割据一方的地缘优势，加上一直以来都是巴郡首府，在个人野心的驱使下，筑城以自重的目的明显。

而无论秦代张仪，还是三国李严，其筑城重庆，在肯定重庆军事战略地位的同时，都更加印证了夔门位在重庆之上的重要战略地位。与张仪一道灭巴蜀的司马错提出浮江伐楚之策。《华阳国志》载司马错的论证："（巴蜀）水通于楚，有巴之劲卒，浮大舶船以东向楚，楚地可得。得蜀则得楚，楚亡则天下并矣。"❶ 短短几句，勾画出用蜀财、巴卒、川峡之水，避实击虚，出奇灭楚的前景，打消了秦惠王在伐韩还是伐蜀上的犹豫，"卒起兵伐蜀"，40 年间前后三次组织伐楚。但由于楚国控制夔门天险，以致三次伐楚皆未成功。相反，后世北周、蒙元控制夔门后，则实现了顺流而下，一统中华的战略构思。也正因如此，历代统治者对于夔门的重视程度皆高于对重庆的重视程度。如果说重庆是巴蜀境内的战略支点，夔门则是长江上下游的战略支点。重庆得失关乎巴蜀能否一体，夔门得失则关乎荆楚江南整个南中国能否统一。

对于巴东地区、夔州战略地位的认识，唐人上至最高统治者，下到贬官流患、文人墨客亦多将夔州与国家之兴亡相联系。从唐人的诗句里可以佐证，唐初人杨炯有诗云：广溪三峡首，旷望兼川陆。山路绕羊肠，江城镇鱼腹。常山集军旅，永安兴版筑。池台忽已倾，邦家遽沦覆。设险犹可存，当无贾生哭。❷

杜甫在《夔州歌十绝句》❸ 中亦云：中巴之东巴东山，江水开辟流其间。白帝高为三峡镇，夔州险过百牢关。白帝夔州各异城，蜀江楚峡混殊名。英雄割据非天意，霸主并吞在物情。

正是由于历代统治者皆知重庆、夔门的战略地位，故而战时尤其重视经营，利于

❶（晋）常璩，刘琳校注.华阳国志·蜀志 [M].成都：巴蜀书社，1984.卷 1：191.
❷（唐）杨炯.盈川集 [M].上海：上海古籍出版社，1992.卷 2.
❸（唐）杜甫.杜工部集 [M].上海：上海古籍出版社，2003.卷 16，近体诗 132 首.

攻防。大一统的情况下又刻意弱化其军事能力，防止地方割据。西南大学马剑副教授在《唐宋时期长江三峡地区军政地位之演变——以夔州治所及其刺史人选为中心的考察》一文中，从唐宋时期夔州刺史在战时和和平时期的人选，论证夔门在战时和国家统一时期不同的军政地位。如唐王朝对夔州刺史人选的任用上，以唐初统一战争和安史之乱时期最为重视，皆以宗室重臣担任。而战乱结束后的和平时期，重视程度则有所下降，最明显的就是宗室诸王不再镇守夔州。代宗大历以后，甚至成为贬官安置之地。

隋唐乃至北宋都是大一统时代，数百年间内地晏然安定、天下景平。故而内地军备废弛，身处内地的重庆，战争时期在军事地位上就不及巴蜀东部之夔州（夔州凭高据深，实水陆之津要，丁谓曰：夔城所以坚完两川，间隔三楚。王氏应麟曰："夔州者，西南四道之咽喉，吴楚万里之襟带也。"❶）、川北广元之剑门关（被称为川北门户、秦蜀锁钥，为历代兵家必争之地），和平时期则更加弱势。以至于唐高祖评价巴蜀地区"僻小易制"❷，所以政治经济地位较低的重庆城在唐代未有重建的记载，反而整个巴渝地区在唐朝中晚期成为唐王朝流贬王公大臣的地区，其政治经济地位不高，远远低于四川盆地的益州（成都），甚至在合州、昌州之下，渝州一度为下州，治所巴县也只是中下县❸。

隋唐三百多年间，渝州并未遭遇大的战火，其军事战略地位的优越性也未显现出来。隋唐政权更迭，巴蜀并未被战乱波及，唐末五代藩镇混战割据期间，虽发生过几次攻防战，但多以驻防长官举城投降而结束，并未展现其山城防御优势。中和二年（公元 882 年）七月，唐涪州刺史韩秀昇叛唐，占据涪州、万州、忠州、夔州，并溯江而上，攻打渝州，被渝州治下荣昌县令韦君靖率兵击溃，接下来的一场攻防战发生在乾宁四年（公元 897 年）二月，王建遣华洪与王宗祐将兵五万攻东川。王宗侃取渝州，降刺史牟崇厚。❹之后，直到蒙元与南宋的山城防御战争前，渝州城未再发生过有效的攻防战。包括前后蜀、北宋政权更迭，都是以和平方式完成。渝州区域内长期的和平局面，使其军事地位不得彰显。

总而言之，秦汉至隋唐，巴渝主要是以区域军事中心为主要功能，这是决定城市是否有扩张必要的重要原因。秦汉时期，江州作为巴郡首府，是川东地区军政中心，晋宋之后，随着信州（夔州）地位的提高，巴郡（渝州）川东地区军政中心地位逐渐丧失，隋唐五代降为普通州郡，军政地位一落千丈是导致其间未有大规模筑城的重要原因。

3.3.3 经济发展缓慢与城市发展迟滞

城市的发展分为内生性发展和外生性发展，以经济增长驱动的发展属于内生性发展，以军事、政治等外来因素驱动的发展则属于外生性发展。隋唐时期，在大一统的

---

❶ （清）顾祖禹.读史方舆纪要 [M].上海：上海书店出版社，1988.卷 69.

❷ （五代）刘昫.旧唐书 [M].北京：中华书局，1975.卷 64，列传 14 高祖二十二子.

❸ （唐）李吉甫修.元和郡县图志 [M].北京：中华书局，1983.卷 34.

❹ 王家佑，徐学书.大足《韦君靖碑》与韦君靖史事考辨 [J].四川文物，2003.5.

环境下，由于渝州军政地位的下降，其秦汉时期所具有的外生性城市发展道路遇阻。而内生性的城市发展道路亦因编户人口数量的下降和经济发展缓慢而受到影响。

1. 江航运普通驿站地位不足以支撑城市发展

隋唐时期，巴蜀与外交联系的主要有两个方向：一条是川北通往陕西的北线——金牛道、米仓道、荔枝道，进入陕西之后有陈仓道、褒斜道、傥骆道、子午道四条道路通往首都长安。另一条是连接巴蜀与长江中下游地区经济中心的东线——长江航道。由于隋唐时期物质、人员往来仍以贡赋、仕宦游学为主，且受到国家政治中心位于北方的影响，巴蜀官方对外交通仍以北线交通为主。《旧唐书》中就记载了巴蜀贡赋北上，与逃难入蜀的唐玄宗相遇，稳定了惶惶军心，一解玄宗燃眉之急的事情：

《旧唐书》卷 9 本纪第 9　玄宗下记载：己亥，次扶风郡。军士各怀去就，咸出丑言，陈玄礼不能制。会益州贡春彩十万匹，上悉命置于庭，召诸将谕之曰："卿等国家功臣，陈力久矣，朕之优奖，常亦不轻。逆胡背恩，事须回避。甚知卿等不得别父母妻子，朕亦不及亲辞九庙。"言发涕流。又曰："朕须幸蜀，路险狭，人若多往，恐难供承。今有此彩，卿等即宜分取，各图去就。朕自有子弟中官相随，便与卿等诀别。"众咸俯伏涕泣曰："死生愿从陛下。"上曰："去住任卿。"自此悖乱之言稍息。

隋唐时期在巴蜀通往长安的北线道路中，重庆通往长安最重要且路线最短的道路是荔枝道、子午道。唐代诗人杜牧的《过华清宫绝句三首·其一》："长安回望绣成堆，山顶千门次第开。一骑红尘妃子笑，无人知是荔枝来。"诗中描写了驿使为杨贵妃运送荔枝，风尘仆仆的场景，走的就是从涪陵通往长安的陆路驿道。但荔枝道的起点是涪州，而非重庆主城（渝州），从这一点也在一定程度上可以解释为何唐代涪州比渝州编户人口多，且城市发展状况更好。

隋唐时期，中国经济中心继续东移南迁，东南八省赋税支撑着唐朝中央政权的运转。安史之乱爆发后，长安与东南八省之间的驿道受阻，政治中心移至成都，长江航道作为唐朝中央政权的生命线，重要性大增。时人杜甫诗"蜀府吴盐自古通，万斛之舟行如风"，"窗含西岭千秋，门泊东吴万里船"，展现了当时成都与江南经济交流的频繁。但随着安史之乱的平定，江南与长安之间大运河漕运和陆路驿道再次畅通，长江航道有滩多流急的缺点，如安史之乱后流放夜郎的李白有诗《上三峡》："巫山夹青天，巴水流若兹。巴水忽可尽，青天无到时。三朝上黄牛，三暮行太迟。三朝又三暮，不觉鬓成丝。"就诉尽三峡川江航道之险。唐朝中期诗人张籍在《贾客乐》中描述了商贾西行入蜀之前，祭神保平安的情景："金陵向西贾客多，船中生长乐风波。欲发移船近江口，船头祭神各浇酒。停杯共说远行期，入蜀经蛮远别离。"从侧面说明了长江航线之险。这导致其在官方交通运输系统中的重要性再次让位于北线陆路。

处在长江航线上的渝州，此时的军事地位不及夔州，政治地位不及成都，甚至不及涪州，仅仅作为沿江可以停靠的普通水码头，在自身经济尚未发展起来及夔州尚未易手之前，其重要性则无法展现。重新筑城的必要性就要小得多。

2. 僚人入蜀背景下的刀耕火种经济

两晋南北朝时期，原居于今贵州省境内（牂牁郡），尚处于原始社会末期的僚人，在割据巴蜀的成汉政权的政策吸引下大批进入巴蜀地区。（宋）郭允蹈《蜀鉴》卷五据后梁李膺《益州记》载："寿既篡位，以郊甸未实，都邑空虚，乃徙傍郡户三丁已上以实成都。又徙牂柯引僚入蜀境，自象山以北尽为僚居。蜀本无僚，至是始出巴西、宕渠、广汉、阳安、资中、犍为、梓潼布在山谷十余万落。时蜀人东下者十余万家，僚遂依山傍谷与下人参居。参居者颇输租赋，在深山者不为编户，种类滋蔓，保据岩壑，依林履险若履平地，性又无知，殆同禽兽。诸夷之中，难以道义招怀也。"

从史书的记载来看，僚人入蜀对巴蜀经济社会产生了重大影响，其"能卧水底，持刀刺鱼，其口嚼食，并鼻饮❶"，仍保留着原始社会落后的渔猎经济。刘禹锡《畬田行》云："巴人拱手吟，耕褥不关心，由来得地势，径寸有余阴"，描绘了巴渝地区刀耕火种的细节。而重庆当时是南平僚聚居区，杜甫在《渝州候严六侍御不到，先下峡》诗中就有"山带乌蛮阔，江连白帝深"的句子，《旧唐书》记载天宝十二年渝中编户不过六千余户，而新内附南平僚就有四千余户，从当时渝州人口在全国人口、巴蜀总人口增殖的大背景下不增反降的现象，可以推测，当时渝州已经成为内附蛮僚之地，开元年间擢右拾遗前游历巴蜀的王维自大散关入蜀，经巴郡写下的《晓行巴峡》一诗一方面生动传神地描述了当时渝州一带的水上贸易场景，同时也道出了语言不通的蛮僚少数民族已成为渝州居民的标签。诗曰："际晓投巴峡，馀春忆帝京。晴江一女浣，朝日众鸡鸣。水国舟中市，山桥树杪行。登高万井出，眺迥二流明。人作殊方语，莺为旧国声。赖多山水趣，稍解别离情。"以蛮僚为主的居民构成，以刀耕火种、渔猎经济为主的经济生活，使得渝州经济水平长期得不到较大的发展。使得建立在渔猎经济基础上的城市经济发展缓慢，无筑城的内生动力。

3.4 宋蒙战争背景下的重庆城区拓展

3.4.1 两宋社会经济与宋末军事大局

1. 两宋时期的经济地理环境

隋唐至两宋，中国经济中心逐渐南移，虽然军事、政治中心依旧以关中地区为主，但由中原地区向江淮流域农业发展较充分、工商业较发达区域的迁移已经成为时代趋势。巴蜀地区经济社会也在相对稳定的社会环境中不断发展，无论官方还是民间都积

---

❶ （唐）李延寿. 北史 [M]. 北京：中华书局，1974.10. 卷 95 列传第 38.

累了巨大的社会财富，乾德三年（公元 965 年）宋军平蜀，将蜀中财富运出，以支持太祖的统一战争，"重货铜布，由舟运下三峡，轻货设传置，以四十兵隶为一纲，号曰进纲。水陆兼运十余年，始悉归内府。"❶

宋代是我国政治经济格局巨变的时代，城市中街市的开放促进了经济的发展，巴渝地区经济在宋代生产力水平继续提高，商品经济繁荣❷，有"扬一益二"之称，在经济上，"繁盛与京师同"❸，以至于民间为方便携带，便于交易，四川在北宋大宗祥符年间还出现了世界上第一种真正意义上的纸币——交子❹，并出现了巴渝地区第二次人口高峰期，如果没有南宋末年宋蒙军队多年的相持之战，重庆地区城市无疑将会在商业贸易发展的基础上继续迈进，更早成长为长江中上游经济重心。南宋之前，巴渝地区农业、手工业发展已催生了众多场镇的兴盛和频繁的商业活动，四川主要城市交通联系由成都通关中陆路转变为更多依靠水路航运，重庆长江上游水路枢纽的位置优势得到凸显。城市两江商贩舟楫往来，千帆并立，古城开始从政治、经济、军事、文化多功能交织的城市逐渐向以商业为主的城市演进。❺北宋元丰年间渝州还是下州，巴县依旧是中县❻，但很快随着经济推动与军事地位的上升，城市地位发生了质的变化。

2. 南宋时期的政治军事环境

南宋晚期，蒙军取道四川（宋代益州路、梓州路、利州路、夔州路合称"四川"❼）作为战略进攻方向，顺流东下进攻南宋偏安政权。川峡四路是南宋末年抗击蒙元战争人力、财力和物力供应的重要基地，战略地位十分重要，川峡四路的安危直接关系长江中下游地区的稳定。蒙军集中兵力，锐意夺取这一地区，企图占领川峡，顺流东下，消灭南宋。宝庆三年（1227 年）、绍定四年（1231 年）、端平二年（1235 年）、端平三年（1236年)，先后数次攻进四川地区。其中，端平三年（1236 年）"五十四州俱陷破,独夔州一路，及泸、果、合数州仅存"。而攻下战略位置重要的重庆是蒙古军队占领全川，灭亡南宋王朝的重要战略步骤。为抗击蒙古军队入侵，重庆进行了历史上的第三次大规模筑城。

嘉熙元年（1237 年）秋，彭大雅为四川安抚制置副使兼知重庆府，驻节重庆，经营东川防务，此时在他面前的重庆天生具备了易守难攻的军事有利特征。嘉陵江、长江两江环绕，只有西面一线与陆路相通，最重要的关隘浮图关雄踞高冈，俯瞰锁长江，凌视嘉陵，全城"皆因山为垒"❽，金城汤池，据险而固。加上地处长江上游咽喉位置，

---

❶ （宋）曾巩 . 隆平集 [M]. 四库全书本，卷 20.

❷ 蓝勇，杨光华，曾小勇等著 . 巴渝历史沿革 [M]. 重庆：重庆出版社，2004：72.

❸ （宋）周密 . 癸辛杂识 [M]. 上海：上海古籍出版社，2012：77.

❹ 姚朔民 . 四川交子的产生 [J]. 中国钱币，1984.4.

❺ 隗瀛涛 . 近代重庆城市史 [M]. 成都：四川大学出版社，1991：96-101.

❻ （宋）王存修 . 元丰九域志 [M]. 北京：中华书局，1984. 卷 8.

❼ 北宋咸平四年（1001），分治所在成都的西川路为利州路（治所在利州，今四川广元）和益州路（治所在益州,今成都），分峡路（治所在奉节）为梓州路（治所在梓州，今三台）和夔州路（治所在夔州，今奉节），且"川峡四路"政区统一以各自行政治司所在地命名，合称四川。

❽ （元）脱脱等撰 . 宋史·余玠传 [M]. 北京：中华书局，1977. 卷 366，列传第 175.

连合州，通嘉陵、涪、渠，达长江，组成天然屏障，足以控夔门要塞而拒蒙军。清代顾祖禹称重庆"府会川蜀之众水，控瞿塘之上流，临御蛮僰，地形险要……江州，咽喉重地也……狡悍如蒙古，且夕不能得志也，岂非地有所必争欤？"❶作为时任川东防务负责人，且曾出使蒙古，了解蒙古战法的彭大雅对成都二度被攻破、川西平原屡遭蒙军荼毒的现实教训极为深刻，对重庆的军事战略价值自然心知肚明。故而其在筑重庆城的同时，其又派部将大尉甘闰在钓鱼山上修筑城寨当作重庆的屏障。为了加强重庆与长江南岸大后方的联系，彭大雅还派人到播州少数民族地区，联络士兵屯守江南，使"通蜀声势,北兵不敢犯"❷。从日后余玠据城而守、屡次挫败蒙军进攻、战果辉煌来看，很大程度上系于这次筑城的成果，也充分展示了冷兵器时代坚固的城池在战争中的作用。应当说，彭大雅修筑重庆城，开启了南宋以重庆为中心的、依靠川东山地地形屏障的寨堡体系建设的序幕，此后孟珙"三层藩篱"的防御体系，以及徐玠的山城寨堡防御体系，都是在彭大雅筑重庆城为据点的基础上一步步发展成熟的结果，彭大雅筑城为南宋与蒙古军队相持对抗近50年提供了基础。

3.4.2 彭大雅沿两江扩展筑城

1.彭大雅筑城的城门及空间拓展分析

南宋嘉熙三年（1239年）夏，蒙古军大举进攻四川，彭大雅在应付蒙古按竺迩部的进攻之后，毅然决定，不惜一切代价，"披荆棘，冒矢石"，抢筑重庆城防。嘉熙四年（1240年）春，重庆城修筑完毕，彭大雅命人在各门立大石，上刻"大宋嘉熙庚子，制臣彭大雅城渝为蜀根本"❸。元代著名学者袁桷曾作《渝州老人歌》❹，记下了当时筑城的情形，歌曰："渝州太守筑城瞰江坚且牢，月挂斗柄山鬼号。州民累累下江去，蜀水入汉才容舠。渝州何嗷嘈，攀缘翠木参井高。不愁滟滪作人鲊，但愿浙米云安去如马。忆昔彭太守，晚得一州大如斗。征西将军华表柱，白鹤不来猿狖守。小儿舞槊红离离，大儿挽车上栈迟。渴饮古涧之层冰，暮宿古松之危枝。渝江之水人马瞬息渡，排石列栅犹支持。年年草青记新历，不识烽火平安是何夕。赫日涌红轮，金鸡飞报渝州民。空梁燕回候归语，小墙花发舒啼痕。"军民齐心共同筑城，垒石列栅，风餐露宿的情景跃然纸上，不过城市内部到底是怎么样的情形，还是没有清楚说明。

彭大雅所筑之城，今已无遗迹可考，现今仅存一些相近时期的文字和实物可以推测其状，2010年重庆市文物考古者在南宋时期钟鼓楼遗址附近曾发现多方宋淳佑五

❶（清）顾祖禹.读史方舆纪要[M].上海：上海书店出版社，1988.卷69：重庆府.
❷（明）宋濂撰，（清）孙锵校.宋文宪公全集[M].上海：中华书局，1911.卷18：杨氏家传，四明孙氏刊本，1911.
❸（元）罗志仁.姑苏笔记·题梁[M].文渊阁四库全书本;（元）吴莱.二朝野史作"某年某月彭大雅筑此城，为西蜀根本。";《宋季三朝政要》卷2,彭大雅题文作："某年某月某日，守臣彭大雅筑此为国西门"。（载《笔记小说大观》第十册，扬州：江苏广陵古籍刻印社,1984);《民国巴县志》引元王仲晖《雪舟脞语》中作："某年某月某日,彭大雅筑此为西蜀根本"。
❹（元）袁桷.清容居士集[M].北京：中华书局本，1985.卷8.

年（1245 年）城砖，现存于三峡博物馆，砖上铭文为"淳佑乙巳东窑城砖"，"淳佑乙巳西窑城砖"，是为同期彭大雅筑重庆城后修筑官府建筑的见证，近期有部分彭城城墙发掘，可以看到当时筑城的一些特点。曾出使蒙古并撰写《黑鞑事略》的彭大雅为达到牢固防御的目的，筑城特点除了范围有所扩大，最受人关注的是为增强防御而修筑城墙的方法，关于彭城夯土筑还是石筑，学界也有讨论，一种是以学者董其祥为代表，认为彭城依旧是夯土城，依据《巴县志》载戴鼎时期"因旧址砌石城"，《读史方舆纪要》引《郡邑考》："今郡城堑岩为岩，环江为池，相传李严故址，有城门十七"，嘉庆重修《一统志》："明洪武初，因旧址甃石"等分析认为明城是在宋元古城基础上砌石重建，特别提到"砌石城"，"甃石"是以此强调和宋城有所区别，所以宋城还是夯土城；另一种是认为彭城采用了内用夯土筑，外里面包条石，比以往全用夯土泥筑更为坚固。❶ 即便是夯土之中还以鹅卵石填充，增强加固性 ❷。到底彭城用何种材料构筑坚固的城墙防御工事，还有待于进一步的考古发掘。

　　彭城面积有所扩大，同时还增开了城门，据《三朝野史》载"但立四大石于四门之上"❸，可见彭大雅所筑重庆城当时至少已经开有四门，比李严时期的苍龙、白虎门多。就目前的史料来看，彭大雅筑重庆城所开城门有五个，分别是：千厮门、熏风门、镇西门、洪崖门、太平门。《宋史·张珏传》："珏率兵出熏风门，与大将也速答儿战扶桑坝，诸将从其后合击之，珏兵大溃。城中粮尽，赵安以书说珏降，不听。安乃与帐下韩忠显夜开镇西门降"，明确记载有熏风门（今东水门）、镇西门。《元史·舒穆噜布拉传》❹ 载："布拉秉夜袭宋军，直抵重庆城下，攻千厮门，宋军惊溃"，"十五年，复攻重庆太平门。布拉先登，杀其守陴卒数十人，宋都统赵安以城降"，亦证实千厮门、太平门是彭大雅筑城所开城门。《元史·汪惟正传》❺ 载："两川枢密院合兵围重庆，命益兵助之，惟正夺其洪崖门，获宋将何统制"，可确定洪崖门乃彭大雅所筑城门之一。

　　综合各类史籍的零星记载，结合考古及明代城墙痕迹 ❻ 推测，彭大雅所筑城市规模在李严大城的基础上扩大了近 2 倍，城池面积达到 3 平方公里多。西线从李严大城金碧山后西移到今天大梁子、较场口一线，北部拓展到临江门、通远门一带，将山脊线以北的大片缓平区和原西城的制高点筑入城内；范围从李严大城的下半城延伸至现今上半城 ❼，彭大雅扩筑前，原有的李严城背靠金碧山，面向长江，城市的主要繁盛之地主要是今天的朝天门、东水门、千厮门三角地区，也是临近码头的区域。宋代在今

❶　重庆地方文史资料组. 巴蜀史稿 [M]. 重庆：重庆地方文史资料组，1986.
❷　李晟. 重庆主城首次发现南宋古城墙 [N]. 重庆晨报，2015.6.10.
❸　（元）吴莱. 古今说海·三朝野史 [M]. 文渊阁四库全书本.
❹　卷 154，列传第 41，《舒穆噜安扎布拉附》。
❺　（明）宋濂著. 元史 [M]. 北京：中华书局，1976. 卷 155，列传第 42，《汪惟正传》.
❻　四库全书本《四川通志·重庆府》卷 4 上，记载"明洪武初指挥戴鼎，因旧址修砌石城，高十丈，周十二里六分，计二千二百六十八丈，环江为池。"明代重庆城是在宋代重庆城旧址基础上修建的，从明代的城区范围，大致可以推测出宋代重庆城的范围。
❼　徐煜辉. 历史·现状·未来——重庆中心城市演变发展与规划研究 [D]. 重庆：重庆大学，2000.

日的临江门附近兴建了文庙，在今日的小什字以西一带，开凿了古佛岩，兴建了治平寺，疏浚了小西湖。这一带也开始繁荣起来。彭大雅扩城时将城墙由大梁子一线，向继续向洪崖洞、安乐洞崖线一带西扩、北上，城市背靠方向已经变为巴山（今枇杷山、打枪坝），由原来面向长江变为面向长江、嘉陵江。扩筑部分与原有部分分别大致各占二分之一，将城市分为阴阳两部分。总体看来城市分布在山脊之上占据最佳的位置以达到军事防御的需要，充分利用了嘉陵江南岸的沿线峭壁，城池坚固犹若金城，城址范围比明清时期稍小，城市北缘已抵嘉陵江边 ❶（图 5）。

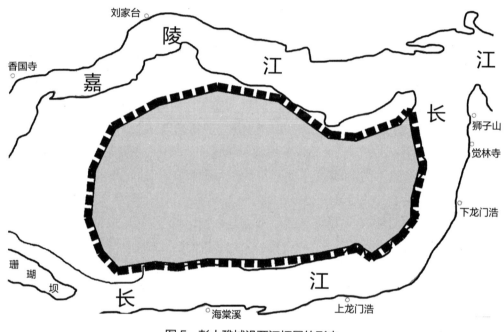

图 5　彭大雅城沿两江拓展的形态

2.彭大雅城地位分析

　　彭大雅筑城的主要目的是为加强城市军事防御能力，多山的地形依然是重庆城市防御赖以依靠的主要因素，为此将城墙西移，半岛山脊线制高点和北面的大片缓坡地段一同筑入城内，既将日趋兴盛活跃的市坊圈入城中保护起来，又占据了更为有利的位置。

　　关于这段时期重庆城内部空间同样缺乏可靠的文字资料佐证，只能推断，作为行政长官，彭大雅筹建防御性城市保障攻防两便，在依山就势的围城中，应该使和城市生活相关的农业、商业能继续得以开展，所以筑城时应会在原有基础上尽量选取合适区域安排相应的城市功能区，只是在史料中没有留下记载，作为特殊时期商业城市与

❶ 据李晟 2015 年 6 月 10 日《重庆晨报·重庆主城首次发现南宋古城墙》报道：该古城墙经市文化遗产研究院考古发掘，在宋代城墙之外，明代城墙紧贴而筑，遗址位于西水门至朝天门段，长 140 米，其中宋代城墙宽近 10 米，与明代城墙条石钉砌码放和大小不一的修筑方式区别明显，砌筑石块规整有序。

军事中心交错、转型的特例，不能说不是一种缺憾。但是，从当时的社会经济文化发展背景中可以获得一些信息：晚唐时期商品经济的发展，"侵街打墙"的趋势逐渐打破传统里坊制度，宋代渝州商业更加趋于活跃，"二江之商贩，舟楫旁午"❶，所以南宋后重庆府城区已经有"六街三市"，同时沿江商业区域已经成型。❷ 在此背景下，重庆城内四道城门环卫，下半城军政中心、商业中心汇集的传统城市构造可以得到显现，而扩展之后的空间势必为军事驻扎、百姓生活留出余地，所以下半城成熟的政治、商业区域必然成为保护对象而括入城内，新拓展的上半城更多属于军事与居住区比较符合当时的社会背景。

相对于李严大城，彭大雅新筑城池面积扩大了 2 倍，一方面确实与魏晋唐宋以来巴蜀治安相对稳定、经济社会持续发展、人口增殖密切相关，需要更大的城区容纳大量既有人口。如成都府路在北宋崇宁（1102 ～ 1106 年）时有人口 498 万至南宋嘉定十六年（1223 年）人口已经增加到 634 万人，潼川府路北宋崇宁（1102 ～ 1106 年）时有人口 307 万人，至南宋嘉定十六年（1223 年）人口已增至 428 万人，夔州路北宋崇宁（1102 ～ 1106 年）时有人口 144 万人，至南宋嘉定十六年（1223 年）人口增至约 56 万人，利州路北宋崇宁（1102 ～ 1106 年）时有人口 127 万人，至南宋嘉定十六年（1223 年）人口增至 203 万人，❸ 在当时的生产力条件下，整个四川几乎无寸土之旷，加上川内频遭蒙军屠戮，川内民众或避入山林，或流徙江南，众多流民涌入泸州、合州、重庆等防守较为严密的大城市，三国时期李严所筑旧城已不能完全满足众多人口生产生活所需空间；另一方面当时蒙军扫荡川峡四路，在蒙古军的铁蹄之下，川内众多城池皆破，民众几无可避之处，死难者十之六七。元人虞集记载了当时巴蜀情形，"国朝以金始亡，将并力于宋。连兵入蜀，蜀人受祸惨重，死伤殆尽，千百不存一二，谋出峡以逃生"❹，四川境内经济凋敝、人口锐减，导致南宋抗蒙赖以凭借的人力、物力、财力严重不足，而抗蒙保宋，首要资源是人力，在冷兵器时代的军事斗争中，人口数量不仅决定了经济基础，也很大程度上决定了军力强弱。故而历代统治者多以人口作为衡量地方官政绩的标准和划分政区级别的依据。作为川东防务和重庆府主官，彭大雅筑城之时，不仅要考虑城池防守一时之成败，亦当考虑城市或政区持久抗蒙的准备，故而扩大城池面积，容纳大量战争难民，于城内或耕或战，为城市防御提供更多可用之资、更多可用之人。

另外，从今之钓鱼城现存建筑中有置皇帝行宫，一方面显示钓鱼城主帅抗蒙之决心，另一方面确实也说明当时的城池规划者们未雨绸缪，体现设计工作的前瞻性。钓鱼城尚且如此规划，重庆城无论城市级别还是防御能力、经济能力，都更胜几筹，未必就没有类似规划，城池面积大幅度扩充，容纳流亡至此的中央政府大量人员，未必没在

❶ （宋）王象之撰，李勇先点校.舆地纪胜（第九册）卷175[M].成都：四川大学出版社，2005.
❷ 董鉴泓.中国城市建设史[M].北京：中国建筑工业出版社，1989.
❸ 路遇，滕泽之.中国人口通史[M].济南：山东人民出版社，2000：564-568.
❹ （元）虞集撰.道园学古录[M].四库全书本，卷20.

彭大雅考虑之列。

无论规划扩大筑城规模之时，彭大雅是否考虑到收纳战争难民，或是流亡中央政府，但彭城告成之后，确实达到了这样的结果："其后属之流离者多归焉，蜀亡，城犹无恙，真西蜀根本也。" ❶

综上，比起以往朝代，宋代城市修筑受到的营国思想似乎在弱化，实用特征与自由发展状态呈现得比较充分，地形优势依旧处于第一位。总体而言，宋代彭城是传统时期充分利用山地天险取得良好生活环境、构筑完善城市军事防御系统的最好诠释。

3.5　明清时期环江上下半城格局成型

3.5.1　明清时期的重庆城市发展

元代巴蜀残破的局面使得统治者也采取了一些措施来恢复经济，但始终没能回到宋时盛况，元末农民起义，巴渝地区又遭战火，后明玉珍建立大夏政权，率数万湖广农民入川，以重庆为都城，废除元代苛徭重赋，力图恢复生产，但城市建设未见土木之兴。明王朝建立之后，重庆成为其加强对川东、贵州一带的倚重和屏障，在军事重镇基础上，城市工商业进一步发展，重庆成为了全国著名的三十几个城市之一。

就生产技术而言，宋元明清时代巴渝地区农业先后经历梯田开垦 ❷、开发旱田作物、红薯等重要作物引进种植之外，兴修水利，广开水田种植水稻等措施都大大促进了重庆地区农业生产的发展，对地区农业种植结构更新与经济发展起到了重要作用。除了基础性农业，商业农业也在明清时期兴盛，米市、钱帮、杂粮帮的出现既是农业繁荣起来的标志，也显示出农村商品经济茁壮的生命力，农村集市网络逐渐形成，成为城市商业发展的铺垫。

移民的劳动力输入一直是巴渝地区开发的重要内容。战国时期，"移秦民万家实之"，秦灭六国后继续移民；东汉末年到西晋时移民避战乱、饥馑入川；北宋时避金兵北方居民南下；元末农民起义导致近 20 年战乱之后，明王朝组织了第一次"湖广填四川"，鼓励重庆地区恢复经济；清初开始第二次大规模的"湖广填四川"，历时 60 多年，人口暴增。系列鼓励政策的实施，使得重庆地区的经济迅速得到恢复和发展。

交通发展也对巴渝社会经济发挥了不可忽略的重大作用。巴渝从最初的"五日不雨枯，十日不雨槁，丰年常少，而凶年常多" ❸ 的农业生产艰难之地，逐渐成为明清具

---

❶ （元）吴莱. 古今说海·三朝野史 [M]. 文渊阁四库全书本.

❷ （宋）叶适硅:《海录碎事》卷 17 载:"果州、合州等处无平田,农人于山垅起伏间为防……谓之嚕田";《文献通考》卷 4《田赋》亦有载 "田为山崖",均是对开发高山梯田的描述.

❸ （明）杨慎编，刘琳点校. 全蜀艺文志 [M]. 北京：线装书局，2003. 卷 34 下度正《巴川舍仓记》.

有重要地位的经济中心和商业大城市，得地利之便不可谓不多。航运发展是推动重庆商业贸易在宋代大幅度繁荣的动力，全国政治经济中心向东南移产生的向心力使巴蜀东向的作用明显增强，长江水道优势更加明显，作为"三江总汇，水陆冲衢"的重庆城，"水土和易，商旅会通"❶，"两川……水路纲运，不可纪胜"❷，"商贾之往来，货泉之流行，沿溯而上下者，又不知几"❸。以水运交通为主的川峡四路对外交通，在长江、岷江水系，嘉陵江、涪江、渠江水系等交通动脉的支撑下成为四川通往京城和东南的主要交通航线，官商物资经由重庆转自下江各地，水运的兴盛也带动了区域农业、手工业的发展。清代乾嘉以来，重庆"商贾云集，百物萃聚"，"水牵运转，万里贸迁"，集四方之物于一地，贩进卖出，重庆城"九门舟集如蚁，陆则受廛，水则结舫"，城市突破了城墙限制，两江沿岸随水运而发展起来的街市达 21 厢，"濒江之家，编竹为屋，架木为砦，以防暴涨"。重庆城已经有街巷 240 余条，形成城内"酒楼茶舍与市阓铺房鳞次绣错，攘攘者肩摩踵接"❹ 的繁荣商业城市。

　　随着嘉陵江流域农业经济的繁盛和整个四川盆地区域商品经济的发展，长江中上游地区川米外运揭开了重庆作为码头商品经济输出口岸的序幕，继而以发达的交通体系不断吸收川东、四川各地物资，在频繁的货运吞吐中逐渐成为川东地区的商业都会❺，这为城市商业的繁荣奠定了坚实的基础。尤其是随着川江航运的兴盛，重庆"三江总汇，水陆通衢，商贾云屯，万物萃聚……或贩自剑南、川西、藏卫之地，或运自滇、黔、秦、楚、吴、越、闽、赣、两粤间，水牵云转，万里贸迁。"❻ 重庆逐渐成为各种商品的集散地，许多产于邻近地区的商品集中于此，然后经商人转销各地，省外的部分商品也转运到此，然后在这里零售或转销四川各地"❼。重庆成为"换船总运之所"，"商业之盛，甲于全川"，除了重庆城，周边的合川、万州等县都得到相应带动成为商业城市，商品流通经济进入传统时代的鼎盛时期。

　　经过明清时期的持续开发，重庆城已经早已不再是酉帮时代渔猎为业、征伐不断的土著散点聚居之地，地跨长江、嘉陵两江，大量商业移民集聚定居的城市在历代中央政权不断加强管控与开发过程中社会政治经济不断提升，单一的军事功能作用被更复杂多元的经济政治作用所替代。到乾隆年间，重庆已经成为一个水运极其繁盛、商业网络极为辽阔的商业中心，城市发展获得了强有力的物质基础支撑，工商业人口超过其他人口比重，"每年逗留川中者不下十万余人"，"滨江之家，编竹围屋，架竹为砦，以防江水暴涨……市肆民居，鳞次栉比……郁然一都会"❽，在频繁的商业往来中城市

---

❶（明）曹学佺 . 蜀中广记 [M]. 四库全书本，卷 57《风俗志》.

❷ 文渊阁四库全书版《宋会要·食货》46 之 15。

❸ 冉木 . 心舟亭记 [C]. 宋代蜀文辑存 . 卷 78. 台北：新文丰出版社，1974.

❹（清）乾隆 . 巴县志 [M]. 四库全书本，卷 2《坊厢》.

❺ 隗瀛涛 . 近代重庆城市史 [M]. 成都：四川大学出版社，1991：113-114 .

❻（清）乾隆 . 巴县志 [M]. 四库全书本，卷 3.

❼ 隗瀛涛 . 近代重庆城市史 [M]. 成都：四川大学出版社，1991：67.

❽（民国）向楚 . 巴县志选注 [M]. 重庆：重庆出版社，1989：1038. 附《文征》.

完成了传统时期的嬗变，空间格局趋于稳定。

3.5.2 戴鼎筑城与明城环江空间格局

1. 戴鼎筑"九开八闭"明城

洪武初，明王朝甫立，控制重庆之后，重庆设立了重庆府和重庆卫，府各州县建立里、甲，在城内建立坊、厢等机构，王权君威的树立与社会经济的恢复对重庆城市而言都需要改变和提升，洪武年间重庆卫都指挥史戴鼎以彭大雅所筑宋城为基础，开展城市建设，进行第四次筑城，这是重庆史上最大规模的筑城，环江城池九开八闭的格局得以确立。其情状如王尔鉴《巴县志》云："明洪武初，指挥戴鼎因旧城砌石城，周二千六百六十丈七尺，环江为池。门十七，九开八闭，像九宫八卦，朝天、东水、太平、储奇、金紫、南纪、通远、临江、千厮九门开，翠微、金汤、人和、凤凰、太安、定远、洪崖、西水八门闭。" ❶《通志》则更予以言简意赅的准确评价："巴县城郭沿江为池，凿岩为城，天造地设，洵三巴之形胜也。"

戴鼎所筑城池将渝中半岛大部分包罗入城，上下半城的完整格局在宋代已经基本成型，戴鼎以此为基础进一步完善，此后重庆城一直保留着这种形态，直到近代建市廓开城门前都没有大的改变。戴鼎筑城完整利用了城池地理环境，城壁顺山势而筑，居高临深水，"天生重庆"之谓更加名副其实。

戴鼎城与以往相比，城墙高达10丈，城围为2666.7丈，大概有7207.2米，从尺度上讲并不算太大，其最大的特点在于环城的城门修筑，其选取"九开八闭"的城门构造与平原地区城市规划设计全然不同，在没有明确的东南西北指向的山地城市，城墙曲折蜿蜒，正是明代城市"北正南曲"的典型，山地无法采用"方九里，旁三门"的形式，就遵循"九宫八卦"的调和规律，从山地城市地形实际出发，从朝天门开始，按顺时针排开17道城门，将城区环抱其中，"沿江为池，凿岩为城，天造地设"，筑就9座城门，其中有6道城门位于长江沿岸，分别为：朝天、东水、太平、储奇、金紫、南纪等6门，千厮、临江二门位于嘉陵江岸，陆地相连的仅有一座通远门。全城依照山脊线自然形成上下半城，山脊北面是上半城，南面则为下半城，城内地形北宽南窄，地势则是北高南低。

2. 明城空间格局

在宋代基础上造就的明城已经将大半个半岛包围在城中，"象天法地"17道城门使彭城原本就利用得当的自然环境优势发挥到极致，城市中的山脊最高处被包入城中，开拓了更广阔的生活空间。

经过筑城之后，城市内部上半城显得平敞宽广，其地势自东向西逐渐增高，其中

---

❶ （民国）向楚. 巴县志选注 [M]. 重庆: 重庆出版社, 1989, （2）: 65.《治城》.

东北角落的千厮门一带接近于半岛端头，海拔比较低且临江，并和下半城高差不大，其余上半城地区都离江边比较远，所以居民用水不便，故人口密度远低于沿江地带；下半城主要是沿江的狭长地带，自古主要的商业区都分布在这些地段，政治文化中心也在下半城，由东北向西南和西面转走，分别有川东道署、重庆府署、巴县署、重庆镇署。沿江一带多城市码头梯道，所以城市九道开门中有六道都在下半城。❶这样的城门格局一直维持了五百多年，直到重庆 1927 年修建马路，需要宏阔码头，撤废朝天、太平、南纪、通远等城门，"九开十八闭"的城门布局才逐渐消失❷。

戴鼎城城市东端与南端紧临长江，北部城墙紧临嘉陵江，两江交叉，形成的水面非常宽大，凸显对外交通优势。作为山城，陆路交通不便，但水上交通却很发达，三面环水，居高临下，行政管理和人口、物资集中在下半城，这与交通港口所在地域密切相关。明代重庆城如王尔鉴《巴县志》云：

"巴县虽川东腹壤，而石城削天，字水盘郭，山则九十九峰，飞拴攒锁于缙云、佛图间；内水则嘉陵江会羌、涪、岩渠，来自西秦；外水则岷江会金沙、赤水，来自滇、黔，遥牵吴、楚、闽、粤之舟聚于城下。"❸

由此可见古城占据防守与交通两重有利地形的盛景，同时也揭示了城市区域间依靠水运交通联系的便捷，侧面透露了城市开展跨江联系的现实。

戴鼎据宋末旧址基础砌筑的石城范围此后被大致固定下来，与此同时嘉陵江北岸，原江州北府城旧址在明代中期也得到进一步发展，形成较大的集镇江北镇，而长江南岸一线地区，近江的南坪场、海棠溪、龙门浩等地村落渐多，不过还保持带状分布的简单格局，完整的街区还没有成型。❹

戴鼎所筑之城多见于文字描绘，但直观可见的完整图像非常缺乏，史上保留下来重庆主城最早的城区和县境图是明万历三十四年（1606 年）所绘的《万历重庆府志·重庆府图》（图 6），该图以文字和写意结合的方式，将渝中半岛两江交汇的城市态势及城池衙署、公共建筑组成的内部格局进行了大体勾勒，可以看到当时重庆城内空间布局的大致意向，只不过这种地图描述方式比较粗略，重意向而非严格写实，所以城市范围与位置准确度均不算高，地图所描绘的城市范围已经覆盖半岛，有夸张之嫌，加上缺乏明确的尺度规范，城中重要建筑具体位置也缺乏准确性，只为城市内部大体布局总览之时提供了一些有关城市大致的功能分区基本信息。

不过值得重视的是，图中所描绘的重庆城距离明初戴鼎筑城已经 230 多年，森严的城墙和九开八闭的城门在图中的位置清楚可见，凸显了对城市界限规定的严格表达。城内公共建筑突出描绘了重庆府、重庆卫、巴县衙署三个重要行政机关的位置，与之相配套的演武场、府学都清楚标注在城中相对高处，祭祀设施中城外的社稷坛与城内

❶ 重庆市地方志编纂委员会总编辑室. 重庆市志 [Z]. 卷 1. 成都：四川大学出版社，1992.

❷ 彭伯通. 重庆地名趣谈 [M]. 重庆：重庆出版社，2001：57-58.

❸ （民国）向楚. 巴县志选注 [M]. 卷 2，重庆：重庆出版社，1989：66.

❹ 重庆市地方志编纂委员会总编辑室. 重庆市志 [Z]. 卷 1. 成都：四川大学出版社，1992.

的土主庙、旗杆庙和马公祠等两座祠堂大概位置也清晰可辨，宗教设施建筑中位于城内制高点的五福宫加以突出。人文设施方面，位于山坡上的文昌宫和养济院被加以标识，人文教化和社会公益慈善场所在当时社会生活中的重要地位显而易见，城外具有重要地位的军事设施浮图关的位置作为本图的一个重要细节着重强调出来。

图6　万历重庆府志·重庆府图❶（明）

（资料来源：《重庆府志》＜万历年间＞）

　　地图影像揭示了明人在城市空间营建过程中对行政礼仪的尊崇，在传统观念中政治、人文、军事并重的思想非常突出，对表明统治地位的行政建筑被安置在背山面水的平坦地带，相互之间互有距离，保证联系又各有尺度，不失紧密又保证威仪，同时彼此呼应。宗教和人文设施均选择在城内高处，人们可俯瞰城内风景，曾出任四川按察史的万历进士曹学佺就在《蜀中名胜记》中记载："五福宫乃城中最高处，俯窥阛阓，坐带两江。"❷演武场与府学、文昌宫等军事文化机构远离居民和闹市城区，选址在城内高坡地段，前者便于监控全城动向，后两者应是重在清静。城外社稷坛作为礼仪建筑是古代城市建设的必要配置，浮图关所在的险要位置则是由于地形所决定。整幅地图中没有显示普通民众日常生活相关的街巷和城市商品交易区的信息，但从其中的留白分析，应该属于一般民众生活活动与生活相关的商业交换区域范围。当然，这些内容没有被表达出来，统治、防御两大功能在地图中的地位显然超过了对民生的关注，表明了当时统治阶层的价值取向。

❶　地图来源于：蓝勇主编.重庆市古旧地图研究 [M].重庆：西南大学出版社，2013.
❷　（明）曹学佺.蜀中名胜记·重庆府 [M].重庆：重庆出版社，1984，卷17《重庆府》，第238.

尽管如此，从这幅简单的地图上还是比较清晰地展现了明代重庆古城在特殊山地环境中"道法自然"的传统思维，城市建设遵从自然法则，整体布局不刻意追求规矩方正，但在空间基本构造上依然讲究礼仪尊崇，将宗庙社稷、军事人文的安置，将山脊与江水作为拱卫城市核心区的依靠，体现了古代城市营建灵活和根据实际情况的"设险防卫"宗旨，将水道与城墙两道防线紧密结合起来。这种充分发挥地形优势的城市空间布局实用性很强，所以城市基本格局从奠定之后，直到传统时代结束都没有多少改变。

3.5.3　清代城墙补筑与上下半城空间格局完善

1. 清代社会发展与城区管理

明末社会动荡，张献忠屠戮四川、川东、重庆地区，清康熙三年（1664 年），四川巡抚张德地由顺庆、重庆以达泸州，沿重庆一带所见"舟行数日，寂无人声，仅空山远麓"，"哀鸿稍集，然不过数百家"❶，"民无遗类，地近抛荒"，面对巴蜀之残破，清王朝一面对经济恢复实施再一次的"湖广填四川"、鼓励垦殖，另一方面在地方行政制度上承袭明代，局部加以调整，保证地方安定。在相对稳定的行政区划制度中，重庆现今主城区的发展也逐渐稳定下来。

明清时期一直延续到民国 24 年（1935 年），重庆府治设于巴县，集川东道、重庆府、巴县于一城，城内以下划分为党、坊、厢（城中为坊，近城为厢）。明代初年，为了编造黄册和征收赋税，朝廷在全国推行里甲制度，于是农村设里，城市设坊与厢（城中曰坊，近城曰厢）。清代重庆城又改编为若干党，现已知的有朝天、储奇等党，下辖太平、宣化、巴字、东水、翠微、朝天、金沙、西水、千厮（属朝天党）、治平、崇因（属朝天党）、华光、洪崖、临江、定远（属朝天党）、杨柳、神仙、渝中、莲花、通远、金汤、双烈、太善、南纪、凤凰、灵璧（属储奇党）、金紫、储奇、人和等 29 坊；近城附廓改编为太平厢、太安厢、东水厢、丰碑厢、朝天厢、西水厢、千厮厢、洪崖厢、临江厢、定远厢、望江厢、南纪厢、金紫厢、储奇厢、人和厢等 15 厢。❷周密的区划制度是贸易经济推动社会发展的产物，显示出城市繁荣的发展态势。

清代地方政权对城市已经具有比较完善的行政管理制度，在城区没有较大幅度扩张的背景下，相对应的是对城市城墙的维护修缮。

2. 清代补筑城墙情况

清代重庆城为冲繁之地，社会政治经济地位已经具有相当的重要性，虽然城市自戴鼎筑城到清代之后没有大规模的筑城记录，并且通过乾隆时期《巴县志》中的《重

---

❶ （清）蔡毓荣等修，康熙 . 四川总志 [M]. 康熙十二年（1673 年）刻本，四库全书本，卷 10《贡赋》.

❷ （民国）向楚 . 巴县志选注 [M]. 卷 2. 重庆：重庆出版社，1989：73-78.

庆城图》和光绪年间的数幅地图比较，城墙都没有大范围增筑扩张，但这并不意味着城墙没有新的发展，只是这个时期更多的是以局部的修筑方式缓慢扩展，其主要原因是长期的风雨侵蚀，严重影响政府统治和民众生活。明末张献忠攻陷通远门，后来四川都督李国英加以补筑，但时间长久又再坍塌，鉴于不属于边塞之地，没有引起重视，直到乾隆二十五年（1760年）垮塌严重才被总督列为紧急工程修筑，此后咸丰二年（1852年）、九年（1859年），知府鄂惠、川东道王廷直又加以重修，同治九年（1870年），大水、川东道锡佩、知府瑞亨、知县田秀栗等再着意修筑。❶

对城池朽坏坍塌与人为破坏的严重情况与政府对城墙补筑的态度，可以从民国《巴县志》载清康熙二年（1663年）总督李国英补筑城墙的资料来加以分析。《巴县档案》中详细记载保存了由于遭遇自然、人为等因素对城墙的破坏情况：嘉庆十八年（1813年）七月，工房呈《西水厢厢长金洪顺具禀该坊城墙崩塌禀一案》，最初，西水厢厢长金洪顺禀："情千厮门外城墙脚，连遭秋雨淋漓，于本月二十四日早饭后，挨西水厢内城墙脚下，崩塌石头一个，横压行人路径。挨崩塌石头上，相连有一三尖角石头，欲将要崩，石头一半悬空，一半系城墙脚压，蚁若不赴辕禀明，诚恐崩塌，有碍城墙，关系匪浅，蚁有厢长之责，为此禀乞。"从维护城市安全的屏障变成影响日常交通出行的危险因素，其中原因很多，所以工房在西水厢厢长汇报情况后，遣人前去勘查，得出城墙崩塌的具体原因，并出批示严厉禁止人为因素破坏城墙："兹据该书禀称，查勘得西水厢城脚，系属红沙石骨，被风雨漂淋松裂，兼被附近居民撒放猪只践毁空虚，城内靠城一带民人，多有挨城边打眼倾倒污水、栽椿搭篷、倾倒渣草等弊，以致浸松城土，而禁城屡有坍塌之忧等情"。面对城墙坍塌毁损越来越严重的局面，地方政府不可能坐视不管，乾隆二十八年（1763年）重庆府《捐修城垣及捐赠引文及捐册》中对维修城墙重要性及面对全郡商贾士绅提出了合力修筑的要求：

"城垣为一方保障，所以肃立门户而靖奸匪，非徒壮观瞻已也。重庆水陆总汇，人民猬处，商贾辏辐……迩来物重务繁，年深日积，垛口渐俱坍塌，石基□□□剥沏倾颓，且城三面滨江，城外重屋累居，率多竹瓦棚□□□□火，往往火患起于外，不能扑救，以致延烧城内，为害匪浅，□□□□之道，思患预防……城垣乃合郡绅士商贾之外内门户，独不为严保障，靖奸匪，计亲睦，忠爱之谓合。夫补以周墙，整其门户，绅士商贾人等为一家之谋也，严尔保障，靖彼奸匪，绅士商贾人等所以同为一郡之谋也，……城外延烧之患永除。"❷

地方政府将不得不补筑城墙有几方面的原因进行澄清，表达了主观上不完全是宣扬统治的权威需要，更多源自传统城墙防御保障，其中地方动乱、匪患对城墙存在威胁，频发的水灾和木棚瓦房时常导致的火灾也不时带来城墙毁坏坍塌，这些才是官方向当

❶ （民国）向楚.巴县志选注[M].重庆：重庆出版社，1989.卷2.建置·治城：65.
❷ 《乾隆二十八年重庆府捐修城垣及捐赠引文及捐册》，四川省档案馆编.清代巴县档案汇编乾隆卷[M].北京：档案出版社，1991：314.

地绅士商贾募集基金、组织修筑城墙的主要理由，当然这种募集资金也只是进行基本的维护和补筑，并未做大的调整。

显然，清代持续对明代城墙的修缮，已经和传统时代严密的军事防御形成极大反差，由于并非边防要塞，修缮工作一度还被搁置，真正推动城市修筑的更多原因是商人士绅和居民生活的防火防盗。很容易据此分析，城市的拓展已经不再是简单的范围扩张，而是更加注重内部功能的完善了。

3. 清代上下半城空间格局完善

自秦汉到明清，历朝不断修筑、完善，重庆古城上下半城的历史格局最终完善。"上下半城"有着长远的历史形成过程，按自然地形起伏修筑城市的传统构建方式，以大小梁子山脊线为区分上下半城的主要标志，是城市中自然区域划分的上下分水岭，也是城市内部政治经济与社会文化、生活中心区域的分界，显示出了重庆古城内多种功能区的划分特征，其中官衙府署代表的政治权力中心、书院学宫代表的文化中心、街肆集市民宅所代表的百姓生活中心、庙宇寺庙祠堂代表的宗教中心、城墙城门护卫机构代表的军事地段等分布区域各自占据的位置因为自然环境的特殊性，与一般平原城市的规整布局有所不同。对这段古城空间完整成型的时期，清代多幅重庆城图均有直观反映，并且各期历史地图绘制提供的当时城市内部的实际空间布局情况也在细微之处揭示时代影响产生的变化。在此通过清末时期绘制的地图及相关资料对照，可以重新审视这座古城传统时期最后成型之后的真容。

最早关于清代重庆城图的地图保存在《巴县档案》中，作为我国现存时间最长、保存最为完整的清代县署一级基层政权档案，其中收录了乾隆时期一幅采用平面绘制法整体绘制的《重庆府图》。该图对清代的重庆城描绘比较粗略，其刻画程度不比万历《重庆府图》清晰，重在对城内政治功能区与礼教功能区的概念性标示，主要建筑只作大致排布，圈作形象标识，突出了集中分布于下半城的东川道署、重庆府署、巴县署、重庆镇台署等政权机构，而上半城则多为宗教礼制建筑。"上下半城"的功能区分比较清楚（图 7）。

乾隆时期《巴县志》所附的舆图中也有《巴县城池图》，此图较《巴县档案·重庆府图》更细，城墙布局也有比较细致的突显，其中清晰可见城内山脉地势走向，比较清晰地区分了当时上下半城范围。地图沿用以官署和宗教礼制建筑为主的建筑标识做法，可以看到，

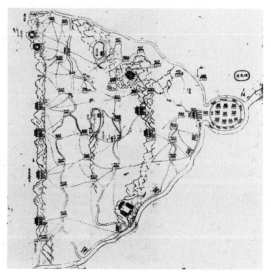

图 7 《巴县档案·重庆府图（乾隆时期）》
（图片来源：《巴县档案》<清>《重庆府图》）

官署集中在下半城，礼制建筑多在上半城，和《巴县档案·重庆府图》中表现出的城市区域功能划分相契合（图8）。

乾隆年间，宫廷画师董邦达绘有《四川通省山川形势图》，其采用大量地名标注使得这一系列图幅在艺术价值外更具有深刻的历史研究价值。在这系列地图中有《重庆府附郭巴县图》，对巴县城郭进行了重点展示，和同时期的《巴县档案·重庆府图》与乾隆《巴县志》中的《巴县城池图》相比更立体、直观，提供的内容也比较丰富。从图中可以清晰地区分以地势界定的上、下半城划分着重庆城内的政治功能区与礼教区，同时还对军事信息进行了大量体现，凸显了重庆长期作为军事和政治中心的区域职能特征（图9）。

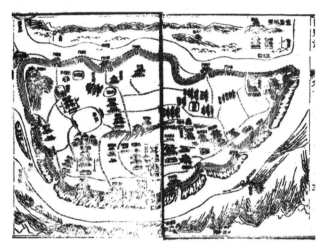

图8 《巴县志·巴县城池图（乾隆年间）》
（图片来源：<清>《巴县志》）

图9 《四川通省山川形势图·重庆府附郭巴县图》
（图片来源：西南大学历史地理研究所.《重庆古旧地图研究》.2014年版）

由霍为棻、王宫午、熊家彦纂的《巴县志》同治九年刻本，其中的《巴县新舆图》转引乾隆《巴县志·巴县城池图》，前者内容多取自后者，对河流、地势、半岛轮廓描绘、建筑标识、上下半城的格局等与乾隆时期并无变化，从侧面反映了直到同治时期，重庆城内以上、下半城划分政治与礼教功能区的格局并没有改变（图 10）。

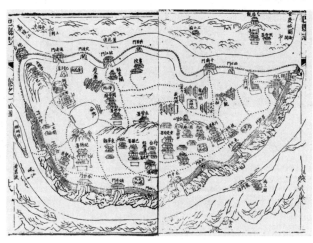

图 10 《巴县志·巴县新舆图（同治年间）》

（图片来源：《巴县志》＜同治年间＞）

由此可见在清乾隆至同治时期以写意手法平面绘制的城市简单的示意图中，以上、下半城为界的功能区划分特征，其中官方在政治中心与礼制、宗教建筑上加以刻意"标识"，显示了这些区域在城市空间中的重要地位以及"上下半城"自宋代构筑、发展到明清，自然环境划分在重庆城市功能分区中具有的更多内涵。

清末时有较多的重庆城图，其中代表性的有国璋《重庆府治全图》、张云轩《重庆府治全图》、刘子如《增广重庆府治全图》、《巴县城内街道图》、《重庆租借商埠图》和《重庆府城厢巡警区域图》。和以往地图相比，这些图幅要详细具体得多，"上下半城"在清末依旧是城市发达区域与非发达区域的分界线。

《重庆府治全图》由清末巴县知县国璋清光绪丙戌年（1886 年）主持编绘，是目前发现最早的详明城治图。图中包含城门城墙、公署衙署、寺庙会馆、书院文庙、街道市场、校场、池井、山脉等诸多要素，对清末重庆空间格局有着极为直观的感受。按图所绘，城内 9 个开门中的 6 个开门都在下半城，下半城集中了官府衙署、八省会馆、票号金店、商号当铺，金紫门后有重庆镇总兵署，储奇门后有浙江会馆、行街，太平门和太安门附近是重庆衙署，东水门内有江西、广东会馆等，显示出下半城的商业繁荣。朝天门附近的陕西街是当时重要的商业活动中心，从图中可以看出这个时期的陕西街已发展成为上、中、下三段，在当时的街道中算是相当长的一条街。这条街上详细标注出了当铺、金店、票号等，表现出当时金融业集中区的繁荣景象，此外街因店面多为资本充足的陕西商人经营，故得名为陕西街。图中对上半城的反映是街道短小曲折，几乎没有类似下半城那种集中的商业区域以及会馆、牙行存在，更没有如同陕西街一样的主干道。上半城内多为府学、夫子池、育婴堂、五福宫、书院街等学教文化中心（图11）。

图11　重庆府治全图（国璋主持编绘）
（资料来源：国家图书馆藏）

3.6　小结

传统历史时期，重庆城市拓展在山水环抱的自然地貌基础上受到社会政治需要的强大影响，军事防御一直是古代重庆城修筑、拓展的主要动力，而山地水岸自然微观环境则决定了主城拓展变化的具体方式。

主城拓展的方向和方式取决于自然环境。在秦汉到明清的整个传统时期，尽管对外联系沟通相对封闭，但险峻的山水地形地貌却具备了良好的军事防御条件。在巴人江州城市的原始基础上，主城半岛城区经历了秦汉到明代中央王朝管辖下的四次筑城，再经清代数次补筑，塑造出了独特的山水城市轮廓。从拓展方向上看，主城在渝中半岛沿江拓展，最初主要在嘉陵江、长江散点布局，城市修筑在地形优势更为突出的长江北岸，此后逐渐从长江沿岸扩展到越过大梁子，延伸到嘉陵江，最终形成以半岛为依托，从线性散点分布的居民区到九开八闭环江而成的上下半城（图12）。

军事防御一直是古代巴渝主城拓展的根本动力。张仪与戴鼎筑城起于王朝初定时期，社会政治稳定和王权君威的宣扬需要构筑新的城市来加以体现，三国时期与宋代修筑城市则为更加直接而迫切的军事防御所需。与之相映照的是，从隋唐到宋之间的千年间，渝州主城未见大兴土木，主要是因为在当时的社会条件下渝州城市军事优势地位下降，不具备迫切的防御需要，所以城市空间少见主动拓展。当然，持续的社会经济发展为城市空间扩张提供了物质支持，人口流动与增长也带来扩展城市空间的压力，但相对而言都不如政治军事力量影响作用直接。

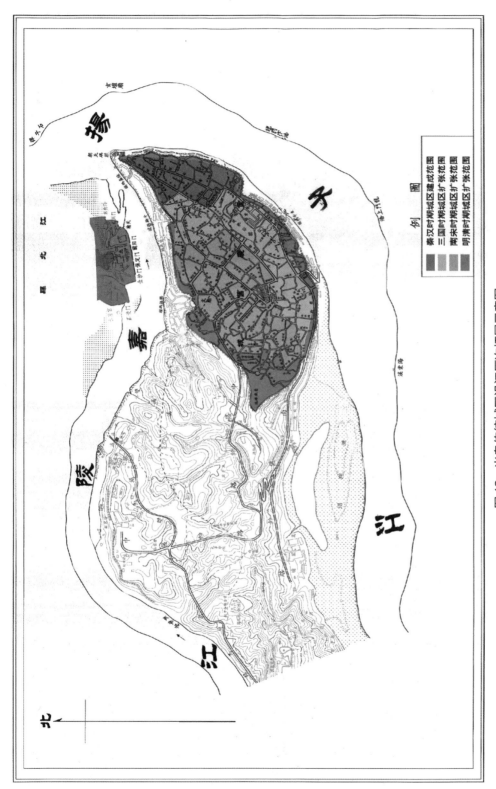

图 12　半岛传统城区沿江历次拓展示意图

（图片来源：根据《民国》《陪都十年建设计划草案》有关地图资料改绘）

第 4 章

跨江拓展：商业中心城市扩张（清末～1937 年）

近代城市和古代城市的区别在于城市的发展不再是相对封闭缓慢的演进，城市发展也不再是在山为屏障、水路环绕的环境中自然生长，社会发展不完全局限于简单的"中央—地方"相互影响的两元格局，而是在多种因素综合影响下孕育着突破旧格局的巨大张力，推动城市产生大幅度的变动，产生的直接结果是造成城市的跳跃式发展。❶近代重庆城市形态正是在这种多个合力机制综合影响下开始不自觉地发展，演变过程呈现出的状态是跳跃式的，外部力量的刺激占了很大成分。❷

近代中国没有建立起高度整体化和商业化的经济体制，也缺乏发达的交通工具与交通网络，所以中国的城市近代化不是以工业化作为开端，而是从商业化开始起步的。和当时国内众多城市的近代化过程类似，重庆城市的近代化发展也不源自工业化，而是得益于商业贸易的发展，重庆从军事重镇转变为区域商业经济中心正是在这个时期，城市从此开始以新面目出现在中国西南地区的政治经济舞台上。重庆在近代时期的经济发展中最先得到发展的是商业，这也是重庆城市建设近代化的最大推动力量，与传统时代的军事防御政治需求的控制完全不同，❸所以城市的空间拓展也具有了不同于以往的状态。

重庆城市的近代化阶段始于主城区跨江发展时期，区域经济中心地位的形成主要分为两个时期，第一阶段是 19 世纪 70 年代至 20 世纪 30 年代，即鸦片战争后到民国前期，城市金融、交通中心形成，第二个阶段主要在抗战时期。❹其中第一阶段正是主城逐渐从半岛开始跨江拓展的阶段，这一阶段中，随着城市经济的近代商业化发展，城市空间布局、产业中心与交通网络的构建和城市实体建设也在逐渐完善。

历经两千多年不断修筑的老城，在经济发展与人口增长压力持续推动下开始出现新的内容，历代城市扩展虽然以城墙范围扩展为标志，但近代之后的城市发展对内部环境的适用性要求逐步提上了日程。这段时期的城市商业化发展，社会经济、政治文化与西方社会的影响对城市都造成了强烈冲击，城市的扩张模式开始由主城空间线性扩展逐渐转变为组团发展，近代时期是这个变化过程中的重要衔接过渡阶段，在重庆城市空间发展进程中具有重要意义。

如果说古代军事中心的建设，是在自然环境条件基础上主动选择有利地形造就的优势，那么晚清之后城市的发展更多源自不自觉的、"看不见的手"的指挥，❺顺势而为，在环境优越、交通便利之处持续膨胀。城市近代化进程开始向以往的建城观念提出了挑战，社会经济文化要求城市建设进行改变，城市持续扩张成为发展的必然趋势。

开埠前重庆城市中心区域基本还在渝中半岛，长江绕城区东、南，嘉陵江绕城区北，

❶ 参见何一民.从政治中心优先发展到经济中心优先发展——农业时代到工业时代城市发展动力机制的转变 [J].西南民族大学学报（人文社会科学版），2004.1 期；顾朝林.中国城镇体系——历史·现状·展望 [M].北京：商务印书馆，1996：83.

❷ 隗瀛涛.近代重庆城市史 [M].成都：四川大学出版社，1991：40-45.

❸ 隗瀛涛.近代重庆城市史 [M].成都：四川大学出版社，1991：168-169.

❹ 隗瀛涛.近代重庆城市史 [M].成都：四川大学出版社，1991：169.

❺ （美）刘易斯·芒德福.城市发展史 [M].北京：中国建筑工业出版社，1989：340.

其中西部接陆地，城南南纪门隔长江与南岸南坪城相对。❶ 城南储奇门隔长江望南岸海棠溪，城东的东水门隔长江看南岸龙门浩，城东北朝天门则隔长江对南岸，城北靠东千斯门隔嘉陵江对江北县城，城北靠西临江门隔嘉陵江对江北刘家台，从城西通远门可出两路口而上佛图关。❷ 渝中母城在半岛前端依山而建，山脊线穿城而过，将城市剖为上下半城，母城三面环江，西面与陆地相连，虽然通远门外土地面积数倍于城区，但长期以来一直是荒郊坟地，封建伦理道德观念限制了城市西向发展的可能性，所以自明代戴鼎筑城之后，清代核心城市虽然几经修补，但范围基本上也没有太大的变化，一方面是空间受限，另一方面开埠之后更多变化体现在内部的缓慢调整中，相对而言，具有拓展空间的江北、南岸地区的变化在开埠时期更为迅速，很快便形成了跨江拓展的格局。

　　主城跨江拓展时期是重庆城市空间拓展的过渡期。这个时期时间范围过渡性体现在前接明清尾声，后启抗战时期。城市的传统商业在开埠通商刺激之下展现出蓬勃生机，主城空间逐步跨越嘉陵江、长江，在地方军阀统治下，城市扩张表现出突破城墙阻隔的趋势，新旧城区的调整与扩张，让近代商业金融中心逐步成型，市政建设开始萌芽，近代城市交通网络也在进行建设，并向西部、内部陆地扩展。

　　这一时期的重庆受到当时社会历史大环境影响，政治动荡、管理者更替频繁（这一时期的中国先后历经了清王朝、帝国主义资本势力、革命军政府、军阀、国民政府等多种类型的统治），城市建设难以做到持久连续并具有整体性的规划建设，城市管理者在位时间不定，又受到战争、财力、物力等各种条件约束，城市建设大都只有作短期适应性调整，具有前瞻性的预测、整体功能结构协调的长远定位的建设相当不易，所以近代重庆城市空间拓展表现出明显的不均衡性。

4.1　半岛主城区商业化背景下的拓展

4.1.1　开埠通商推动重庆商业化进程

　　1840 年第一次鸦片战争以不平等条约签订作为结束，英国政府以武力打开了中国广州、上海、福州、厦门等城市作为通商口岸，中国从此成为半殖民地半封建社会。之后的半个多世纪，西方势力在中国国内不断扩张，重庆以自身地理位置和政治军事、商业贸易条件的优越性，一直是以英国为代表的西方国家关注的对象，对外，"重庆……处于中国最大的道路要塞上，这里的河流向各方延伸，这里的交通工具驶向这个国家的各个角落"，对内，"这里汇集了四川省的所有产品并将它们运往各地，同时所有进

---

❶ 彭伯通著 . 古城重庆 [M]. 重庆出版社，1981：9.

❷ （清）张云轩 . 重庆府治全图，1886 年绘，重庆：重庆市地理信息中心 2012 年出版 .

入这个人口大省（四川）的各种必需品也必须通过重庆进入内陆"❶。开辟重庆市场成为殖民势力深入中国西南腹地的重要战略计划，1890年3月31日，中英双方签订《烟台条约续增专条》，规定了"重庆即准作为通商口岸无异"。1891年3月1日，英国控制下的重庆海关成立，标志重庆正式开埠。西方商品、资本以及生产方式进入重庆，促使川东地区农村自然经济开始解体，对传统城市的各方面都形成冲击，城市近代化过程揭开帷幕，重庆逐步成为西南地区近代化程度最高的城市❷。

在中国城市近代化过程中，开埠通商是沿海和长江流域大批城市早期迅速变化的主要动力，这种动力一方面推进了城市的快速发展，对外增强与外部区域的交通联系，实行航运、铁路等交通的构建，在内部则是大力修建马路、沟渠等基础设施，另一方面在本身城市具有的地区经济、文化特性和地区差异性的基础上，进一步加速传统城市空间格局的变迁，强化区域经济、文化发展的差异。❸重庆在这种背景下也开始走向近代化，城市内外空间的拓展和市政设施管理建设的进步最为明显，这两者是城市突破环境的束缚，实现从被动到主动的改变，从顺应环境到利用和改变环境的过程的重要转折，使城市成为更加适合人们社会生活需要的处所。

1. 西方文化对重庆商业与居住空间的影响

开埠经济在重庆沿江和城市核心区地区带来了两种对比鲜明的城市景象，一边是近代商业文明的新兴，一边是传统城区的保守封闭。重庆码头贸易对西方人冲击非常大，传统码头与人力搬运承载起的传统贸易与突然出现的近代西方商业机构、建筑共同构成了开埠时期重庆城土洋混杂的城市图景，两者在内陆城市肌体中共存，并孕育着新的改变，这种改变则取决于政治经济力量的发展方向。

开埠之前的重庆对较早进入中国腹地的西方人英国军官托马斯的印象是"重庆……坐落在高地上，就如其他许多城市，他们的城墙而不是房屋占据了大片面积"❹，防守与封闭在此前是城市的主要特色。开埠后的城市在刘子如《增广重庆地舆全图》和张云轩《重庆府志全图》中都可以窥见繁荣的江岸码头货运场景，英国人立德的文字描述看来也非常立体可感："我久久地站在河水切割成的一个岩石平台（这样的平台有很多）上观看忙碌的苦力队伍为庞大的帆船队装货卸货，帆船上满载着东部、北部和西部的各种物产。一队队搬运工人辛苦地背着未压实的棉花的白色巨大捆包，登上长长的梯级……"❺，货运贸易在码头搬运工人的忙碌场景中得到生动的体现。

城市开埠是列强分割资源、利益争夺的工具，城市中比较好的地段大部分成为西

❶（英）Thomas Wright Blakiston.Five months on the Yang-Tsze[M].Cambiadge University Press，1862.

❷ 隗瀛涛. 近代重庆城市史 [M]. 成都：四川大学出版社，1991：69-98.

❸ 杨宇振. 区域格局中的近代中国城市空间结构转型初探 [C]. 张复合主编. 近代中国建筑研究与保护（五）[C]. 北京：清华大学出版社，2006.

❹（英）Thomas Wright Blakiston.Five months on the Yang-Tsze[M].Cambiadge University Press，1862.

❺（英）阿奇博尔德·约翰·立德著，黄立思译. 扁舟过三峡 [M]. 昆明：云南人民出版社，2001：134.

方势力争夺并占据的开放区，这里也是最先受到西方文化影响的地方。光绪八年（1882
年），英国"驻寓"代表 Alexander Hosie 比较形象而客观地描述了重庆城开埠前时期
的面貌："重庆城建在山顶延伸出的坡上，俯瞰嘉陵江和长江河床。城外没有什么重要
的郊区，站在对面的山头鸟瞰城中，几乎所有的土地都用在建筑上了。……据估计重
庆大约有 20 万人口，也可以称得上是中国西部的商业大都市。因此，领事官员选择在
此定居，以便监管英国在四川的贸易活动。"

在认真勘察地理位置之后，英国领事机构最终将办公地址定在通远门附近、城内
原五福宫一带的制高点，以便窥临控制全城，由于这类机构的聚集，美国、法国、德
国、日本、加拿大等国商人、外交人员不断进入，使此地成为外交领事办公区域，这
一带的街区也就更名为领事巷，为过去作为传统时代宗教教育文化区域的上半城区域
增添了外交行政区功能。此外，朝天门至南纪门下半城白象街一带商业金融区涌现了
许多新建筑，汪全泰商号、大清邮政局、海关等商业和官方机构相继出现在临江的传
统行政贸易区。所以 1905 年日本人山川早水在《巴蜀》一书中记载开埠一段时间之后
重庆城市的内部情况就是："市街除一两条街外，也不会超出中国街这个先例，一概狭窄。
而其所谓之大街，与成都相比，其外观未免有些逊色。只有开放地区可见到外国商店
以及比较大规模之洋式建筑，这是成都所没有的。"❶

在开埠通商发展相对比较深入之后，西方国家建立了更多经济机构，成为城市发
展的新元素。大约绘制于光绪三十三年（1907 年）的《重庆租界商埠图》❷以现代方法
比较准确的如实绘制了开埠后重庆城市的变化，展现了在传统城市大格局没有较大变
化的前提下，不同街区的新内容注入，在城区经济业态和建筑景观上在半岛内部形成
表面的新旧对比，实际上却是城市异质性的空间分化的开始，为新的功能分区进一步
发展作了铺垫（图 13）。

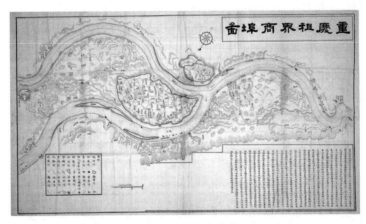

图 13　重庆租界商埠图（光绪三十三年）
（图片来源：西南大学历史地理研究所.《重庆古旧地图研究》.2014 年版）

---

❶　（日）山川早水.巴蜀旧影 [M].北京：中华书局，2007：240.
❷　地图来源于蓝勇主编.重庆市古旧地图研究 [M].重庆：西南大学出版社，2013.

从地图上可以看到传统的城墙与城门位置依然突出地占据着城中重要位置，城中有传统公共类建筑，主要街道、城郊大路错杂分布，清政府的行政办公建筑川东道、重庆府、巴县、川东总镇衙署（门型标志标识者）相对集中，都采取了突出的标识清晰可辨；西方外来的商务机构、领事馆、税关、厘卡等（采用星型标志区分）在这个时期大量出现。这幅地图比例比较准确，对重庆城市中建筑空间的描绘表达具备较强的客观真实性，符合时人眼中开埠之后的重庆"为四川交通实业之中心，华洋杂处，商务繁盛，诚吾国西隅一大市场❶"的实景。

这幅用"西法"绘制的最早的重庆城市地图还用文字对城市开端口通商的经过、外国人到重庆开办洋行和有关税务司、邮政局和领事馆的设立，还有日租界地的划分作了说明。反映了各国在重庆设立办公机构、开设商埠、购买、租赁房屋情况。官方机构领事馆多集中于五福宫一带（日本领事馆例外，位于夫子池地段），外国商行是城市中的新事物，其不同于国内传统行业店铺，以获取西南地区原料资源为目的，同时还伴有近代工厂的产生，这是以往重庆所没有的。商行如日森行、利源行、莱福德行、柏和行等加星标的洋行以及邮政局、税务司和厘卡等穿插在传统时代比较繁华的近江和沿主干道的商业区，甚至靠近城内行政中央集权的地方，一方面固然有基于交通运输成本的考虑，另一方面显然是社会大变动背景下商业张扬发展对行政力量，甚至国家主权挑战的微妙暗示。

2. 开埠通商带来的城市文化生活变化

开埠作为重庆近代城市建设历史上的重要转折点，传统农耕时代相对封闭环境下的贸易经济出现新发展，政治经济社会因素在城市建设中进一步占据主动，成为影响城市发展的关键。近代资本主义的冲击将中国地方经济纳入西方经济链条，客观上从政治、经济与社会文化各方面对城市建设近代化产生了很大冲击，外来政治经济力量强大的推动性与辐射力使城市在规划布局、交通条件、建筑形式等具体外在形式上都在产生变化，并逐渐波及城市文化、民风民俗等精神层面。

最早的西方文化传入来自于教会力量。明末就有意大利和葡萄牙教士在成渝两地传教，清康熙三十五年（1696年）开始就有法国神父在重庆城定远坊杨家什字建立天主教堂，康熙四十一年（1702年），罗马传教士毕天祥、穆天池又在华光楼购买民房作教堂❷，康熙四十六年（1707年），因尊孔祭祖之争，清政府禁止天主教在中国传播，几年后有所松动，雍正时期外国传教士到重庆的数量又逐渐增加。开埠之后，天主教会势力进一步扩展，重庆城内教堂已多达十来家，比较出名的有七星岗若瑟堂、九块桥福音堂、米花街警世堂、放牛巷基督教堂、蹇家巷真原堂、二仙庵仁爱堂等，并且教会开办的医院、学校、红十字会也遍布城中。这些完全不同于中国传统文化的机构

---

❶ （民国）唐式遵，重庆商埠督办. 重庆市政计划大纲 [R]. 重庆商埠汇刊，1926.

❷ （民国）向楚. 巴县志选注 [M]. 重庆：重庆出版社，1989. 卷5. 礼俗·宗教：307.

和标志性建筑的出现，打破了国内此前关于教育、医学和信仰等方面的禁忌，带来了全新的社会思想观念。

西方文化观念使中国传统城市生活风气随之得到开化，渗透到城市市民日常生活中。重庆在社会生活较之于盆地内其他城市方便得多，从很多细节上开始向现代文明靠近，如日本人山川早水就记录了当时在供职的成都无法进行西服干洗，必须邮寄到重庆才得以解决的琐事，显出重庆在生活方式西化方面已经走在了成都之前。在外国人及其生活与思想观念冲击下，重庆的社会风气也在变化，妇女地位的改善得到重视，重庆城中的妇女从这个时期开始享受到教育和解放双足的待遇，如 20 世纪初，重庆《广益丛报》就不断宣传重视女子教育，城中的女学会也开始设立女师范。在倡导天足方面，英国人立德夫人就在《穿蓝色长袍的国度》中详细记载了自己在重庆如何开展倡导放脚的工作❶。重庆近代教育也随着 1891 年开埠而开始起步，城市文化开始由封闭走向开放，西方的工业文明、民主思想随着洋行、商品一起进入重庆城市生活。

开埠是重庆城市与西方文化真正实质性接触的开端，西方人对有关中国内陆城市建设的很多细节都提出了要求，细致到对城市生活用水、市政道路、生活照明管理，较长时间寓居重庆的立德夫人在自己的《穿蓝色长袍的国度》、美国人盖洛在《扬子江上的美国人》❷等书中分别一再提出西南地区城市应该思考改善城市设施、接受西方生活习惯的改进意见，在客观反映老重庆诸多不适应近代社会发展要求的细节之时，也对重庆城市近代化建设进行了思想启蒙。由于市政改造工作需要花费较大的时间与人力、资金成本，需要较大资金投入的公共性基础建设有赖于政府力量统筹，因此重庆的市政交通改善是在建市之后才真正得到官方组织推行，西方人在开埠时期的城市市政与公共管理建议此前多止于理论探讨。

随着西方文明进入重庆的新事物一是城市新形态的建筑，丰富了城市建筑的形制与细节，带来了建筑礼制上的突破；二是推动城市近代化发展，促使市政建设起步，急需城市街道、街区交通组织的重新调整，在传统时代已经稳固很长时间的老城区内部酝酿着新的空间内容。

开埠后西方传入的新式建筑较早出现在沿江口岸区域，如白象街一带的海关和美商大来商号（后转为中国民族资本江全泰号）都采用了欧式建筑形式。其中保留至今的大来商号（江全泰号）中全新的欧式古典建筑造型成为白象街突出的地标，采用了火焰尖顶、西式廊柱、砖砌叠涩花台等细部造型，和川东建筑形成很大反差❸，不过西方人在采用西式风格和技术设计时也同时注意融入川东传统元素，使这些西方机构设置在冬冷夏热、潮湿多雨的重庆地区得到更好的使用，这在无形中也启发了新的城市个体建筑变化。❹如较早修建在重庆市南岸滨江地段的法国水师军营，是法国人建在

❶ （英）阿奇波德·立德. 穿蓝色长袍的国度 [M]. 王成东，刘云浩译. 北京：时事出版社，1998：301-323.
❷ （美）盖洛. 扬子江上的美国人 [M]. 清史编译丛刊，2003.
❸ 舒莺. 远去的记忆——不可错过的重庆建筑 31 处·汪全泰号 [M]. 重庆：重庆大学出版社，2009：15.
❹ 舒莺，金磊，周荣蜀主编. 重庆地域建筑特色研究 [M]. 北京：建筑工业出版社，2015：2.

长江上游担负长江航道上水上警察任务的处所，主要用于供军舰士兵、军官居住，有营房、仓库、修理车间和物资补给站，兵营占地1140平方米，总建筑面积1617平方米。建筑风格中西合璧，是中式阁楼与西式庭院的结合，是早期西方建筑与中式文化的生硬拼凑，还没能十分和谐自然地融为一体，❶ 与之类似的，还有在同一区域的英国海军俱乐部，当时建立主要为英国船舰的官兵服务，建筑采用中西混合式砖石结构，在西方古典建筑常见的拱券、外廊之外，还有中式的窗棂、雕花等构造，两种文化的契合已经比较协调，是开埠时期具有代表意义的建筑。这些典型的开埠时期建筑都采用了中西合璧的方式，表明了开埠时代西方试图走近川东文化，尽可能适应巴渝地方传统，借此便利推行西方文化。

在城市格局上，相对于城市的跨江拓展、江北南岸的新兴繁荣，渝中半岛空间虽然局限于旧城墙内，主要城市功能集中于渝中半岛下半城，城市范围尚未有大规模突破，但在古城内部开始出现一些新的城市形态。如果说最初重庆的政治、经济、文化、商业、民居的城市功能区的分布很大程度上是在自然环境的局限下而被动开展城市规划，那么开埠之后近代西方殖民者对重庆进行利用，选择城市区域进行拓展时人为主观性就要强烈得多，对商业区位、交通便利位置的选择更加具有明显倾向。但是市区内古老的街道市容与近代化城市的发展并未接轨，受到山地特殊地理条件的约束，城区街道依旧是狭窄、陡峭，史料显示开埠初期重庆城区并没有一条像样的公路，交通工具主要是滑竿、轿子，城临两江没有自来水供应，少数公共商业区域才有公共照明——天灯，城市市容不尽如人意 ❷，古老的城市在外部经济的刺激下酝酿着新一轮的变革。

4.1.2　开埠通商刺激半岛城区扩展

重庆开埠通商带来了新的经济发展，西南地区大量从事贸易货运的人口进入重庆，使重庆人口不断增长 ❸，人口压力直接带来城市对外扩张、内部结构调整的压力和动力。原本区域经济的繁荣吸引更多劳动力人口的密集利于满足劳动用工的需求，但是大量在商业区汇集的人口对于城市的商业与居住就提出了更高的要求，古老的重庆城市第一次面对城市形态演变在空间扩展之外、在水平蔓延基础上还产生了由于土地资源位置的稀缺性而导致的局部空间增厚需求，这种城市紧凑程度提高、建筑密度增加的情况是以往传统时代城市所不曾遇到的新情况，成为近现代重庆城市发展过程中的新特征。

另一方面，作为开埠城市，因为租界的建立或西方政治、工商业人士居留等原因，

---

❶ 舒莺.远去的记忆——不可错过的重庆建筑31处[M].重庆：重庆大学出版社，2009：2.

❷ 重庆市城市建设局市政环卫建设志编纂委员会.重庆市政环卫建设志[Z].成都：四川大学出版社，1993：66-68.

❸ 据清嘉庆《四川通志》记载嘉庆十七年（1812年）的人口统计数据为巴县人口为218779人，土地面积3201.47平方公里的土地上人口密度为68.33，到宣统年间（据李世平《近代四川人口》），巴县人口已经达到990474人，3201.47平方公里土地面积上的人口密度为309.38，足足增长了近5倍。

城市面积有所扩展，城市管理、建筑风貌上拥有了改造的先机。❶ 这种变化开始推动城市中的商贸用地迅速扩展，同时也带动相关类型用地的增长，继之而来的是城市内部空间的新调整。

事实上开埠前的重庆传统城市格局在外来殖民者客观看来，一开始城区城市空间就显得非常局促，开辟新城市空间已经势在必行："没有扩张空间，……仓库、会馆、商行、富人与穷人的商店和住宅都局促在陡峭岩石之上或在长江及其北方大的支流嘉陵江之间的半岛上。"❷ "这个城市无法做任何永久性的尺度扩张时，城墙和河边所有狭长的堤岸都被最大化地利用（指沿江的季节性棚户区）。"❸

开埠后西方领事馆、教堂、商号、金融机构等开始在古老的重庆城市内出现。英国人选择重庆作为打开中国西南腹地的重要口岸城市其动因主要在于重庆扼长江、嘉陵江水道的特殊地理位置优势，以重庆为据点，方便轮船进出川江，实施大规模航运。在这样的背景下，江边码头和商业集市的兴盛成为必然，城市中从事各种行业的人口数量亦为之增长。1905 年日本人山川早水在《巴蜀》一书中对开埠之后的重庆城市有这样的记述："城市之面积大约有四平方英里，人口……像重庆这样的城市也可以认为超过了四十万。"❹ 航运经济的发展、外来商旅的商业贸易、居住舒适性客观要求和众多劳动力人口急速增长的情况都已经成为传统重庆城区扩展的巨大潜在压力。

重庆内陆港口的地理位置优越性在开埠后充分凸显，作为西南地区、川内第一商业贸易中心地位在外力作用下得到催化，但重庆城市本身基础薄弱，城市建设显然还亟待改进，要尽快适应近代社会发展步伐赶上中下游同类型城市的发展规模和速度。作为商业、金融、政治文化中心汇集的半岛区域是重庆城首先需要变革的区域，然而外来商业经济贸易动力的刺激和本土社会环境自然发展要求重庆朝真正现代意义上的城市迈进，实际上渝中半岛旧城明显已经很难再提供足够的适宜城市空间和承载更多的发展余地。于是，重庆在开埠之后拓展方向从半岛独荣变为跨江发展，逐渐突破传统时代的半岛区域繁华，转向江北、南岸等地。只不过，这种变化也是一个渐进的过程，一开始的改变还是从半岛内部开始孕育的。

4.1.3　军政时代的主城扩展规划

开埠通商使重庆城市军事防御的主要作用逐渐为商业经济发展所取代，四川地区进出口商货与洋货进口大部分都经由重庆转运，随着进出口贸易的发展，城市扩张成

❶ 郑祖安 . 百年上海城 [M]. 上海：学林出版社，1999：286-302.

❷ （英）伊莎贝拉·博德·卓廉丝 . 黄岗译 .1898：一个英国女人眼中的中国（1898 年）[M]. 武汉：湖北人民出版社，2007.

❸ 摘自清末传教士 Robert J.Davision 和 Isaac Mason 在 1905 年撰写的见闻记述《Life in West China》中关于重庆城市的描述。

❹ （日）山川早水 . 巴蜀旧影 [M]. 北京：中华书局，2007：240.

为时势所趋。1911 年辛亥革命之后,四川军人主政,重庆被作为刘湘重点经营的后方,相对其他城市而言保持了稳定发展,成为西部内陆商埠重庆走上近代城市化进程的开端。

重庆于 1929 年 11 月正式建市,是军人主政时代城市近代化建设的黄金时期,重庆主政者们受到西方欧风美雨洗礼,目睹上海、南京、武汉等城市的变化之后,对于这座长江上游的商业重镇的拓展和进步寄予了众多期望,从杨森开始到潘文华时代,重庆市政建设都是施政者最关心的重要任务。

重庆在这个时期是"三面滨江,一面踞陆,谈开拓者,大抵不外经营北岸及附郭十里内外之荒丘","见闾阎如云而凌乱似丛,新市街迂曲狭隘,难于举步"❶,主政者意识到"欲谋扩大展拓,只有经营对面北岸及附郭隙地两途",所以杨森主政时代就计划"开拓北岸打渔湾至下游唐家沱,拟建堤路停泊轮船,原有旧城商店堆栈悉令迁往"❷,为此还招募外国技术人员筹划开展施工,花费巨大,但随着秋冬洪水泛滥,很快就将一年艰苦修筑的堤岸冲垮,以开辟江北沿江到唐家沱的商业新区,堵截嘉陵江,从上游鹅颈项凿断通汇于扬子江为目的的扩城工程,因为费用巨大难以预计最终随战事而搁浅。1926 年川黔战事结束后刘湘认为重庆城市建设不容再缓,控制重庆后即委任潘文华为督办,开展重庆市政建设。

潘文华任职九年,"一方面谋经济之筹措,一方面为制度之草创"❸,在开埠后外国资本的冲击下开始向沿江、沿海城市学习和模仿,开始重庆城市革新。面对城市紧张、交通不便的现状,以潘文华为首的督办公署认为:"以重庆城厢三十万余人口,仅以高低、斜曲之十三四方里面积容之,其壅挤情事,自难避免。若非另图新区,终无法解决此困难问题也。"然而,自然地形之势带来设计上的困难,"既不能仿照香港办法,另创新基",又要"兼顾市民之居住、财产各问题",采取渐进方略确立四大原则:"1. 积极开辟新市场,以为旧城内小商业及住宅向此地推移之场合;2. 先整理旧城街市,酌量推展宽度,以谋整齐市容,便利交流;3. 公用事业以扶助民营发展为目的,就有基础者,建都其内容,对症施方,徐谋匡济。"❹

在此指导思想下,潘文华革新重庆的建设分三期进行,第一期"以整理旧市场为唯一要义,所有铺面之整齐、街道之清洁、消防之联络、厕所之改良,与夫小贸如何安置,贫民如何救济,教育如何普及,旧有之公园及电灯、电话、自来水如何规划整顿,凡属有关公益,皆当次第举办","城内交通,尤须建筑马路";第二期"注重于新市场之筑建",重点有附城河岸之码头和通达曾家岩、菜园坝之马路❺;第三期拟对江北、

---

❶ (民国)九年来之重庆市政 [R]. 第一编《总纲》,1936. 重庆市规划展览馆翻印.

❷ (民国)九年来之重庆市政 [R]. 第二编《工程建设事项》,1936. 重庆市规划展览馆翻印.

❸ 潘文华. 重庆商埠月刊·序 [J].1927.1(1).

❹ (民国)九年来之重庆市政 [R]. 第一编《总纲》,1936. 重庆市规划展览馆翻印.

❺ 宣布办理商埠方针 [R]. 重庆商埠汇刊,1926.

南岸开展扩充新区建设❶。

整个规划计划是以旧城改造为先导，再通过修筑马路，拓展新市区和对江北、南岸的市区进行扩充。经过不到十年的建设，半岛内部改造随着交通干线的延伸向以西腹地新区发展，城市空间得到新拓展，母城布局也逐渐由原来单一的下半城政治经济文化中心开始向下半城商贸交通运输、上半城政治文化商业转换的双中心结构转变，沿江的江北、南岸得到进一步开发。

4.1.4 旧城改造与新市区扩建

重庆开展近代城市建设对市区界限进行了界定。此前，重庆警察厅专以城厢为管辖区，没有明确的界定，民国 10 年（1921 年），杨森执掌重庆商务督办，没有正式划区，只以重庆主城区原来管辖范围的巴县城区和江北县城附近一带为对象，潘文华上任后重庆市政厅经市政会讨论，暂定重庆上下游范围如旧，建设范围在南、北两岸略有缩减，其上下 30 华里之地为市区。❷

重庆城市建设分期发展，首先是"整理旧街道，使市场宽展"，创建公园，其次是对江岸水道交通加以维修，兴建嘉陵、朝天码头，同时开辟新市场、兴建城区马路干线❸，以此摆脱环境狭隘、交通艰难的束缚，在此基础上开展公共事业，对公共治安、市政建设、增加就业、推广教育和公共卫生等采取措施，筹办自来水、电灯电话、公共公园等娱乐场所❹，并不断推动南岸、江北沿江两岸的城市建设。

整理旧街市、扩建新市区是军政时期重庆城市市政建设的第一步。此时的重庆"为长江巨镇，商务殷繁，年来船舶交通，万商云集，华洋杂处，户口增加，而渝中又因形势崎岖，地面狭隘，以故市场有人满之隐患，城内无空隙之地基，凡中外之商人挟货而来，欲就埠内以经营商业者，每苦难觅一隙之地。……职署综例理全埠市政，负有整顿市场之责。"❺ 商业繁盛而城区地势有限是政府最头疼的问题，所以为便于商业经营的拓展，分旧街、新市场、沿河、城门四部分整理规划逐步来突破解决交通瓶颈限制。

政府对整理旧城区和开辟新市区实行两步并行，"一则辟荒，专事建设，一则革旧，难免破坏"❻，主要工作是整理沿江分布滩地和拆迁坟地工作。沿河区域的改造重在将管理混乱、妨害治安的沿河码头棚户区加以改造清理，"于民国 19 年，根据现行法令，

❶ 潘督办欢宴各法团宣布署内各组织及筹商组织收支局参事会纪要 [R]. 重庆商埠汇刊，1926.

❷ （民国）向楚. 巴县志选注 [M]. 重庆：重庆出版社，1989. 卷 18：801.

❸ 潘督办报告朝天嘉陵两码头经过情形以及以后推行市政之步骤 [R]. 重庆商埠督办公署月刊，1927.7.

❹ （民国）向楚. 巴县志选注 [M]. 重庆：重庆出版社，1989. 卷 18：800.

❺ 呈川康督办公署为开辟本埠新市场拟具本埠新市场管理局简章功簧请备案文·二六年二月 [R]. 重庆商埠督办公署月刊，1927.1.

❻ 潘文华. 十五年八月至十六年七月公务报告 [R]. 重庆商埠督办公署月刊，1927.7.

呈奉内政部核准，着手清厘，凡属市区河岸滩地一律收归市有"❶，以拆迁棚户区、建筑赔付等办法逐步实现平整沿河台地，为修建码头工程、增加船舶停靠位置留出空间。

撤废传统城门具有非常重要的现实意义，开门、打墙，突破传统城市的封闭形式是决定城市从近代走向现代化的关键环节，也是在建市之后重庆城市空间内部结构建设转折的重点。"如果说传统中国城市是以四面环绕的城墙定义的话，那么近代城市则是以拆毁城墙为开端的"❷。"城门为交通障碍，今年各地办理市政，首先拆城，广东上海拆城后，即以城沿占地，辟为马路，焕然改观。"❸ 在旧城墙的拆除上也有几种不同的表现，一种是被西方人武力强力突破，比如北京城，一种是商业的繁荣发展突破了城墙的束缚，比如天津，再一种是自发的拆迁，以突破旧力量的束缚，迎接新的社会文明，比如上海、汉口。重庆正是在商业繁荣孕育的力量下，由内部力量开始的城墙城门拆迁，进而迈上了城市近代化的道路。重庆城墙的拆除时期很晚，距离汉口拆城21年，距上海拆城16年，最初城门撤废是杨森时期对临江门的拆除，方便了交通，但是临江门只是一道通江的城门，改革力度不大，所以督办公署将各城门情况分析后，分批拆除："华洋杂处，来往人繁，而各城门类皆狭窄，以至行人进出，时形拥挤，对于交通，深为不便，敝署为便利交通起见，拟将各道城门逐一拆卸整理，以利通行，特先从朝天门着手，定于三月六号动工开拆。"❹ 在此部署下，朝天门、太平门、南纪门等悉行撤废，"就其地势，尽量展宽，上修平台以通马路，下建码头以连河边"，封闭城墙的传统格局被打开。

向半岛西部扩展，建立新市场的计划是城市旧环境所迫做出的选择，整个开辟过程也受到旧风气的阻碍。旧城地面狭小，满布房屋建筑，严重影响消防卫生清洁，但传统社会风气影响下的老城区，一度对街道整理、马路建设充满抵触，重庆商埠参事会就市民、商家集体反对在街道狭窄的城内修建马路会导致商铺极大损失，政府会赔付困难的情况进行了及时反映，使督办署一度缓修城内马路❺。

城区扩展，要在城内通过拓宽街道、改变交通实现非常困难，比较节约又可行的办法是向更广的地方拓展，最初的构思是"经营对面北岸及附郭隙地两途"❻，杨森时代扩江北、通长江的计划因为工程浩大、耗资不菲搁浅，潘文华时期权衡利弊，策划"决定以开辟附郭坟地为宜"，"盖本市由临江门沿嘉陵江达牛角沱，由南纪门沿扬子江达兜子背，袤广近三十方里，大于旧城一倍有奇。荒丘墓地紧接城垣，两面傍水，发展便利，只要将坟提迁，即可化无用为有用"。❼

另一方面，打破传统习俗，将南纪门、通远门外长期以来形成的殡宫墓穴所占区

❶ （民国）九年来之重庆市政 [R].1935 年，重庆市规划展览馆翻印，第二编《工程建设事项》第四章《开辟新市区》.

❷ （美）周锡瑞.华北城市的近代化——对近年来国外研究的思考 [M].天津：天津社会科学院出版社，2002：2.

❸ 潘文华.十五年八月至十六年七月公务报告 [R].重庆商埠督办公署月刊，1927.7.

❹ 为整理朝天门城门交通行将兴工拆卸请将该门附近验卡暂移他处文 [R].重庆商埠督办公署月刊，1927.1.

❺ 参见：咨复商埠参事会为查照来咨缓修城内马路文 [R].重庆商埠月刊，1927.1.

❻ （民国）重庆市政府.九年来重庆之市政 [M].第二编《工程建设事项》第四章《开辟新市区》.

❼ （民国）重庆市政府.九年来重庆之市政 [M].第二编《工程建设事项》第四章《开辟新市区》.

域纳入新市区建立的规划范围，是以往政府所不能为，对所埋"四十三万七千数百余冢"❶实施迁移，通过以军队、警力协助，❷通过坟主自迁、无主坟以仁义冢会购新址改葬，建白骨塔收纳遗骸，建金刚塔安魂超度，并在后期工程建设中给予事主部分地价补偿等方式稳定社会❸，持续开展迁坟，历时六年零七个月，最终为新市区扩建腾出大于旧城区一倍的空间。

1926 年 3 月，新市场管理局成立，即公布《暂行简章》14 条拟定开新市场六区。其中，第一区为南纪门至菜园坝一带，第二区为临江门至曾家岩一带，第三区为曾家岩经两路口至菜园坝一带，第四区为通远门至两路口，第五区为南岸玄坛庙、龙门浩一带，第六区为江北嘴至香国寺一带❹。经过两年的建设，新区次第开辟，逐渐向腹地延伸。临江门到曾家岩、南纪门到菜园坝的新城区落成，并且沿途交通完善，三条干路经由横街支路相连，市场变成井型，形式整齐的新市场区域成型。此时，主城平面宽约 1.5 公里，长约 4 公里，沿长江布局为主。民国 18 年（1929 年）建成，城市比起明清旧城区扩大了一倍左右。❺江北、南岸城区作为新兴市区也因被纳入规划范围得到近代化建设，其城区地位得到官方进一步确认（图 14）。

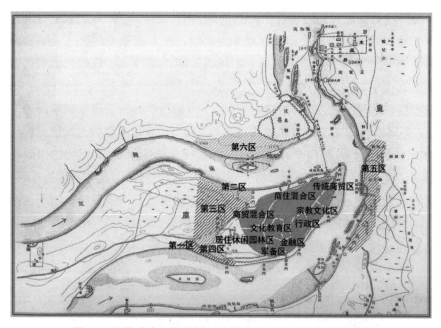

图 14　近代建市后重庆城区功能分区及新开发市区示意图

（图片来源：根据 < 民国 >《陪都十年建设计划草案》有关地图资料改绘）

---

❶ （民国）重庆市政府 . 九年来重庆之市政 [M]. 第二编《工程建设事项》第四章《开辟新市区》.

❷ 参见《重庆市警察总署函件》1926-1927 手写稿，1927 年 7 月，中国第二历史档案馆。

❸ 《重庆市工务统计》第二卷《工程计划》，重庆商埠督办公署，1927 年，南京图书馆藏。

❹ 呈川康督办公署为开辟本埠新市场拟具本埠新市场管理局简章功篑请备案文 · 二六年二月 [R]. 重庆商埠月刊，1927.2.

❺ （民国）向楚 . 巴县志选注 [M]. 重庆：重庆出版社，1989. 卷 18：801.

4.1.5　交通与市政建设对城区扩展的推动

1. 交通干线建设与城区扩展

九开八闭的老城门在旧城区改造中悉数撤废是城市封闭传统衰败的标志，而马路作为新时期城市元素的兴起，则是近代商业发展对封闭的空间格局的突破。半岛内部腹地扩张成为建市后一大趋势，渝中母城向西扩展，形成了 3 个区域：新市区、旧城以及连接两者的马路。

旧城改造工作重在街面拓宽、风貌改造和管理。督办公署于 1926 年对旧城的 300 多条街道进行了整理，先后公布了《本署整理马路经过街道规则》❶ 和《重庆商埠整齐街面暂行办法》，对街道宽度、街面风貌、消防安全、交通牌示进行了治理 ❷；此外，对街面和街区功能进行调整，以保证城市管理的有序进行，如先后颁布《为已经拆卸街道务于阴历年关以前修整完竣文》❸、《为饬整理马路经过街道文》❹、《为朝天门码头修理完竣不准市民在码头搭棚摆摊文》❺、《据重庆警察厅长李宇杭为救济良所原址建修工厂收容东水门四等娼妓文》❻ 等训令，通过如此治理为新旧街区建设的有序管理提供了保障，传统市场与街区得到改善 ❼。

新市区建成后需要将从前荒芜之地变为繁华，一方面原有的上下半城功能街区需要继续保持繁荣，另一方面新城区囿于旧风俗影响，还没有实现最初设想的繁华，虽然具备了远远优于老城区的宽敞条件，但还缺乏足够方便的交通。1927 年，重庆市政府成立新市场管理局，确定以马路修建为重点，带动新开辟的街道片区建设 ❽。1928 年 2 月，市工务局出台《江巴城市测量计划书》，1929 年 6 月又出台《城区商埠经线及纬线马路分期首要计划》，同年 7 月出台《开辟重庆新市区说明书》，提出以新市区三大干线和旧城区交通延伸连接，带动旧城和新区的协同改造发展。很快随着近代马路修筑，以及与之相匹配的交通工具的改进，汽车、黄包车取代了旧式滑竿、轿子，同时公共客运也开始出现，公路两侧便开始逐渐取代沿江地区成为新的热闹区域。

公路交通建设对市场繁荣的重要性很早就为政府所预见，并且对于城市道路是采

❶ 《重庆商埠月刊》1927 年第 1 期公牍第 10-14 页，规章第 3-4 页。

❷ 《重庆商埠月刊》1927 年第 2 期公牍第 40-41 页《布告市民开辟本部新市场特设专局管理文》、《布告市民闭塞新丰巷另于本街 35 号开辟宽阔街道以利交通文》，1927 年第 3 期公牍第 31-32 页《依限迁移沿街电杆以重交通文》，第 23-24 页《令重庆警察厅长李宇杭为本埠居民新建房须请查勘再行兴工文》、《为督饬整理八腊庙巷文》，1928 年第 8 期公牍第 103-104 页《牌示留春幄辟置车马场一案文》等可见重庆市政府在街道治理、市容面貌、市场规范等方面做出的具体措施。

❸ 《重庆商埠月刊》1927 年第 1 期训令，第 17 页。

❹ 《重庆商埠月刊》1927 年第 1 期训令，第 17 页。

❺ 《重庆商埠月刊》1927 年第 6 期公牍，第 51 页。

❻ 《重庆商埠月刊》1927 年第 8 期公牍，第 53 页。

❼ 陆大钺主编 . 近代以来重庆 100 件大事要览 [M]. 重庆：重庆出版社，2005.

❽ 《重庆商埠月刊》1927 年第 2 期公牍，第 40-41 页，《布告市民开辟本部新市场特设专局管理文》。

取"井"形还是螺旋式的规划都有充分认识，并且在公路交通问题上关注因势就形，不拘泥强求合一，为此他们根据重庆地势分析，以朝天门嘴锐角逐渐展宽到牛角沱、兜子背为一线地势作为发端，在此基础上延伸，拓展到教门厅山脊线的二线地形。由于此山脊两旁斜下丘陵起伏，沿嘉陵江一带更是溪谷特多，如顺地形修筑公路难以避免迂回曲折，为解决贯彻交通与迂回衔接原有路线的矛盾，就采取了从一级地势以连环长圈徐徐上升的螺旋式变化和城区支路井字形街道交通连接的规划方式修筑新旧城区公路 ❶。

旧城区内部原城墙范围内有三条（包括沿着城墙的道路）东西方向的主要城市道路，两条南北向的道路，其中东向道路联系着江北、主城和南岸。1928 年市工务局的《江巴城市测量计划书》和 1929 年的《重庆商埠经线及纬线马路分期首要计划》计划结合重庆的特殊地形，构筑与山脉平行的路网交通系统，沿山脊形成中区干线，沿两江的道路分别作为南区（长江）和北区干线（嘉陵江），再以此为主脉，"建筑横街支路，与各干路相衔接……则市场悉成井形，……隙地以供建筑，……此开埠新市场之规划也。" ❷

新马路建设三大干线计划实施自 1927 年起，重庆第一条城区公路占据全市山脊的市中区干道开始修建，路线从通远门七星岗为起点，经过观音岩、两路口、上清寺到达曾家岩，全长 3.5 公里，其中经成都馆插入北区范围，经火烧坡达上清寺至曾家岩段幅员开阔、水路交通便利，为全市之精华地段 ❸，几年后路线逐渐由七星岗延伸到朝天门，成为城区干道，之后南区干道、北区干道相继开工，干道之间的支路中城经路、南城经纬路街、北城经纬路街、后城马路、下河公路等也陆续开始建设，至 1935 年左右，重庆城区公路交通网络体系基本完成修筑。

在城中新市区马路修筑的同时，对外联系公路也开始修筑畅通，用整十年时间完成了成渝公路建设，并且建成四川第一座公路隧道——山洞隧道、第一座公路跨线桥——老鹰岩盘山跨线桥，重庆与外省的第一条连接公路——川黔路，自海棠溪经綦江达贵州的公路也在这个时期建成通车。❹ 经过改造之后，城区内部更加深厚地与周边地区联系在一起，中区干道作为朝天门到大梁子城区老主干道路的延伸，发挥着更为重要的作用，这一时期的城市道路交通不断延伸，使新区城区交通更为便捷，总体特征表现在：

一是与古城外部区域联系的交通扩张。在城内开展新的马路交通线建设外，同外城市外部的成渝公路、川黔公路等对外交通联系路线的建设带动了新旧城区、重庆与其他城市的交通连接，虽然最初是为军事之迫，但最后在商旅行程上体现出了极大便利，同时也进一步推动了交通沿线的发展。

❶　（民国）重庆市政府 . 九年来重庆之市政 [M]. 第二编《工程建设事项》第二章《公路》.

❷　（民国）重庆市工务局 . 重庆商埠经线及纬线马路分期首要计划 [R].1929，6.

❸　（民国）重庆市政府 . 九年来重庆之市政 [M]. 第二编《工程建设事项》第二章《公路》.

❹　（民国）向楚 . 巴县志选注 [M]. 重庆：重庆出版社，1989：671.

其二是内部交通组织的变化。古代城区依山沿水布置道路交通的方式在这一时期依然得到沿用，只是通过支路构架成为井干形，方便新市区拓展，同时还在有利于开展近代城市交通布置的地方引入了西式道路交通系统，如较场口区域的现代环状交通布置格局，较场口原本是军队操练的场所，在解放碑商贸中心逐步确立时期，较场口有一块比较平坦的地方，正好是上下半城连接点，围绕这个中心地带布置交通交换枢纽，建立四周发散、通往上下半城的分支路线十分方便，也大大促进了解放碑作为新兴商贸区的发展。这个城区交通枢纽的建立一直得到沿袭，直到现在较场口也是新修的地铁、轻轨路线始发站，在现代半岛城市中的地位一点没有衰减，反而更加重要。

第三是马路建设带动了新开辟街道的片区建设。市政府规划在城外开辟的新市场六区南纪门到菜园坝、临江门到曾家岩、曾家岩经两路口到菜园坝、通远门到两路口、南岸玄坛庙到龙门浩、江北嘴到香国寺❶等地带经过改扩建交通相应便利，带来了更大发展，到20世纪30年代中期，市区内从临江门、通远门到南纪门一线以东旧城区西扩到曾家岩、兜子背一线，新城区增加面积约2倍。在开辟新区以前，除两路口、曾家岩、菜园坝、大溪沟原有居民房屋数百家之外，其余地方在公路未修建前都是野坟荒地，扩建之后都成为新的街区和居民区，抗战前，繁华区域已经由两江沿岸向新修的公路两侧转移，商户林立，新的城区热闹非凡，重庆一跃成为四川"最摩登的城市"。❷

经过新城区扩建和交通建设，新的城市范围得到官方认定，1929年、1932年，21军军部两次分别召集"审定市县权限委员会"和会同江北、巴县等县筹措划定重庆市疆界的工作，最开始决定"利用山脉河流为天然界限，无犬牙相错之争，有整齐分明之便"❸，将上自嘉陵江西岸的磁器镇、红庙子起至黄沙溪、黄葛堡过江达南岸，又自火烧坟横经涂山最高峰顶为限，沿山脉达铜锣峡北，渡江北大万坪起至黄葛沟，抵嘉陵江北岸止。❹1932年冬，确定巴县从红岩嘴经姚公场至小阳洞大江边止，南岸从千经岩沟经南城坪、海棠溪、弹子石到苦竹林大江边，江北则从溉澜溪同德堂庙下起，经县城刘家台、廖家台至香国寺小河边止。江北城区、南岸五渡均划归市府管辖，全市的面积共有187平方公里。❺按民国25年（1936年）市政府《市政一览表》，城区城乡建置明确，主城分五区，其中半岛旧城区为一、二区，第三区为新开发的包括两路口、菜园坝、大溪沟、上清寺、姚公场等在内的三坊，第四区为南岸南坪场、海棠溪、玄坛庙、弹子石四坊，第五区为江北米亭子周边八坊。❻

值得一提的是，城区浮图关以西地区原属荒凉郊区，但随着城市经济发展，原本

❶ （民国）《重庆商埠月刊》第2期，1927年2月。

❷ 《重庆》课题组．重庆[M]．北京：当代中国出版社，2008：23-24．

❸ （民国）重庆市政府．九年来重庆之市政[M]．第一编《总纲》第四章《市区勘划之经过》．

❹ （民国）重庆市政府．九年来重庆之市政[M]．第一编《总纲》第四章《市区勘划之经过》．

❺ （民国）向楚．巴县志选注[M]．重庆：重庆出版社，1989.18．区域：801．

❻ （民国）九年来之重庆市政[R]．1935，重庆市规划展览馆翻印。第九编《团务》第一章《经过》附区坊段表。

半岛以西北只有磁器口龙隐镇一带作为码头而稍显繁华，但随着刘湘占据重庆后在磁器口创办炼钢厂、四川乡村建设学校，带动了周边发展，南岸地区玛瑙溪也建立了四川水泥厂，此外让人瞩目的还有位于嘉陵江畔的普通乡场北碚，以卢作孚民生公司为代表的航运经济发展带来了第一个卫星城镇的建设，经过卢作孚的苦心经营，其作为乡村建设试验区的发展取得了很大成功，不仅拥有与市区间的公路联系❶，还建立了专门的煤矿运输铁路专线。城市在这个时期从渝中半岛主城西部腹地以经济发展为依托，散点扩展，被两江分隔的区域都同时在扩张，江北、南岸、沙坪坝、大渡口、北碚、渝中半岛的市区周围若干片区乡村都有所发展，城市跨江自然分散发展，以江北、南岸城区发展最为突出❷。

经过军政时期改开公路、拆除城垣、兴修码头，市区面积从民国 12 年的 10 平方公里增加到民国 22 年（1933 年）的 93.5 平方公里，六年增加 8 倍有余，人口从 20 万增加到 28 万，至抗战前人口则增加到 47 万有余❸。改变了自秦代以来，巴渝一直落后于四川中心城市成都的状况，"渐入近代都市之初阶"，贸易额猛增，从"光绪十七年之关银二百八十万两而增至民国 19 年之八千六百万两，三十九年中增加三十倍。"❹

随着交通改善，道路畅通，城市内部也产生了很大变化，其中市容市貌改变最明显，城区传统商业区与新市区的高级住宅、行政区出现了很多新事物，"上半城居民较多，下半城则为商业区域。最繁盛之街道，为都邮街、小梁子、陕西街等，商店均为两层以上之洋式门面，建筑雄伟，街市整洁，颇有沪汉之风"❺，"若都邮街会仙桥小梁子诸地，则崇楼夹道，上达五六层。其下柏油路如带一环，行人蚁聚，亦仿佛近代化之都市矣"，"通衢商肆，楼高十丈，窗饰辉煌，百货罗列，观其外表，俨然沪汉模样也"❻。新市区"周围十余里，红楼碧槛……出通远门，至上清寺，又一南京之山西路上"❼，"自大梁子乘汽车出临江门，马路平坦，略无颠簸。城外多达官住宅，宏楼杰阁，稀密相间。"❽新的行政、居住与商业空间在交通建设基础上从距离上产生分离，近代城市建设管理者着力打造下的重庆产生了新变化。这当中的发展与城市主政者着力实施近代化城市改造、促进经济贸易发展和人口繁盛的工作密不可分。此后重庆进一步获得发展，成为西南地区近代化程度最高的城市，也成为了当时国内七大商业中心城市之一。❾

---

❶ 隗瀛涛.近代重庆城市史 [M]. 成都：四川大学出版社，1991：462-471.

❷ 据（民国）向楚，巴县县志办公室选注《巴县志选注·市政·名称》载，对于已经日益发展繁盛的江北和南岸，1929 年还专门就管理市政建设而设立了江北市政管理处和南岸管理处机构。

❸ （民国）陪都十年建设计划草案·总论 [R].1946，何智亚、蒋勇主持，重庆市图书馆、重庆市规划展览馆翻印.

❹ （民国）陪都十年建设计划草案·总论 [R].1946，何智亚、蒋勇主持，重庆市图书馆、重庆市规划展览馆翻印.

❺ 薛绍铭.黔滇川旅行记；陈雪村编.山城晓雾 [C]. 天津：百花文艺出版社，2003：95.

❻ 张恨水.重庆旅感录 [J]. 旅行杂志，1939，13：12.

❼ （民国）张恨水.重庆旅感录 [J]. 旅行杂志，1939，13：13.

❽ 李鸿球.巴蜀鸿爪录 [M]. 中国社会科学院近代史研究所近代史数据编辑：近代史资料集 . 总 85 号，北京：中国社会科学出版社 .

❾ 赵万民主编，李旭著.西南地区城市历史发展研究 [M]. 南京：东南大学出版社，2007：165.

2. 重庆近代市政公用事业的兴起

重庆城市的公用事业除了受到近现代时期国内大环境的影响外，最直接的主要原因还是在于适应城市自身发展和城市规模扩大的需要，当政者"念市政事业，为地方自治事业，不得不绵竭绵薄，力图刷新"❶，采取官办与商办结合的方式，"官办由市府募集短期公债办理，商办由市民集资办理。如商绅不办，次系政府责任所在"❷。经过多方资金筹集和招揽留学归来的专业技术人才，重庆市早期市政公共事业从无到有地建立起来。

重庆城市最早的公共事业在古代道路、桥梁交通与早期城市市政建设中都有萌芽式的体现。如在北府城发现的秦汉板瓦、筒瓦和瓦当等建筑构件时还发现了城市排水设施——T形渗水井等排水系统设置，可以看作是重庆地区城市公共事业之发轫。然而重庆具有全局规划意识的城市市政公用事业比较起长江中下游的武汉、南京、上海起步要晚很多。当时重庆虽为一方重镇，但"以重庆城厢三十万余人口，仅以高低斜曲之十三四里面积容之，其壅挤情事，自难避免"❸，城市内部街市混乱，生活极其不便，"下水道无全部联络通沟，时有淤塞，雨时则溢流街面者有之，积潴成河者有之；……各种电线密互如网，填布几满全城；除五福宫附近外，无一树木；除夫子池莲花池两污塘外无一水池；烛川之电灯半明半灭，仅及半夜，用水悉取之河边，满街湿泥；电话仅警厅所设之，五十部尚不灵通。"❹

为解决城市现状，当政者采取了多种方法进行筹划，一方面不惜动用军力、警力来推行城市扩建、街道整治、改善交通和规范城市管理，完善旧城街巷改造治理、新城区公路干线建设与道路桥梁、码头隧道，使城市交通和新市区管理有了较大发展❺，另一方面筹措资金，以借贷、商办、依靠社会社团的方式开办电灯、电话、自来水、路灯等市政环卫事业。1927 年是重庆市级综合城市建设机构专设之始。1929 年市政府工务局成立，负责城市土地测量、河道交通规划、规范建设新旧市场，以及建设和修理道路、桥梁、沟渠、码头等公共建筑，并经营监督电力、电话、煤气、自来水及其他公用事业。在专设机构建立之后，重庆开始了城市内马路的修筑和对外联系公路的修筑，于是城内兴建马路、装设路灯、修筑码头、兴办水电公共事业等，城市市政设

---

❶ （民国）潘文华.重庆商埠督办公署月刊·序 [R], 1927, 1.

❷ （民国）潘文华，商埠督办公署.商办重庆商埠自来水办法大纲 [R].1932.

❸ （民国）九年来之重庆市政 [R].1935 年，重庆市规划展览馆翻印。第一编《总纲》.

❹ （民国）九年来之重庆市政 [R].1935 年，重庆市规划展览馆翻印。第一编《总纲》.

❺《国民革命军第二十一军档案》，《第九卷》，《师级电文》（1927 年，中国第二历史档案馆）载所部直属工兵参与旧城区道路建设，对城西迁坟工作、旧城街道改造更大量借助警力，见《重庆市警察总署函件》1926-1927 手写稿（1927 年，中国第二历史档案馆）资料反映，以及《重庆商埠月刊》1927 年各期均刊登关于警察厅、军队对修建自来水工厂、拓宽道路、整治旧习的文件公牍，如第 2 期警察厅《筑木桥以利行人饬转知本埠本帮帮首到署与庶务科长接洽》、《令据重庆警察厅长李宇杭呈拟夜市治理办法》，第 3 期《呈复国民革命军第 21 集团军司令部遵令筹办中山公园并照拨春秋祭祀费仰祈察核转饬中山祠堂董事知照文》等都可以看到民国时期重庆城市市政管理工作推行较大地依赖了军队与警力。

施从无到有地建立起来，为城市近代化创造了客观条件，也为后来重庆成为抗战陪都奠定了物质基础。❶ 经过较长时间的建设和治理，城市形象得到改观，市内"步辇汽车络绎不绝"，各种新兴生活方式逐渐推行城区扩展，人口也疏散扩展到新的市区。

由于马路修筑，以汽车、黄包车、板车等为主的客货运输工具逐渐增多，增加了流通量和速度，到 1937 年，营运汽车达 73 辆，自备汽车 106 辆，此外还有相当数量的人力车、脚踏车、板车等用于营运，旧有滑竿、轿子大量减少，而对外联系公路通车后仅成渝线上营业公司汽车常年就达 50 余辆，超过全川车辆总数近 3 成❷。

重庆装设路灯的工作在建市前就已经开始，1921 年商埠办事处成立之后，督邮街、陕西街和朝天门、小什字等主城区干道都安装了公用路灯，是城市公共照明事业的萌芽期，建市之后，重庆电力厂落成开始供电，城市电力供应得到保障，路灯事业得到较快发展，1936 年之后全市 80% 的街巷、梯道都装有了路灯❸。

作为公共事业的重要组成部分，水陆交通是展现城市进步的一大重要元素。重庆依山傍水，母城两江环抱，城区除了传统的城区道路保障社会经济交往之外，内外桥梁交通、港口码头、堤防堰塘对城市的对外联系、经济发展都有影响。所以在修筑马路的时候，重庆也兴建了一批码头梯道以方便贸易航运，《巴县志》载："自轮船兴起，万轮停泊起卸货物，旧城门狭甚，不利交通，于是拆毁当街城门，而另建码头，以利商贾，人称便焉。"❹ 第一座轮船码头于 1927 年始建，1937 年完成新改建，嘉陵、朝天、太平、千厮、飞机、金紫、储奇、江北嘴等 8 座轮船码头，利用河岸至货场达马路的自然高差，设石梯若干，中间建有平台以停歇中转，适应了轮船大批量货物进出装卸运输和公路运输的连接。❺ 进一步促进了重庆的长江上游水运交通，其水利枢纽地位得到大力提升。

桥梁在古代城市建设中一直是道路中不可缺乏的一环，越到近水地段需求越大。建市之后首先开辟马路，建桥技术进步，同时道路选线促进了桥梁、码头的进一步发展，和最初的道路一样，古城时期的重庆桥梁主要用于人行和轿马通行，1929 年建市后，开始考虑适应车行需要，在数量、位置分布和自身跨度、尺度、载重负荷、结构体系全然不同，对城市的道路发展影响也各自不同。近代时期重庆桥梁建设进入第二个阶段，即近代桥梁建设时期。这个时期主要根据城市道路、公路建设的需要而建桥，地点分布比较广，但跨径还比较小，总数不超过 100 座，以石拱桥为主，如位于北区干道一号桥就是城市桥梁中开工最早、规模最大的桥梁，5 孔 16 米钢筋混凝土梁桥，建于 20 世纪 40 年代。而建于 1930 年的化龙桥则是重庆第一座公路石拱桥，县属第一大桥❻。

公共事业自来水、电力厂、电话所等是标志都市生活文化程度的重要指标，在这

❶ 隗瀛涛 . 近代重庆城市史 [M]. 成都：四川大学出版社，1991：536.
❷ 重庆市城市建设局市政环卫建设志编纂委员会 . 重庆市政环卫建设志 [Z]. 成都：四川大学出版社，1993.
❸ 重庆市城市建设局市政环卫建设志编纂委员会 . 重庆市政环卫建设志 [Z]. 成都：四川大学出版社，1993.
❹ （民国）向楚 . 巴县志选注 [M]. 重庆：重庆出版社，1989.
❺ 重庆市城市建设局市政环卫建设志编纂委员会 . 重庆市政环卫建设志 [Z]，成都：四川大学出版社，1993：811.
❻ （民国）向楚 . 巴县志选注 [M]. 重庆：重庆出版社，1989，2：82.

个时期也兴办起来。自来水关系民生大计，但所需资金较大，又因不希望公共事业受到私人基本辖制，没有进行举债，而是采取了分期办理的方法，❶督办公署从倡议到建成，历时7年才完成，1929年正式开工兴建自来水厂，克服了山地环境障碍，就地取材制造净水设施，3年后竣工，向市民正式供水，并逐步形成管网，缓解了山地城市沿江取水的困难境地，对城市生活提供了极大的便利。❷重庆电力事业萌芽于民国初年，当时仅有一家烛川公司，专营电灯业务，资本微博兼设备陈旧，还在1929年城市大火中被烧了机器，完全不敷使用，随着城市空间拓展，城市照明和工业用电需求日趋强烈，所以20世纪30年代初，市政府即筹办电力厂，募股并委托设计完成建设，除市区外，江北、南岸两区均总括在内❸，1934年7月电力厂竣工，8月新市区完全通电，11月主城区供电，次年电力公司成立并改为官商合办，扩大了全市电容量，基本满足城市照明用电和部分生产用电。电话所也在重庆建市后正式成立，1930年业务工程告竣，市区实现次第通话，1931年春天，南区过河线沟通南岸与城区，50部磁石式电话机在南岸分所添置，秋天又设置江北过河线，以30部话机供江北市民使用之需❹，到20世纪30年代中期，重庆地区乡村电话已经基本形成网络❺。

于是，经过军阀政府的着力经营，筹措资金和组织专业技术人员，重庆城市市政事业与城市管理制度逐渐建立起来，在实践推行过程中也更新了城市社会生活观念，重庆城市的扩展从纯粹的空间面积增加进入内涵式的深层次建设阶段，对经济繁荣和城市生活提供了更多的便利和技术支持，古代纯粹服务于军事防御需要的修筑围墙、围合空间的粗放式扩展让位于服务经济、提供生活便利的需要。

4.2 跨嘉陵江扩展：江北城的兴起

4.2.1 古代江北城发展

江北与渝中半岛一样，自古就是巴渝古城历史上重要的政治经济文化活动中心，且"权扼要之地，全蜀襟喉系乎于此，然非江北一巨镇跨山枕水，为之控驭扼塞，则巴渝锁钥未见峥嵘耳……属郡城之半臂，实渝城之全胜"❻，自古地形险要可见其重要。

江北地处嘉陵江汇入长江口北岸，南以嘉陵江和半岛南城划界，北邻观音桥、三

❶　商埠通行计划书：重庆商埠自来水计划之解说[R].重庆商埠督办公署月刊，1927，2.
❷　见1932年督办公署《商办重庆商埠自来水办法大纲》、《重庆自来水计划之解说》、《自来水工程计划书》等.
❸　（民国）九年来之重庆市政[R].1935，重庆市规划展览馆翻印.第三编《公用建设事项：电力厂》.
❹　（民国）九年来之重庆市政[R].1935，重庆市规划展览馆翻印.第三编《公用建设事项：电话所》.
❺　张瑾.权力、冲突与变革[M].重庆：重庆出版社，2003：185.
❻　（清）道光.江北厅志[M].中国地方志集成·四川府县志辑5.成都：巴蜀书社，1992，1.舆地.

洞桥，东临长江和南岸隔江相望，西接刘家台，自永平门向东，以单面坡向长江方向倾斜，嘉陵江"从简家梁处流入江北境，下流至猫儿石溪沟前铺开成为急水浅滩，过此，主流折南偏绕李子坝至牛角沱，于北岸形成红砂碛。至陈家馆簸箕石处，江水又为岩石阻挡，主流南泻大溪沟，沿临江门、千厮门至朝天门注入长江，北岸刘家台至江北嘴之间形成碛坝。"❶ 在这块地势平坦的河流要冲，有适合人类生存的自然环境基础，自古就是巴渝地区主要居民定居点之一，在两三万年前的新石器时代就有巴民在此生息繁衍，在渝中半岛形成居民定居集中点之时这里也有相应的居民聚落活动痕迹，并且由于其位置较为特殊，巴国都江州时代此地就建滩城以驻防，形成防楚攻巴的一道防线❷，考古发掘的信息也揭示了江北在地理位置与城区发展方面很早就已显示出一定程度的城区地位。

秦汉时代北府城建立，进一步凸显了江北在地理环境、经济发展方面具有的优势，是官方跨江驻管之始。《华阳国志·巴志》载："汉世，郡治江州巴水北，有柑橘官，今北府城是也，后乃还南城。"❸ 考古发掘也显示在江北嘴至相国寺一带有较多的秦汉建筑遗迹和建筑材料，成为嘉陵江北岸和长江、嘉陵江交汇处的半岛东部都可能是城市区域的实证，而江北地区管理自两汉开始就一直隶属巴郡，魏周以后江北明令为重庆府巴县之江北镇❹，分疆设邑的趋势很早已见端倪。

4.2.2　传统商业推动与近代社会经济背景下的江北城拓展

实际上自汉唐到两宋，江北都有较好的航运交通经济基础，明清时期已经成为比较成熟的过往船舶停靠、货物中转的集散地。从《舆图》中可见，江北有长江、嘉陵江交汇的良好位置。受长江主流水势的影响，嘉陵江水向北回流，出川的粮船、盐船都要到江北城打渔湾一带避风浪。石墙下的巨石也就成了船只停靠的码头，自古有唐家沱、梁沱、木管沱等港湾，具备良好的码头停泊条件，如梁沱（观音沱）就有"左观音梁绵亘江中，右岸石壁陡立，迤逦江岸，夹束江水，宛然洞然，冬闲水落石出，梁内聚水，名观音沱，俗称梁沱，商船可于此避风浪"❺ 之说。

航行长江的船在打渔湾、江北嘴等地汇集，出渝的盐船停泊，货商、船工靠岸，码头也就自然形成集市和集会场所。明清时期，两江沿岸古渡码头多达19处，沟通重庆与各地经济联系，商旅不断，唐家沱、寸滩、江北城、刘家台、香国寺、董家溪、猫儿石、石门、桂花园等几乎全是岸坡，汇集了大多数木船停泊的简易码头。作为沟通重庆

---

❶　重庆市江北区地方志编纂委员会编. 重庆市江北区志 [Z]. 成都：巴蜀书社，1993：543.

❷　李膺《益州记》载："过金紫山，有古滩城，为巴子置津处"。宋人王象之引入《舆地纪胜》："古滩城在县东七十里江岸，相传巴子于此置津立城，因名焉"。表明古滩城是巴人为管理、守护渡口所筑的防护堡垒。

❸　（晋）常璩著. 刘琳校注. 华阳国志校注 [M]. 成都：巴蜀书社，1984：61.

❹　（清）道光. 江北厅志 [M]. 中国地方志集成·四川府县志辑5，成都：巴蜀书社，1992，1.舆地·沿革.

❺　（清）道光. 江北厅志 [M]. 中国地方志集成·四川府县志辑5，成都：巴蜀书社，1992，1.舆地·沿革.

与各地经济联系的港湾码头，枯水季节岸上就会形成江岸市场；江水上涨，市场随之散去。水涨而散，水枯而聚，这种随江水变化而消长的市场方式，自明代就已形成，历经几百年发展一直是热闹的集市和场所❶。除江岸外，江北东部、北部也逐渐形成了较多如兴隆场、鸳鸯场、复兴场、木耳场、凤凰场、悦来场等场镇。明、清先后于此建置江北镇、江北厅，民国初年又设江北县的治所，其址都在江北旧城（图15）。

图15　半岛南城与江北厅共处的双城格局
（资料来源：《增广重庆地舆全图》）

由于江北与南城隔江而处，带来官方施政、处理民事不时因夏季嘉陵江水涨溢而导致交通中断，产生诸多不便，最初于清乾隆三年（1738年），重庆府以同知一员设同知署于重庆城内白象街二府衙署，署理江北镇政务，由于镇地处要冲，日常事务处理常因江水涨溢而多有不便❷，乾隆十九年（1754年），江北已发展为纵横三里有余，街巷数十，具有相当的规模。❸这一年，江北镇同知衙门从白象街移驻江北城弋阳观下，分巴县置江北厅，城区行政设置始跨嘉陵江南北，沿江发展的新格局得以奠定。❹

由于江北厅所在具有自然山险与水道之防，"右有涪水合流，前有岷江环抱"❺，所以厅自设立之后没有建城垣，后因清嘉庆三年"教匪扰及厅境署"，同知李文集组织居民筑土城，东北依山，西南傍水，有岷江、问津二门，但其后夏季涨水淹完至倾颓，后道光十三年（1833年）官方集资开始修石城，陆续筑金沙、保定、觐阳、汇川、东升、

❶ 重庆市江北区地方志编纂委员会编.重庆市江北区志[Z].成都：巴蜀书社，1993：260-261.
❷（清）道光.江北厅志[M].中国地方志集成·四川府县志辑5，成都：巴蜀书社，1992，1.舆地·沿革.
❸ 隗瀛涛.近代重庆城市史[M].成都：四川大学出版社，1991：461.
❹（清）道光.江北厅志[M].中国地方志集成·四川府县志辑5，成都：巴蜀书社，1992，1.舆地·沿革.
❺（清）道光.江北厅志[M].中国地方志集成·四川府县志辑5，成都：巴蜀书社，1992，1.舆地·沿革.

问津、文星和镇安八门，城依山势，建城墙 5 里 7 分，周长 1010 丈（图 16），直至民国潘文华时期下令拆除城垣，以石料修建沿江堤岸。

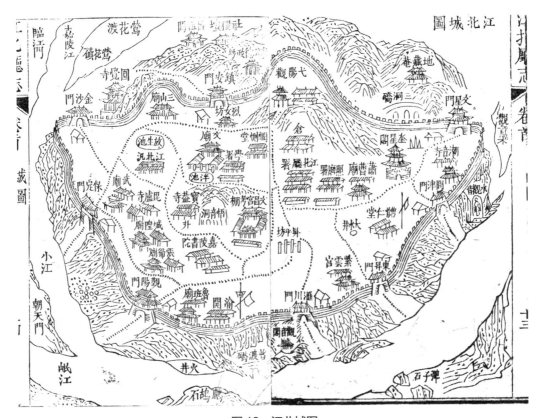

图 16　江北城图

（图片来源：＜道光＞《江北厅志·城图》）

江北城一度"商号遍地"，商贾云集，每年枯水季节，沿江码头棚房林立，交易频繁，形成闹市。自重庆 1891 年开埠之后，江北城码头水岸成为重庆重要的通商口岸，频繁往来的食盐、粮食、山货、木材等交易商品充街塞巷，岸上最繁华时，从三洞桥至打渔湾将近有 6000 余家商家。❶

江北城随着嘉陵江北岸经济商贸经济发展繁华，通过清代行政管理机构的设立与沿江城池的修筑，确立了和江对岸半岛协同发展的态势，重庆主城跨嘉陵江的组团格局确立（图 17），以至于开埠前后来到重庆的西方人十分确定地描述为："重庆由两个城组成，重庆府和江北厅，他们的城都是一级辖区"❷。民国 2 年（1913 年），重庆府废厅设县，改江北厅为江北县。

经过开埠之后，随着西方社会经济文化的传播，重庆军政时期的半岛城市愈发窘迫，

❶　重庆市江北区地方志编纂委员会编. 重庆市江北区志 [Z]. 成都：巴蜀书社，1993：261.

❷　（英）Thomas Wright Blakiston.Five months on the Yang-Tsze[M].Cambiadge University Press，1862.

主政者意识到"欲谋扩大展拓，只有经营对面北岸及附郭隙地两途"，江北以传统时代积累下的雄厚基础一直被主政者所看重，所以杨森时代力图把江北城区建为重庆的汉口，计划"开拓北岸打渔湾至下游唐家沱，拟建堤路停泊轮船，原有旧城商店堆栈悉令迁往"❶，为此还招募外国技术人员筹划开展施工，花费巨大，但是随着秋冬洪水泛滥，将一年艰苦修筑的堤岸冲垮，这个以开辟江北沿江到唐家沱的商业新区，以堵截嘉陵江并从上游鹅颈项凿断通汇于扬子江为目的的扩城工程，因为费用巨大难以预计最终随战事而搁浅，但经历了主政者着力关注的江北城在这种大环境下城区的发展已经和以往大不相同。

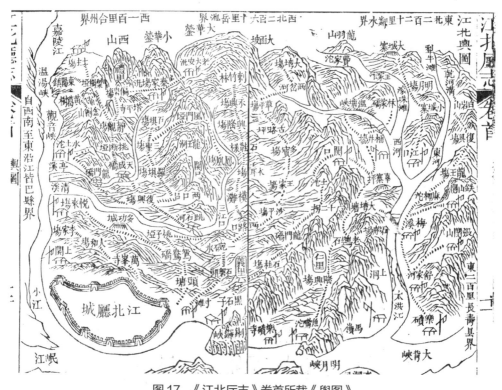

图 17 《江北厅志》卷首所载《舆图》

（图片来源：＜清＞《江北厅志》＜道光＞）

4.3 跨长江扩展：南岸城区的兴起

清末开埠通商到民国初年这段时间对重庆主城而言，是母城传统城市格局向近代化锐变的一个重要转折期，也是城市从孤立的半岛城市向两江四岸多个片区并行发展

---

❶ （民国）九年来之重庆市政 [R].1935，重庆市规划展览馆翻印 . 第二编《工程建设事项》.

的跨江城市新格局的开端。南岸城区也在这个时期逐步兴起。

传统商业的发展推动了主城区跨嘉陵江（小江）发展，带来了江北厅的兴起，而开埠港口与租界地的建立则促进了长江南岸沿线西方资本主义经济的生根，长江南岸一带成为新兴商业经济区，所以开埠之后主城区跨长江（大江），逐渐成为新的城市南岸组团。

4.3.1　南岸城区自然环境与早期概况

南岸地区位于长江与嘉陵江交汇处之南，地势为东北高而西南低，南温泉背斜山地与铜锣峡背斜山地相接，呈西南朝东北走向，纵贯区域全境，境内有平坝、低山、丘陵等地貌组合，低山面积占全区38.82%，丘陵地区面积占全区36.16%，❶适宜生产生活的冲积平坝主要分布在长江沿岸地带，仅占13.12%，由于长江南岸开阔地面积较小，山脉绵亘，虽然江岸较早也有散居的居民点，但沿江岸地区并不具有较大规模城区形成的条件，虽与半岛主城最繁华的下半城一江之隔，但整个传统时代多以自然山水景观名胜著称，位于江面广阔大江一侧，直到明清之际还仅在长江沿江一线分布着稀疏村落，直到近代才随着开埠经济发展而在各渡口码头附近逐渐形成街市，这在近代清末人所绘图中有清晰反映（图18）。

图18　渝中半岛与江北、南岸城区对比图景（张云轩《重庆府志全图》—耶鲁大学版）

---

❶　重庆市南岸区地方志编纂委员会编纂. 重庆市南岸区志 [Z]. 重庆：重庆出版社，1993，第二编·自然地理：76-79.

4.3.2 开埠及军政时期的南岸城区扩展

南岸城区具有戏剧性的变化是在开埠后拉开帷幕的。古代朝天门周围地形巨石环绕，适合传统木船停靠，却对近代大型西方商船不利，而南岸地区江岸正好具有平坦的江滩，虽然没有回水沱提供简易木船停泊的区位优势，但在开埠之后长江广阔的江岸为大型轮船提供了适合的吃水深度和停泊条件，因此自然就成为外国商船停泊的上佳之选。1890 年美商纽约美孚油行在南岸苏家坝开始建造货栈，次年太古、怡和洋行也开始在此设分行。❶

重庆确定正式开埠后，总税务司赫德任命英人霍伯森为重庆关税务司，和川东道兼重庆关监督张华奎勘选海关关址，双方最后勘定，以南岸王家沱为关地，"因该处无房屋可租，暂于狮子湾停泊，租寓开关。"❷ 1891 年，重庆海关正式开关，外关为在城外设卡子房一所，南岸狮子山设囤船验关，在唐家沱设立分关，在地理上的管理范围规定为：长江上游，从南岸黄桷渡土地庙和北岸的城墙西端起，下游从南岸峭角沱铁厂起，到北岸安溪石桥止，全长三英里；嘉陵江从江口上溯一英里止，长一英里。❸

最先在南岸开始设立工厂和购买地皮的是英国人立德乐，这个致力于开发川江贸易开发的英国商人于 1890 年设立了立德乐洋行，并用买办卢序东的名义将重庆南岸龙门浩"九湾十八堡"连亘数里的地皮用永租方式取得用于修建厂房、仓库和码头，1896 年他在这里修建起西式栈房开设了猪鬃厂❹。随着多家洋行逐渐在南岸地区落脚，民族资本家也开始涉足南岸，如川商卢干臣等将在日本开设的森昌字号火柴厂迁到王家沱，美国则开始索要真武山吊洞沟一带矿地。1899 年英国军舰山鸡、山莺号到达重庆，泊于狮子山海关囤船近旁，此后留驻川江，❺ 各国以保护侨民商务为理由，先后派遣军舰来到重庆，游弋于南岸附近江面，各国军舰入渝者 38 艘，其中34 艘泊南岸，英舰泊龙门浩，法舰泊弹子石，美舰泊龙门浩瓦厂湾、玄坛庙，日舰泊王家沱。用于收购原材料和商品倾销的洋行、工厂、码头、货栈在沿长江一带涌现，南岸沿江地区成为西方资本攫取山货、特产资源的重要基地❻，南岸一带陆续得到被动利用和开发。

《马关条约》之后，日本开始插足重庆，获取"一体均沾"好处，南岸襟江背岭，扼东下荆楚水道之咽，控南达滇黔陆路之喉的地理优势让日本在各国对重庆贸易的争

---

❶ 隗瀛涛，周勇著.重庆开埠史 [M].重庆：重庆出版社，1983：212.

❷（民国）朱之洪，向楚等修.巴县志 [M].第 16 卷，交涉：21，选自：中国地方志集成：四川府县志辑 6[M].成都：巴蜀书社，1992.

❸（民国）朱之洪，向楚等修.巴县志 [M].第 16 卷，交涉：19 页，选自：中国地方志集成：四川府县志辑 6[M].成都：巴蜀书社，1992.

❹ 参见《中国近代工业史资料》第二卷，第 395 页及《重庆海关 1892—1901 年十年调查报告》.

❺ 重庆市南岸区地方志编纂委员会编纂.重庆市南岸区志 [Z].重庆：重庆出版社，1993：8.

❻ 重庆市南岸区地方志编纂委员会编纂.重庆市南岸区志 [Z].重庆：重庆出版社，1993：1-2.

夺中看到了地区优势，1901 年 9 月 24 日日本驻渝领事山畸桂和川东道宝棻在重庆订立《重庆日本商民专界约书》，条约规定，重庆府城朝天门外南岸王家沱设为日本专管租界❶，根据规定，日本在南岸王家沱设立租界，此后第二年开始，陆续就有日本商民到此地承租土地，友邻公司、大阪洋行、又新丝厂、武林洋行、日本军舰集会所、日清公司等纷纷在此地设立❷。于是，与半岛隔江相望的南岸除了龙门浩外，王家沱、弹子石地段兴盛起来，法国水师兵营、英国海军俱乐部、利德乐洋行、卜内门洋行等充满异域风情的西洋建筑纷纷建起，南岸滨江地带的西人房屋蜂起，产生了和传统街区迥异的景观。日本人山川早水记下了这种全新的南岸市区环境变化："在扬子江边上市街的对岸，约隔半里的另外一带是山岳地带，地势甚为陡峭，西洋馆所多建筑在这一带半山腰上，其中如法国水兵俱乐部以及侨居西洋人之别墅，皆占有好的地形。崖下水深流缓，是属列国炮舰的碇泊场。"❸

此外，南岸地区的矿产也引起了西方人的争夺，南岸真武山、老君山煤矿矿产成为美国、法国指索目标。1899 年重庆南岸矿务四合公司成立，民族资本家赵资生在五桂石设织布厂等，南岸地区伴着近现代采矿业、工商业的发展从江岸逐渐扩展到更远的腹地平坝区域海棠溪、南坪场等地。民国 4 ～ 5 年（1915 ～ 1916 年）间，在南岸已经设立起警察署，作为以警察岗巡设立为区域界限标准的做法来看，南岸的市区地位已经确认❹。重庆建市之后，民国 18 年（1929 年），市政府在江北办事处改江北市政管理处之外，"因南岸居民渐多，又为轮船往来停泊之所，复增设南岸管理处。"❺于是玄坛庙设立南岸市政管理处，南城坪、龙门浩、海棠溪、弹子石四坊也被划归其管理。1935 年 2 月，撤销南岸市政管理处，正式设立为重庆第四区，年底改为第六区，区公署驻玄坛庙，主城跨越长江发展的局势得到确立，成为重庆市的三大组成部分之一。

总体看来经开埠通商到军政时期建设，重庆城市嘉陵江、长江沿岸都得到发展，城市已经扩张成为三部分，以潘文华为代表的城市管理者以区域为建设标准，指定重庆上下游、南北岸环城三十里为市政区域❻，即便其后有所调整，南北岸成为市区范围的区域界定已经成为共识。长江南岸地区从千经岩沟，经南坪城、海棠溪、弹子石到苦竹林地区大江边的由 21 军军部勘划，确定为巴县市区范围，报内政部呈行政院会议通过转呈国民政府。❼

❶ （民国）王彦成，王亮 . 清季外交史料 [Z]. 北京：书目文献出版社，1987，123：15.
❷ （民国）朱之洪，向楚等修 . 巴县志 [M]. 第 16 卷 . 交涉：26-28，选自：中国地方志集成：四川府县志辑 6[M]. 成都：巴蜀书社，1992.
❸ （日）山川早水 . 巴蜀旧影 [M]. 北京：中华书局，2007：250.
❹ （民国）重庆市政府 . 九年来重庆之市政 [M]. 第四章 . 市区勘划之经过：27.
❺ （民国）巴县志 . 重庆地域历史文献选编 [M]. 成都：四川大学出版社，2011，18. 市政：800.
❻ （民国）巴县志 . 重庆地域历史文献选编 [M]. 成都：四川大学出版社，2011，18：801.
❼ （民国）巴县志 . 重庆地域历史文献选编 [M]. 成都：四川大学出版社，2011，18：802.

4.4 小结

重庆城市近代拓展和传统时代城市扩展最显著的区别在于：政治军事防御不再是城市扩展的动力，商业经济的发展推动城市跨江拓展。近代重庆城市突变时间不长，但五十多年的时间却对传统城市产生颠覆性的改变，具有两千多年发展历史的古城沿江扩展的自然模式在近代商业社会背景下逐渐打破，人为规划对自然山地环境的自主掌握随着技术水平的提升得到实现。

封闭的城门城墙与狭隘的旧城空间、艰难的山地交通限制了社会经济发展，从清末到开埠通商，历经军政时期的九年市政建设，逐渐繁荣的码头经济自然推动，在半岛之外的江北、南岸次第催生城市新区。这一时期主城范围向西拓展至曾家岩往南至兜子背一线，在南北方向上形成地跨两江的城市格局，城市开始形成板块。主城跨两江拓展是这个时期的最大特色之一（图19）。

开埠通商是重庆城市近代化发展的序幕。山地环境的局限和对交通的阻碍已经成为现实问题，外国资本对市场与生活环境的差别选择、传统城市环境对通商经济形成的局限矛盾逐步显现，西方技术与生活观念、文化教育理念初步进入重庆，对城市后来的建设具有启蒙作用。军政时期的管辖使重庆城市的发展步入正轨，山地环境限制城市社会发展作为最主要的社会问题被加以改善。军人政府主持下旧城拆除城门、整治街道、修建公路码头，以及兴建近代邮政、电灯、自来水工程等公用设施，传统时代的旧城内部结构逐渐被改变，近代交通得到发展，新旧城区、南北江岸核心区域得到开发。市政基础设施建设作为城市空间中具有内涵的演变，是近代重庆主城扩展的特色之二。

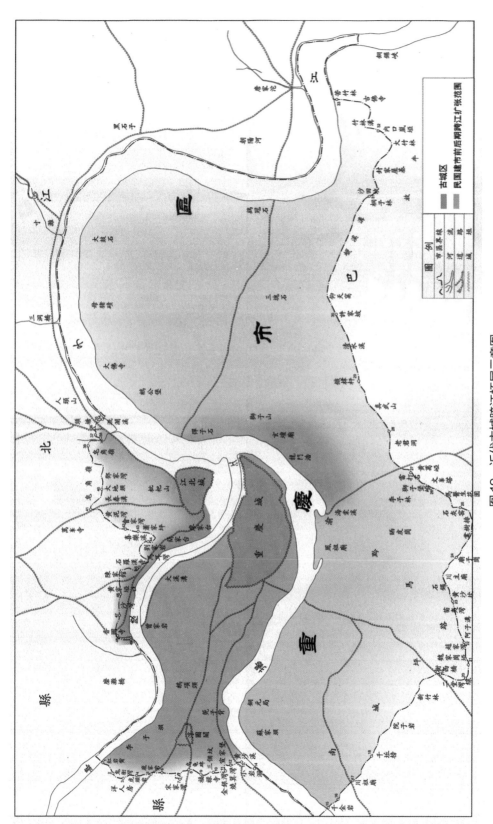

图 19　近代主城跨江拓展示意图

（图片来源：根据《民国》《陪都十年建设计划草案》有关地图资料改绘）

第 5 章

分散扩张：战时首都建设（1937 ~ 1946 年）

自传统时代开始，每一次战争都给重庆城市扩张带来直接影响，是城市发展的直接动力，可以说，没有在战争中重要军事地位的凸显就没有重庆在传统时代的进步。随着近代商业贸易经济的发展，主要依赖水运航务的港口经济为重庆城市注入了新的活力，成为两江城区发展的新动力。但是，战争作为一个特殊因素，原本逐步缓慢走上近代化的城市获得了突变的更大动力。

抗战迁都打断了重庆近代化的正常进程，为城市跳跃式前进，快速现代化带来了强烈刺激。城市人口自抗战迁都之后，从四十七万一度增至一百三十余万之最高纪录，辖区面积亦由数十万公里扩至三百余万公里 ❶，半岛主城区在战争压力下不断调整旧有城市构造，并逐步构建起抗现代武器打击的新军事防御措施，同时，在持续的大轰炸背景下疏散人口，迁建厂矿机关、学校到半岛旧城外的江北、南岸、沙坪坝、大渡口、北碚等区，带来近郊、远郊城区的发展，成为新主城区的组成部分，现代工业区、文化教育区逐步建成，重庆主城以分散为特征散点扩张。

5.1 抗战首都的选择与城市的机遇

抗日战争作为中国历代战争中最大型的战争，对重庆城市发展影响力最大、最深远，这场战争具有完全不同的时代色彩和国际大环境烙印，重庆既是抗战时期大后方又是政治中心、军事指挥中心、经济中心、文化中心，短短八年半时间，带给重庆的城市影响却是空前的，重庆这座经历了几千年历史的巴渝古城，以抗战的悲壮与惨烈书写了城市近代发展史上最为辉煌的一页，其深远影响超过任何时代 ❷。八年陪都时间让重庆城市各方面都产生了翻天覆地的变化：经济结构改变，政治地位迅速提升，社会文化生活急速提升，寂寂无闻的西南内陆城市一跃成为世界瞩目的国际都会，这一时期打下的工商、金融、重工业基础为此后城市的继续发展奠定了坚实基础。

国民政府抗战迁都经历了曲折过程，从南京到洛阳、西京曲折反复，战争形势的催逼将战时首都的重担最终落在了重庆。1931年，"九一八"事变不到半年，日本就攻下整个东三省，1932年"淞沪会战"，日军逼近南京城下，首都危在旦夕。1932年年初，国民政府做出迁都洛阳和长安的决定，但后期战线推进，1933年热河沦陷，华北门户洞开，行都洛阳被置于华北、华中前线临近之地，城市安全难以保全，此前西京建设已同时提上日程，1936年"西安事变"和平解决，国内十年内战结束，统一战线形成，但随着战争形势变化，1937年卢沟桥事变，日本希图"三个月灭亡中国"，

---

❶ 吴华甫.陪都建设展望 [R].陪都建设计划委员会.陪都十年建设计划草案 [R].1946，何智亚、蒋勇主持，重庆市图书馆、重庆市规划展览馆翻印.

❷ 金磊主编，舒莺.中国抗战纪念建筑·重庆 [M].天津：天津大学出版社，2010：53.

国民政府从绥靖妥协走向全面抗战，为防日军自西北攻潼关、越秦岭、入汉中，进而下四川、湖北，灭亡中国，在西部腹地建立核心与大后方根据地成为必然之路，这个地方需要满足战时政治经济、国防、军工、文化教育需要，要交通便利，具有足够的原材料和资源保证，并且具有战争防御的优势，于是重庆作为战时首都的地位便显现出来。

在众多西部城市中，重庆其"重要性远在成都、贵阳、昆明等市之上[1]"，作为战时首都具备优越于其他西部城市的现实条件[2]，一方面是因为深处内陆，地理位置易守难攻，"襟带两江，控驭南北，地位重要，在国防建设上，为西南川康滇黔陕甘等省之吐纳港[3]"，东可出三峡，西可抵成都，南通滇黔，北指汉中，水陆交通较其他西部地区城市更为便利；二是重庆经过开埠后和民国时期的发展，其工商业、市政设施都有了较好的基础，其硬件条件已经在西安、成都等西部大城市之上；三是因为重庆本身的政治环境所决定，其实早在抗战爆发前，国民政府已看到四川潜在的战略纵深价值，认识到"终至四川为最后防地，富庶而地理关系特形安全之省份……是造兵工业最良好的地方[4]"，四川各路军阀在"六路围攻"失败后，各方损失惨重，刘湘求助于蒋介石，接受了参谋团入川，统一川政，政治环境相对西北地区更为稳定[5]，同时自 1935 年参谋团入川后，在四川战略价值的定位基础上经略西南地区，重庆核心地位更加凸显。在多种因素影响下，抗战临时首都的重任就落在了重庆身上。1937 年 11 月 20 日，国民政府在南京宣布《国民政府移驻重庆宣言》，确定重庆成为中国战时首都，国民政府迁都重庆，并于 1940 年 9 月颁布《国民政府令》，宣布重庆作为永久陪都。1945 年日本投降，1946 年国民政府还都南京，1949 年 11 月 30 日重庆解放，陪都地位方告终止。

1937 年 12 月 1 日，国民政府迁往重庆正式办公，军政、文教、工矿业也随之大量迁渝，400 多家厂矿迁入重庆[6]，水、陆、空交通在特殊时期的强力刺激下得到空前发展[7]，重庆的金融和交通因战时工业、商业、金融机构大量设立而激增，重庆地区商业企业数量在抗战期间大幅度增加，行业规模扩大，重庆作为区域商业中心的地位进一步巩固。[8]

战时兵工、民营工业大量迁建，从根本上改变了重庆城市的经济性质，使重庆彻底从商业城市变为工业中心，同时在工厂迁建的基础上极大地扩展了城市城区面积，促进了重庆的乡村建设，这个时期的城市扩张与工业内迁几乎完全同步。这是重庆现

❶ （民国）陪都十年建设计划草案·总论 [R].1946，何智亚、蒋勇主持，重庆市图书馆、重庆市规划展览馆翻印。

❷ 温贤美主编.四川通史 [M].成都：四川大学出版社，1993，第七册：152-153.

❸ 吴华甫.陪都建设展望 [R].陪都建设计划委员会.陪都十年建设计划草案 [R].1946，何智亚、蒋勇主持，重庆市图书馆、重庆市规划展览馆翻印。

❹ 中国第二历史档案馆编.中德外交密档（1927—1947）[Z].桂林：广西师范大学出版社，1990：174.

❺ 蓝勇，杨光华，曾小勇等著.巴渝历史沿革 [M].重庆：重庆出版社，2004：212.

❻ 重庆工商行政管理志.资料汇编 [Z].重庆市工商行政管理局，1988：44.

❼ 参见：抗日战争时期西南经济发展概述 [M].重庆：西南师范大学出版社，1988：221-277.

❽ 陪都工商年鉴 [Z].第 1 编：7.民国史料丛刊 605·经济工业 [M].郑州：大象出版社，2009.

代城市化过程中最大的改变。这种改变的动力得益于国民政府对战时首都建设的高度重视，进而以国防为中心确立了战时经济体制。

中国作为国际反法西斯阵营的重要角色，首都重庆与伦敦、莫斯科、华盛顿比肩，因此国民政府迁都后要求重新拟定建设新重庆计划，使其真正成为名副其实的抗战的政治、军事、经济中心，在组织、行政、具体规划等多方面进行了系列准备工作。

战时首都最早的城市建设计划是 1939 年国民政府立法院公布的《都市计划法》，其中规定了计划区域划分，计划按住宅、商业、工业、行政、文化等类型发展不同的计划区域，同时加强道路系统、水陆交通建设，开展公用事业和上下水道，土地分区使用等，并进一步确定文化教育、体育卫生、防空消防等用地设置，加强自然环境生态保护等，内容比较全面。

其后又有《战时三年建设计划大纲》产生，主要源自抗战空袭导致的政府迁建工作。当时江北、巴县以及璧山、合川、綦江等地成为疏散区，大量机关、学校和工厂迁入郊区，形成新市区地界，面积大约 300 平方公里，是形成重庆大城市的地域基础。迁建委员会为加强统一指挥以安排疏散和人员安置形成会议，通过了行政院 1940 年10 月决定建立重庆陪都建设计划委员会的决议，并编制了《战时三年建设计划大纲》，大纲提出了陪都整建计划，宣布重庆在抗战时期和战后的地位，确定了重庆城市建设的方向和规模，蒋介石在《三十年元旦告军民书》中提出"在抗战中积极新中国成立"方针。在高层政府的高度重视下，计划对重庆城市的市政公用事业着力发展，对中心城区扩大以及城市供电、供水、道路交通、轮渡交通和建筑开发、防空建设、医疗机构等基础设施开展重点建设规划，但是囿于财力不足和种种不利的战时条件，大多数项目没能落实，但却是战后《陪都十年建设计划》制定完善的重要基础依据。❶

5.2　战时首都战略防御与旧城空间重构

重庆特殊的山地环境与长江天险构成的险阻将日军挡在三峡之外，对重庆实施军事打击的方式，常规进攻难以实现，空中轰炸是摧毁城市和中国抗战意志的唯一选择。但重庆秋冬多雾的气候环境使得对城市的轰炸也无法做到持续不断打击，于是在抗战期间重庆出现这样的特殊城市建设情况：雾季无轰炸的期间开展城市建设，修筑防空洞，处理被炸毁损的房屋建筑与街区，到春夏轰炸的时期则疏散到地下工事中，继续开展兵工生产、文化教育和抗战宣传。所以抗战迁都后实施城市建设主要任务在于：一是应对现代化空中轰炸打击战略，构建防御建筑；二是在城市炸毁基础上对旧城空间实施重建。在此基础上，城市空间格局得到很大改变。

---

❶ 周勇主编 . 重庆抗战史：1931-1945[M]. 重庆：重庆出版社，2013：351.

5.2.1　战时城市防空体系的构建

"七七事变"之后，日寇迅速占领上海、南京等长江下游城市，国民政府沿长江撤退，坚守武汉一年半，令日军付出沉重代价，战争进入战略相持阶段。长久持续的僵局对已经深陷世界大战泥泞的日军形势极为不利，"三个月灭亡中国"的梦想早已破灭，但企图通过空中优势摧毁中国政府抗战能力尽快结束战争成为日寇对付中国抗战的又一策略。日寇对重庆的轰炸被正式命名为"战政略轰炸"，是"有意图、有组织、连续的空袭作战，比德意志空军轰炸格尔尼卡晚了约一年，但是，对重庆的轰炸不是一天，而是连续三年，共进行了 218 次"❶，在德意志空军对英国实施"闪电战"期间，重庆已经经历了两个夏天的轰炸，据日军飞行员报告，市区已经"夷成平地"，"五·三"、"五·四"轰炸比英国空军轰炸柏林还早一年零三个月，所以"在历史上重庆作为战略轰炸的目标比任何国家的都早、都长，而且次数最多"❷。

国民政府迁都后，日军就已经在 1938 年 2 月 18 日起，开始对重庆实施试探性空中打击，10 月日军攻陷武汉，又开始对重庆进行正式战略性轰炸，以达到空中歼灭的企图。从 1938 年到 1943 年，日寇对重庆一共实施了长达 5 年半的轰炸，同时还对以重庆为中心的西部昆明、贵州、成都和周边城市相继进行轮番轰炸，妄想使西部未曾沦陷的城市沦为焦土。

从日寇对重庆实施的大轰炸的严重程度看，前后分为三个阶段：第一阶段自 1938 年 2 月至 1939 年 1 月，是试探性的轰炸准备期；第二阶段自 1939 年 5 月至 1941 年 8 月，是猖獗的狂轰滥炸期，制造了惨烈的"五·三"、"五·四"、"八·一九"大轰炸，并发生了"六五大隧道惨案"；第三阶段自 1941 年 9 月至 1943 年 8 月，轰炸减弱并最终停止，源于美国第十四航空队参加中国抗战并逐渐掌握了制空权，使日寇无法再在大西南领空肆虐。❸ 在轰炸过程中日寇是有计划地选取重庆城市中最为繁华、人口最集中的半岛城区作为目标，持续投放的燃烧弹几乎把上下半城的城市基础摧毁殆尽。据不完全统计，至 1943 年 8 月 24 日止，五年间日机"共空袭重庆以及周边区县出动飞机 9166 架，投弹 17812 枚，炸死市民 11148 人、重伤 12856 人，炸毁房屋 17452 栋、37182 间"❹，人民生命财产都遭受极大损失。

面临日寇的空中威胁，国民政府当局就已经预见到构建防空安全体系的必要性，针对国防、民用构建了比较完整的城市防空体系。一方面是建立完善消极的城市防空

❶　（日）前田哲男著．王希亮翻译．从重庆通往伦敦、东京、广岛的道路——二战时期的战略大轰炸 [M]．北京：中华书局，2007：5.

❷　（日）前田哲男著．王希亮翻译．从重庆通往伦敦、东京、广岛的道路——二战时期的战略大轰炸 [M]．北京：中华书局，2007：6.

❸　（英）泰晤士报．社论．重庆之屠杀 [N].1939.

❹　重庆市人民防空办公室编．重庆市防空志 [Z]．重庆：西南师范大学出版社，1994：135.

警报系统，以挂红灯笼和全城鸣响汽笛的方式宣告袭击与警报解除；另一方面是在市区修建防空设施（民用防空洞与防空隧道），在沿江坡地建山洞安置国防、军工生产厂并继续开展战时生产。

市区防空设施建设起步较早，在日寇试探性轰炸前后，在人口稠密地区修建防空洞和防空隧道的工作正式铺开。1937～1939 年累计陆续建成公共防空洞 404 个，私有有防空洞 493 个，防空隧道 20 个，构筑掩蔽室 83 个，防空壕 151 个。❶ 1938 年，国民政府在重庆颁布《防空法施行细则》，解决市区空袭避难场所严重不足的问题，要求修筑公用防空设施，财政部拨款 20 万元，于 8 月正式动工修建防空大隧道❷，由朝天门至通远门，临江门至南纪门，横贯老城区的东南西北、全长 4 公里的防空隧道分 7 段，设 13 处出口，总容量 4 万余人，隧道高 2 米，宽 2.5 米❸，然而由于技术力量不足与管理体系的混乱导致工程进展迟滞，以至于发生了惨绝人寰的"大隧道惨案"事件，但总体看来，防空洞和防空隧道的建设依然发挥了战时避难的作用。此外，国民政府与重庆市政府倡导、组织市民挖建民用防空洞，现存在背靠鹅岭山、面朝嘉陵江的鹅岭山脉两侧、沿江公路内侧尚保留了大量的民用防空洞。截至 1944 年，市属 18 个区累计建成的公共和私有防空洞 1825 个，防空隧道 2830 米❹据有关学者统计，1937 年全市防空设施可容纳的避难人数仅 0.72 万人，1945 年则达到 45 万人。❺从官方到民间的市区防空设施对避难人数的容纳在轰炸期间发挥了较好的保护作用。

防空洞同时为军工生产提供了安全场所，但作为军工生产需要的防空洞多修筑在两江四岸的坡地及川黔公路沿岸。由于抗战内迁的兵工署所辖企业都是沿长江航道入川，所以在交通条件比较局限的背景下，就近在江岸复建是大多数兵工厂的选择。由于大多数江岸坡地地质构造坚硬，适合打造掩体、山洞躲避空袭，为此，沿长江、嘉陵江岸形成了沿江山洞兵工工业带，从江北唐家沱、陈家馆、忠恕沱、郭家沱到南岸纳溪沟、王家沱、铜元局、鹅公岩至双碑、大渡口、铜罐驿、詹家溪都成为兵工企业分布的地段❻，并成为战时重庆城区进一步扩张的核心依靠。

5.2.2　城区火巷建设与主城交通的完善

防备日军空袭除了被动躲避之外，整个城市还必须面对轰炸后的城市街巷、建筑被火灾、爆炸所毁损的破败场面。渝中半岛作为日军早期轰炸的重点进攻目标，上下半城城区几乎被完全摧毁，从废墟上重新站立起来的城市战时建筑的重新修建更加注

❶ 重庆市城乡建设管理委员会，重庆市建筑管理局编.重庆建筑志 [Z].重庆：重庆大学出版社，1995：140.
❷ 周勇主编.重庆抗战史：1931-1945[M]，重庆：重庆出版社，2013：366.
❸ 黄晓东，张荣祥主编.重庆抗战遗址遗迹保护研究 [M].重庆：重庆出版社，2013：215.
❹ 重庆市城乡建设管理委员会，重庆市建筑管理局编.重庆建筑志 [Z].重庆：重庆大学出版社，1995：140.
❺ 黄晓东，张荣祥主编.重庆抗战遗址遗迹保护研究 [M].重庆：重庆出版社，2013：217.
❻ 重庆市文物局编.重庆市第三次全国文物普查重要新发现 [Z].重庆：重庆出版社，2011：261.

意对防火安全的处理，以尽可能地减少轰炸、火灾造成的损失。所以，街区火巷的建设是陪都初期城市建设的一项重点工作。

重庆旧城区受山地环境局限，长期以来狭隘的旧街中集聚大量人口，房屋鳞次栉比，非常稠密，自古山城"地势侧险，皆重屋累居，数有火害"，到民国时期"通衢如陕西、都邮各街，仅宽 10 余尺，其他街巷尤狭"，"火警易生，蔓延极广，且每于灾后搭盖临时捆绑房屋，次序凌乱倒塌堪虞⋯⋯"❶，"屋舍重叠，灯光毗连，炊烟既密，易召焚如故，渝人大患厥为火灾，遇有失慎，辄逾千家，一年而被火灾数次者有之，十余次者亦有之"❷，经过军政时期的九年市政建设，对旧街区防火安全进行了改造，"对全城街道繁华平缓者⋯⋯决定展宽，建筑马路，其余街道⋯⋯派指导员沿街指划，其整理要点，不外折退台阶，锯短屋檐，改修凸出之建筑，取消栅栏，撤宽火墙，拆卸爬壁房屋"❸。

尽管自宋代里坊制度逐渐废除，具备防火功能的高大坊墙被开放的街道所替代，密集的街巷隐藏的消防危机很快得到重视，北宋时期官方提出开辟火巷（又称"太平巷"），要求在几幢建筑物之间以火巷间隔以防备火灾侵袭，对街道拓宽和公共开敞空间客观上形成更高要求。火巷制度为元明清所承袭，形成传统街区传统制度。民国市政建设时期的旧街改造中就非常重视这一问题，对火巷建设予以充分保障，如储奇门金竺坊街区灾后重建，官方根据其地形进行勘测，充分考虑火灾、洪水之患，规定"沿江堤路只能选定后街，故于规定火巷起头处，将堤路让出二十英尺，即可依然横延建筑，后街至火巷⋯⋯平均分派，定出火巷三道。"再经与市民协商、报督办公署决定，调整按南纪门火灾区办理，针对地盘狭窄的事情改为留出两道火巷，不妨碍堤道建设，并保障解决防火要求。❹

经过类似治理，至民国 24 年（1935 年），火巷作为防治火灾的隔离措施和重要疏散通道，增强了重庆人口疏散能力，对缓解旧城火灾侵袭带来的市民财产与人身安全起到了一定作用。但这样的治理仅仅只是基于对正常时期生活的改善，在战争轰炸中人口聚居地稠密的市区房屋是被集中打击的目标，远远不能满足战时防空与防火的需要。

随着重庆成为战时首都，大量内迁人口造成城市人口急剧膨胀，大部分人汇集在半岛旧市区内，城区原本就已狭窄不堪的 9.3 平方公里的空间，随着人口的暴增而更加拥挤，城区卫生、防火安全等城市问题特别突出，因此，开辟火巷成为战时重庆旧城区建设最主要的内容。重庆市疏建委员会利用雾季开始筹备火巷建设工作，1939 年 4 月，疏建委员会就提出城区内从速开辟火巷，限当月十天内开始对影响安全的街区加以拆除，所需费用分别由政府和业主承担一半。❺

❶ （民国）九年来之重庆市政 [R].1935 年，重庆市规划展览馆翻印 . 第二编《公程建设事项：整理街区》.
❷ （民国）九年来之重庆市政 [R].1935 年，重庆市规划展览馆翻印 . 第四编《社会建设事项：赈济水火灾》.
❸ 十五年八月至十六年七月工务报告 [R]. 重庆商埠督办公署月刊，1927，7.
❹ 公牍《为转饬储奇门金竺坊警署署街正按照规定督饬办理文》及回复，《重庆商埠督办公署月刊》，1927 年，第 7 期。
❺ （民国）九年来之重庆市政 [R].1935 年，重庆市规划展览馆翻印 . 第二编《公程建设事项：整理街区》.

　　1939 年"五·三"、"五·四"轰炸，两天之内炸死市民 3991 人、炸伤 2323 人，毁灭房屋 3686 栋、1185 间 ❶，财产损失难以数计，重庆一度繁华的市区立即变为断壁残垣，5 月 5 日，蒋介石立即召集在重庆的党政军各部采取措施，紧急处理，从速执行开辟火巷措施，增派工匠，调增火巷数量 ❷，经过日夜赶工，旧城区"共开辟的 15 公尺宽火巷马路 14 线，计 6262 公尺；10 公尺宽之火巷 69 线，计 14831 公尺。拆卸房屋面积达 103200 余方丈，共拆除大小平房、楼房 9600 余户" ❸。1940 年 9 月，鉴于防空需要，政府制定了《都市营建计划纲要》，❹ 规定"原有城市的主要街道过于狭窄者应加以放宽，横街较少之纵长街道应多辟横街或多辟火巷。" ❺ 当时旧城区许多新建马路多来源于火巷开辟，并且大多数连接着交通干线，在房屋密集地带穿插，在客观上是对重庆城市道路交通改造工作的促进，许多当时开辟出的火巷通道，战后到现在都还是城区重要的交通路线。

　　最终，经过修整之后的城市马路可以从这张西南出版社于民国 29 年（1940 年）印制的《最新修正重庆市街道图》中得到反映（图 20）。

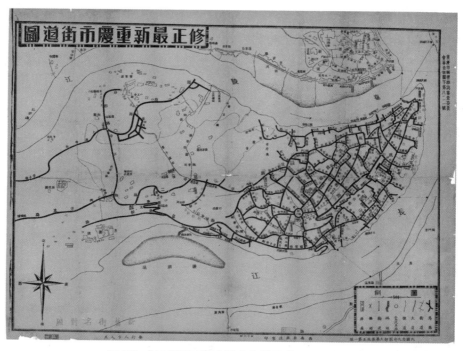

图 20 《最新修正重庆城市街道图（1940 年）》
（资料来源：私人收藏）

---

❶ 据《重庆防空司令部调查 1939 年 5 月 3 日、4 日日机袭渝情况暨伤亡损害概况表》统计，重庆市档案馆，档案 0044-1-82。

❷ 《重庆疏建委员会训令总字第 760 号》重庆市档案馆，档案 0067-5-657

❸ 《廿八年开辟太平巷工作报告》《重庆市疏散委员会工程组拆卸太平巷统计表》，重庆市档案馆，档案 0067-1-1533

❹ 四川省地方志编纂委员会编. 四川省志·城建环保志 [Z]. 成都：四川科学技术出版社，1999：278.

❺ 四川省地方志编纂委员会编. 四川省志·城建环保志 [Z]. 成都：四川科学技术出版社，1999：298.

战时城区道路改造的成果一目了然。可以看到，渝中半岛北部自麻柳湾起，经千厮门正街、猪毛街、镇江寺、新河街、雨金坡、长九门、临江正街，至红十字的沿江道路业已建成马路，而属渝简公路的国府路在这一时期也延伸至三元桥街一带，这表明渝中半岛北部的马路交通在抗战前期有了较大的发展。除此之外，旧城区马路的整体数量有了很大的增加，已呈网状分布态势，整体覆盖率达到 90% 以上。

为打通上下半城交通瓶颈，实现迅速便捷的防灾救灾，开辟火巷之外对交通路线的修整在战时重庆城市生活中同样具有不可忽视的作用，其中最为典型的就是修建贯通上下半城的干道凯旋路，在大梁子山脊上完成螺旋形火巷建设，并实现人车分流，构建出方便快捷的立体道路交通，体现出山地道路时代特色。此外，利用城市遭受空袭、旧有城区被轰炸破坏的机会，政府对以往错杂的道路交通进行有意识的规整，尽可能形成有规律的经纬连通，此前军政时期市政建设无法推进的改造工作在废墟重建中得到实施，并进而完善了旧城区立体化的便捷交通网体系。

5.2.3 战时首都城市空间改造

重庆旧城区作为整个主城的发源地，上下半城的传统格局自明清成型之后一直长期保持旧有形态，开埠时期西方各国与抗战初期内迁的国民政府，囿于交通便利与安全防御考虑，都没有再以旧城的府衙政治机构所在旧地为驻防处。前者选择在城西通远门内领事巷一带城区高地作为驻扎；而后者迁都后的驻地则选择新市区大溪沟国府路一带，显然旧城区交通不便、改造不易，也不利于防御，并且在战争爆发后还是日寇主要的轰炸目标，破坏严重。但是，尽管面对战争对城市持续摧残的局面，国民政府依然没有放弃对城市的重新规划建设。就在战时旧城区开辟火巷、整理道路、重建房屋的过程中，国民政府对首都城区空间实施了改造。

遭受了 1939 年的"五·三"、"五·四"惨烈轰炸之后，仅月余时间，国民政府就颁布了中国近代第一部城市规划法——《都市计划法》，两月后内政部就要求抗战期间遭敌机轰炸的城市，"四川之成都、重庆、自贡；贵州之贵阳；云南之昆明等 20 多个城市均应优先拟订都市计划，咨部核转备案实行，且当重庆、成都、贵阳……原有市区受相当毁坏，正应乘此机会对将来市区复兴"，又提出"事前早定根本计划，此项城市再造之计划并应注意市区之疏落以免将来之损害" ❶。所以在这种精神支持下，战时首都的城区空间得到了改造，主要体现在一是道路建设，二是房屋建筑，三是城市商业中心的转移。

城区道路建设。重庆市区上下半城抗战迁都前建城的马路只有两条，一条是过街楼到南纪门，另一条是两路口经南区马路至菜园坝。城市交通尚未形成网络，出行非常不便。为此，市工务局计划改善市中心交通出行格局，改造南纪门到较场口段马路

---

❶ 陕西省政府公函:奉行政院令饬拟都市计划函请查照办理（民国档案），民国 28 年（1939 年）9 月 16 日，西安市档案馆存。

交通，提升上下半城间的联系。迁都后，因为人口暴增导致城区被动扩容，整个市区商业、金融、文化和日常生活交流日趋频繁，与之密不可分的交通流量也成倍猛增，所以旧交通道路很难负荷，为此需贯穿战前市区干道并延长中区干道直达朝天门，实现半岛内东西全线连通，同时利用打铜街、凯旋路、中兴路等，贯通中、南干道，形成经纬交织的交通路网，从而达到连通上半城与下半城的目的，促进南干道沿线旧城区改造，调整市区整体新布局。

1938 年初，两浮公路开始修建之时，市区三大马路也开始动工，分别为临江门经定远门到劝工局；段牌坊经玉带街、雷公咀和三圣殿到磁器街；临江门沿嘉陵江到大溪沟三段。经半年多时间，各线基本完工，此后继续对城区都邮街、关庙街、较场口、大、小梁子等支马路进行翻修，使城区马路干、支线基本形成，年底渝碚路正式通车，1941 年 4 月，南纪门到较场口之间的马路竣工也开始通车。

1940 年，面对越来越疯狂的空袭轰炸，为指导战时防空背景下的新城市建设和规划，国民政府制定了更为详尽的《都市营建计划纲要》，纲要重点内容为：一是发展市郊道路，二是完善新旧市区的道路。行政院在 1941 年 2 月成立陪都建设计划委员会，召集了一批具有城市规划和建设经验的技术人才，组成陪都建设计划委员会制定"战时建设计划大纲"，组织测绘了旧城区，提出了《重庆市城区街道系统计划》。面对战争对市区的严重破坏，开辟火巷，划定救火通道和不断拓宽马路，有意识地对道路进行分级、拓宽，达到彻底改变传统旧街巷弯曲狭窄的旧况，还对旧街道进行合并和改名❶，这一时期市区新开辟的道路具有鲜明时代特征的道路主要有民生路、和平路、五四路、大同路、中华路、临江路、中山一支路、凯旋路、健康路、两浮路以及重建的沧白路等。

重建房屋。在城区道路重建之时，又在废墟中重建房屋，针对房屋建设，政府提出必须严格执行战时防空要求的规定，必须保持防火安全距离，减少和延缓发生火灾时火势向周边房屋蔓延的概率，对改变旧城区房屋稠密、毗连集中的痼疾有很大作用。

城市商业中心的转移。在城区道路治理过程中，公共活动空间得到重视，并且围绕公共空间的出现形成了新的城市中心。政府鉴于城区以往公共活动聚会场所严重匮乏，并为减少轰炸中火灾蔓延，将连接新旧城区的都邮街十字路口、较场口开辟来作为集会和战时疏散广场。都邮街十字路口原为旧城区交通中心，"五·三"、"五·四"大轰炸被摧毁成废墟，于是政府在空置土地上重新修建全新城市广场空间具备了可能性，而较场口作为上半城西南边缘连接东、北、西三面街道交汇点，是连接新旧城区的关键节点。两处地方经过重新规划建设，具有便利的交通和开敞的空间，也带来了

---

❶ 1939 年 11 月时任工务局长吴华甫建议："本市街道名称自拆除火巷后多已失实，应进行整理。"当时市政府决定调整街名，经过商议后提出的原则是："凡新开火巷之宽度为 15 公尺者，称为路；凡称路之命名，以新颖及含有抗战新中国成立之意义为准。"因此，抗战时期产生出一批新街名，有带有战时大轰炸烙印的，如五四路、新生路；有预祝抗战胜利的，如凯旋路；有体现国民政府对新生活运动宣传的，如大同路、新中国成立路、中兴路等；有反映三民主义信仰的，如民族路、民权路、民生路；也有表现对领袖崇拜的，如中山路、林森路、中正路、岳军路等。

较大的人流量。于是，此后定期举行的抗战群众集会把督邮街、较场口城市中心、交通中心的位置凸显了出来。伴随大量人气汇集，下半城沿长江呈带状线型水平分布的古代官署、商铺、会馆等高端政治、经济机构，上半城散布普通商业和民居的格局被都邮街广场与较场口交通枢纽街区的修建而改变，战时新开辟的多条道路——民生路、和平路、五四路、大同路、中华路、临江路等大都在中区干道两侧或附近，且各与都邮街广场相连，1941 年底，市中心都邮街广场建成并通车，广场的新交通中枢地位形成，连接了西到上清寺、曾家岩，北接临江门、嘉陵江沿岸，南经凯旋路、中兴路，通下半城到长江沿岸的交通网络。作为市区道路枢纽，市内重要的商行与金融部门也汇集于此，成为重庆繁华的商业中心。而后，随着督邮街地标"精神堡垒"的修建，标志城市重心自下半城朝上半城的转移至此完成。此后，以都邮街广场为核心的上半城进一步发展，成为迄今重庆最繁华的商业金融中心。于是，新的城市中心区域完成了从下半城向都邮街广场街区域的转移，重庆市区新格局基本奠定 ❶（图 21）。

图 21　20 世纪 40 年代上半城督邮街街景

5.3　战时首都辖区扩张与疏散迁建空间的展拓

在抗战爆发之前，巴蜀地区潜在的战略发展价值就已经被国民政府所认识："终至四川为最后防地，富庶而地理关系特形安全之省份……是造兵工业最良好的地方" ❷。

❶ 周勇主编 . 重庆抗战史：1931-1945[M]. 重庆：重庆出版社，2013：357.
❷ 中国第二历史档案馆编 . 中德外交密档（1927-1947）[Z]. 桂林：广西师范大学出版社，1994：173.

抗战之始，东部工业与人口大量内迁，导致重庆城市体量由 47 万多人口的小城市锐变为 125 万多人的都会，带给此前军政时期所奠定的城市格局难以承担的城市综合压力，曾经主要依赖转口贸易的地区商业中心城市已经不能符合抗战首都的发展需要，所以重庆城市空间的拓展、城市功能的变迁与产业结构的重组成为抗战时代重庆城市从量变到质变的扩展关键词。

5.3.1　战时首都市辖区的扩张

长江上游地区由于江河多、山地多，由此而产生的适宜居住、生活的用地非常有限，重庆作为这种类型地域的典型代表，可用空间尤其有限，"其不堪居住，亦为全世界通商各埠所无"❶，城市旧城区近代以前空间格局上是以传统的"九门八码头"为中心发展，主要的生活空间被限定在沿江地区与半岛内，建市之后虽然也沿着新兴的马路沿线倾斜延伸但抗战时期伴随着城市行政功能的急剧强化和外来人口的大量增加，机关林立，人满为患，据当时重庆市警察局的历年人口统计，抗战前夕重庆市区人口有 339204 人，到 1946 年增加为 125 万人，增长了 3.67 倍，净增人口 90 万人，❷旧有的市区显然已经无法适应国计民生的需要，"要找到一个比重庆更拥挤的城市不太容易……该城实际没有城郊，增加的人口只得挤在原有的地盘内❸"。急剧增长的人口对城市新城区的扩建、行政区划调整、市政设施的兴办、道路交通的改善、市民住房和公共建筑的兴建等都要求迅速适应需求，扩大城市居住区域，发展城市道路交通是城市空间格局调整中的重要一环。为此，国民政府迁都重庆之后市区不断扩展，仅一年时间，到 1938 年底，已经建成城区面积达 30 平方公里左右，次年为避日军轰炸又设置迁建区，北达北碚，南至南温泉，东迄大兴场，西达大渡口，卫星城镇遍布两江半岛，"市厘所及，法定区域约达 300 平方公里，迁建所及，则约 1904 平方公里"❹。

民国 28 年（1939 年）5 月，随国民政府迁渝，重庆从四川省所辖乙种市升为行政院特别市，主城市辖区范围从原 6 区变为 12 区。6 月，巴县龙隐乡（今小龙坎、沙坪坝、磁器口一带）又划入重庆市，从 1939 年到 1940 年，近一年时间，江北、巴县内临近重庆市郊区域陆续划归重庆。❺

民国 29 年（1940 年）9 月 6 日，《国民政府令》宣布重庆作为永久陪都，四川省政府与重庆市政府正式划定边界。这个时期，巴县陆续划入重庆的区域分别有龙隐、新丰、高店、石桥、崇文、大兴六乡，江北划入重庆的区域有回龙、石马两乡，恒兴、

❶ （民国）唐式遵．重庆商埠督办．重庆市政计划大纲 [R]．重庆商埠汇刊，1926．

❷ 周勇．重庆通史 [M]．重庆：重庆出版社，2002，3：875．

❸ 周勇，刘景修译编．近代重庆经济与社会发展：1876-1949[M]．成都：四川大学出版社，1987：210．

❹ （民国）陪都十年建设计划草案·总论 [R]．1946，何智亚、蒋勇主持，重庆市图书馆、重庆市规划展览馆翻印．

❺ 周勇主编．重庆抗战史：1931-1945[M]．重庆：重庆出版社，2013：355．

石坪、龙溪三乡各一部❶。至 1940 年底，重庆市的范围为："江北方面，自大兴场对岸的梅子岗岚垭江边起到上游的沱江边止，包括郭家沱、唐家沱、黑石子、寸滩、头塘、江北城、溉澜溪、廖家台、香国寺、石马河等地；南岸方面市区越过了涂山，自大兴场起到金沟岩止，包括放牛坎、大田坎、大佛寺、弹子石、玄坛庙、龙门浩、清水溪、崇文场、海棠溪、南坪、铜元局等地；西郊方面，北起嘉陵江渡溪沟，经歌乐山背斜层，南达长江边的余溪浩处，包括詹家溪、磁器口、沙坪坝、小龙坎、新桥、歌乐山、金刚坡、上桥、石桥铺、九龙坡等地。加上原来市区，全市面积达到 328 平方公里。❷"到 1942 年，重庆市辖区已达 17 区。从民国 31 年（1942 年）印制的《重庆市域图》可以看到当时重庆城区域详细情况（图 22）。

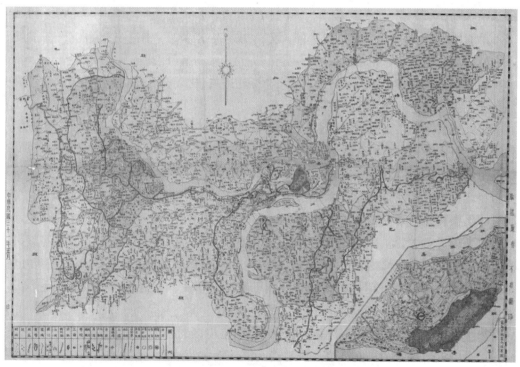

图 22　民国 31 年《重庆市域图》

（资料来源：国家图书馆藏）

域图中标注了重庆市内所辖 17 个分区，具体方位与所辖范围如下：

第一区：为渝中半岛东端。从沿嘉陵江之新洞街往东南，经镇江寺街道、洞口、铁板街、复兴观、正阳街、上簧学巷、下簧学巷至七星岩石街道一线往东北至朝天门的区域。

第二区：为渝中半岛中北部。东部以洒金坡、顺城街一段、复兴观、正阳街一线

❶ 周勇 . 重庆通史 [M]. 重庆：重庆出版社，2002：1215.

❷ 周勇主编 . 重庆抗战史：1931-1945[M]. 重庆：重庆出版社，2013：354.

与第一区相接，东南部以公园路、中正路一段、韩家祠街至黄土坡一线与第三区相连，西界自飞仙宫往南，经韦家院坝、民生街一段、鲁祖庙街、四贤巷，至黄土坡与第四、五两区相接。

第三区：为渝中半岛南部。全区沿长江分布，往东与第一区相连，往北与第二区相接，西界自大观坛往南，过义果街、瞿家沟、守备街一段，至酒行街与第五区相接。

第四区：为渝中半岛西北部。全区东连第二区，南界自黄土坡往西，过十八梯、迴水沟、管家巷、天宫府街一段、领事巷，南区干路一段、神仙洞街道一线与第五区相接。

第五区：渝中半岛西南部沿长江沿线分布，全区南临长江，以东与第二、三分区相接，以北与第四、七分区相接，包含南纪门、神仙洞、兜子背、王家坡、菜园坝等区域。

第六区：为新城区北部。包括大溪沟、曾家岩、张家花园、马鞍山等区域。

第七区：位于渝中半岛西端封腰部，包含两路口、上清寺、牛角沱、余岩石、木牌坊、中山街、棉花铺等区域。

第八区：位于渝中半岛以西，包含李子坝、复兴关、化龙桥、红岩、通草铺、谢家花园、马场坡、观音庙、大坪、江西坡等区域。

第九区：位于嘉陵江以北，自原江北城向青草坝和五里店方向延伸，含江北嘴、黄土坡、石垭嘴、青草坝、谢家沟、五里店、新城等区域。

第十区：位于嘉陵江北岸，东界沿四人碑、韩家坟、韩家庙、常家湾、五家坡、镇口圹、大板桥沟、兴隆桥一线与第十六区和第九区相接，往西至黄家樑、剪子坪、曾家、河咀一线隔嘉陵江与第十四分区相连。

第十一区：位于渝中半岛以东，长江以南的突出部，南界自纳溪沟往西，经新湾、高家湾、新草房、马鞍山、兴隆湾、井湾、清水溪、迴龙桥至小函谷与第十五区和第十二区相邻。包含上龙门浩、玄坛庙、弹子石、窍角沱、鸡冠石、黄泥湾、大沙溪、大田坎、李子沟、龙滩子、三块石等区域。

第十二区：位于渝中半岛以南，相当于今天南岸区的广大区域，东界自盐店湾起，向南经黄泥岗、杨家山、文峯塔、作水湾、铜锣石、黄沙坎一线，与第十五和第十一区相邻。南界为长江东安的乌龟石往东，杨家湾、竹林湾、柳叶湾到指路碑。包含铜元局、南坪场、天台岗、海棠溪、六龙碑、沙桥沟、范家湾等区域。

第十三区：位于重庆市最西面，全区沿成渝公路呈南北向延伸，全区包含上桥场、新桥、和尚坡、新开市、澜田坝、歌乐山、龙洞、高店子、双溪沟等区域。

第十四区：位于嘉陵江西岸，在第十三区以东和第十七区西北部，全区包含双碑、石井坡、龙隐镇、沙坪坝、小龙坎、杨公桥、石门坎、刘家坪、童家桥、青草坡等区域

第十五区：位于长江铜锣峡西南，第十一区东南，属全市东部。全区包括放牛坪、大兴场、青菜田、丁家坡、清水溪、兴隆湾等区域。

第十六区：位于第九区和第十区以北，沿长江分布，全区包含溉澜溪、头塘、杨坝滩、

寸滩、黑石子、恒兴场、铜钱坝等区域。

第十七区：位于渝中半岛西南，与第八区、第十三区和第十四区相接，全区包含石桥铺、鹅公岩、九龙铺、陈家坪、大龙坎、高家湾等区域。

此外后来再加上以朝天门、千厮门、香国寺、弹子石、海棠溪、黄沙溪、磁器口等码头水上居民为主建立的水上区，重庆市辖 18 个区。

总体看来，除了半岛旧城部分，江北、南岸更宽广的区域划入城区范围，与此同时，半岛西部广阔地界也正式纳入城区，沙坪坝、歌乐山、石桥铺、九龙坡的大部分西郊区域成为市辖区组成部分，城市分区中的地域面积得到更大程度扩展。1942 年，重庆市的辖区范围"东至大兴场（今南岩区峡口乡），北至石马河（今江北区石马乡）嘉陵江边的堆金石，西至歌乐山，南到马王场（今九龙坡：九龙乡大堰村）和川黔公路二塘（今九龙坡区花溪乡二塘村）以北。1944 年 1 月，市工务局测定市区面积为 294.3 平方公里，1946 年观音桥地区划入后面积为 295.78 平方公里 [1]"。

5.3.2　战时疏散迁建带来的城区扩展

西部大后方内陆城市由于普遍缺乏完善的防空御敌体系，在日寇主要针对城市的空袭轰炸中，市区都先后遭受到巨大的人员伤亡和物资损失。1939 年 9 月至 12 月的全国空袭统计结果显示：敌机与炸弹中 4/5 针对都市，乡村轰炸占 1/5[2]，战时范围广大的近郊、农村和城市相比，战时相对安全，为保持长期抗战实力和减少人员伤亡，国民政府施行战时消极防空策略，把城市中集中的人口物资向附近乡村疏散。

实际上自 1939 年以来，重庆城区由于抗战内迁与城市自身的发展，市区人口密度与城市规模也达到相当饱和程度，新开辟的市区也不容乐观。1939 年 2 月，重庆市成立了紧急疏散委员会，3 月 1 日批准《重庆市紧急疏散人口办法》，限令 3 月 10 日前为民众自动疏散期，10 日后即强迫疏散，要求全市机关、学校、商店、住户疏散四乡，金融机构沿成渝、川黔路两侧修建的平民住宅区疏散，并划定江北、巴县、合川、璧山、綦江等地为疏散区。3 月底决定将各中央机关疏散到重庆周围 100 公里范围中，成渝、川黔、渝丰公路两侧和重庆周围 80 公里的范围划归为重庆市区。[3]

经历了 1939 ～ 1941 年日军轰炸最为严峻的考验，重庆市疏建委员会针对时局又制定了《重庆疏建委员会疏建方案》[4]，将在市区过分集聚的普通市民、物资，以及政府机构、文教机构、工厂等向乡村有组织地继续疏散，规定在 1939 年 5 月 31 日前，20% 的全部人口向重庆近郊三十里以内的地区，30% ～ 25% 向扬子江、嘉陵江两岸迁移，25% ～ 30% 向成渝川黔两公路两侧疏散。

❶　周勇主编 . 重庆抗战史：1931-1945[M]. 重庆：重庆出版社，2013：355.

❷　黄镇球 . 防空疏散之理论与设施 [M]. 航空委员会防空监消极防空处编印，民国 29 年版 .

❸　周勇主编 . 重庆抗战史：1931-1945[M]. 重庆：重庆出版社，2013：367.

❹　《重庆疏建委员会疏建方案》来源：重庆市档案馆：全宗号 0067，目录号 1 卷号 336.

规划为疏散区的地段，近郊包括：长江以南大佛寺、盘龙山、鸡冠石、清水溪、大兴场、新铺子、鸡顶颈、迎龙场、土地垭、长生桥、云家桥、金沙垭、马家店、青龙岗等地；嘉陵江以北的头塘、回龙场、万峰寺、仁和场、鸳鸯场、观音桥、九龙场等地；渝中半岛以西的浮图关、红岩嘴、图沱、小龙坎、歇台子、草店子、石桥铺、上桥场等地。

规划为疏散区的地段，按长江、嘉陵江水道沿途划分地区有：长江两岸的蔺市、石家沱、长寿、洛碛木洞、唐家沱、鱼洞溪、江津、白沙等处；嘉陵江两岸的磁器口、悦来场、土沱、黄桷树、北碚、草街子、合川等地。

规划为疏散区的地段，按成渝川黔两公路两侧疏散的有：川黔路鹿角场、界石、龙岗场、綦江、桥坝河等处；成渝路有接龙场、璧山、来凤驿、永川，以及大庙场、虎峰场、铜梁等地。❶

在疏散方案的促动下，重庆城市辖区边界拓宽，北含北碚、南至南泉、东起广阳坝、西到白市驿，总面积达已近 1940 平方公里。从重庆旅行指南社于民国 31 年（1942 年）出版的重庆市郊区全图中，可以看到在《重庆疏建委员会疏建方案》中所规划的部分迁建区发展情况和当时人口与建筑的集中区域。其中主城辖区内较为突出的包括：

①长江以南的铜元局、南坪场、崇文场、鸡冠石、魏家花园、大兴场、长生场（长生桥）、迎龙场、老厂、李家沱；

②嘉陵江以北的大竹林、石子山、石马河、南桥寺、金子山、观音桥、瓦店子、五里店、头塘、双碑；

③长江以北的称滩、尖山庙、石盘河、黑石子、恒兴场、郭家沱；

④渝中半岛以西的浮图关、化龙桥、黄沙溪、鹅公岩、石桥铺、小龙坎、沙坪坝、磁器口、高店子、长春沟、红糟房、新桥、上桥场、马王场、冷水场。

这个时期是重庆市辖区范围扩大比较迅速的时期，为城市空间的拓展提供了前提条件，迁建区"北达北碚，南至南温泉，东起广阳坝，西抵白市驿，此大陪都之面积约 1940 平方公里。"❷ 只是，这些迁建区的基础设施建设还存在相当的不足，疏散到该区域的机关、厂矿和学校作为安置居民的集中点成为了此后赖以继续建设的基础和核心。从后来城市的扩展进程表明，这种点状的聚居点分布是重庆战时城区拓展的一大特点，作为未来城市空间扩展的依靠，在广袤市辖区范围内，战时城市周边呈现出的"大分散、小集中、梅花点状"的特色集中区是以后卫星城镇建设的基础。实际上，近郊乡村疏散也是重庆城区难得的乡村建设有利时机，大大促进了正常时局下乡村建设缓慢而难以展开的困局，疏散区的建设促进了城区向两江沿岸深入扩展，乡村城市化进程因此得到加速，同时推动了以北碚为代表的第一代近郊现代卫星城镇的进一步发展。从空中角度俯瞰重庆城市，其主城范围的扩展与建设已经以不可阻挡的力量在继续前行（图23）。

---

❶ 《重庆疏建委员会疏建方案》来源：重庆市档案馆：全宗号 0067，目录号 1，卷号 336.

❷ （民国）陪都十年建设计划草案·人口分布 [R].1946，何智亚、蒋勇主持，重庆市图书馆、重庆市规划展览馆翻印.

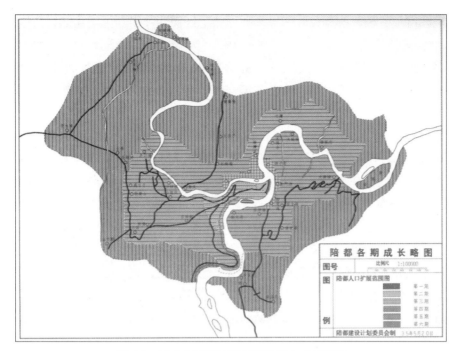

图 23　重庆主城区抗战时期的历史成长图略

（图片来源：依据（民国）《陪都十年建设计划草案》有关资料改绘）

经历了疏散迁建的重庆，城市在战火中扩张的情况让日本人非常吃惊，轰炸执行者看到的情况是"重庆正在向周边地区发展，构成现在的重庆有三个同心圆，一个是半岛部分的市中区（包括江北和南岸，人口约 50 万），二是沙磁区（今称沙坪坝）、北碚、大渡口组成的'大重庆'（73 平方公里，300 万人口），再就是包括 9 区 12 县的'重庆圈'（23600 平方公里，1380 万人口），重庆市的扩大是从抗战时期开始的"❶。

5.3.3　市郊疏散迁建区基础性建设

战时迁建是国民政府不得已之举，随着迁建工作继续开展，到 1944 年 4 月，再次实行强迫疏散人口办法，要求一个月内疏散人口 13 万，相当于每天需要疏散 5000 人左右，产生了社会反对声音，主要是针对迁建区不便于生活而提出，如《新华日报》就发表短评指出其中的困境：疏散方式不善，被疏散者离渝后的生活问题没能解决，人民愿意疏散，但根本的生计不能解决，宣传疏散不与人民配合，防空与人民之间隔上了一堵墙。

实际上政府也考虑到了战时轰炸期疏散在开发建设严重不足的郊区困境，为改善迁建区生活与居住环境，重庆市立即成立郊外市场营建委员会，制定《重庆郊外市场营建计划大纲》，规划："建设新重庆整个计划，从共向性与地区性划分，分制推进。

❶　（日）前田哲男著，王希亮翻译．从重庆通往伦敦、东京、广岛的道路——二战时期的战略大轰炸 [M]．北京：中华书局，2007：269．

如划重庆城市（市区）为商业区，近郊划为住宅区，沙坪坝划为文化区，南岸划为工业区,南北温泉划为风景区。**❶**"为此,在重庆郊外选址营建各种适合生产生活的商业区、住宅区，以及工厂、学校、诊所和文化体育设施，以满足市郊迁建地区的生产生活需要，尽可能改善市民生产生活环境，也在一定程度上促进了乡村城市化发展。只是计划的实施由于人力、物力、财力的缺乏而实现起来比较困难，在有限的条件下，对市郊基础性营建活动主要在市场示范点和平民住宅工作中做了尝试。

就郊外市场建设而言，其选择标准是"以能扼水陆要衢，且地势适合于建筑房屋暨防空设备者为最适宜，凡合上列条件者，拟提前兴修之；其次水陆交通尚称便利及风景较佳者则于第二期完成**❷**"，以此作示范，所以市郊市场建设第一期建设地针对两江四岸迁建区，选取四处比较重要的部位加以建设，即九龙铺附近（及对岸李家沱）、西郊小龙坎与山洞之间、南岸黄桷垭附近、江北唐家沱附近。第二期实施营建的地点选择依然是机关、机构比较重要和人口相对繁盛的区域，只是离市区距离更远，包括南岸清水溪、南温泉及沿途、江北寸滩附近、巴县鱼洞溪周边、六店子一带、江北鸿恩寺周边、江北石马河一带以及其他适当地点。经过认真勘测和分析，郊外市场营建委员会对划分市场区域和道路建设、房屋建筑布局都采用了比较先进的现代设计方法，充分考虑示范区地理位置状态和周边环境条件，对市场周边道路系统格式、道路宽度、市场功能分区、具体安置和布局都做了准确规定,并与多家营造公司联合开展分期建造，虽然整个建设期都比较短，但却实现了乡村建设具有实质意义的起步。

市民居住条件在迁都之后一直是市区比较难以解决的问题，疏散到郊区后，市郊迁建区"房荒"问题依然比较严峻，所以疏建委员会的重点任务之一还有在重庆郊区分期营建能容纳大约十万人规模的住宅新村出租给市民，通过在郊外市场勘测，制定因地制宜的设计原则，做好房屋安排布局，先后在郊区唐家沱、黄桷垭和观音桥、杨坝滩、大沙溪、弹子石等地兴建了平民住宅，包括在市区望龙门建设的平民住宅，整个抗战期间，重庆全市共建 7 个平民住宅点，占地 470 亩，房屋总计为 750 栋。基于重庆人口过度集中于市区半岛东端，战后对城市居民住宅问题非常重视，对住宅区还进行了专门规划，规定了三种住宅标准，其中高等住宅区主要集中在山洞和黄桷垭，普通住宅主要在大坪坝、铜元局、江北香国寺及四德里一带。**❸**

虽然由于有限的人力、财力，战时乡村基础设施建设非常有限，但是，重庆大城市格局除了在辖区范围的官方核定之外，具有实质意义的内部建设在抗战时期得到可贵的推行，市场与住宅的建设是国民政府迫于战争侵袭而不得已开展的乡村建设，但客观上对当地的城市化发展起到了积极作用。

到抗战胜利时，重庆已经具有了新的发展格局，在老城周边已经初步散点形成新

---

❶ 重庆市房地产志编委会编印 . 重庆房地产资料集（1950-1986）[Z].1987.

❷ 国民政府行政院 . 重庆郊外市场营建计划大纲 [R].1939.11 .

❸（民国）陪都十年建设计划草案·土地重划 [R].1946，何智亚、蒋勇主持，重庆市图书馆、重庆市规划展览馆翻印 .

的单一功能比较突出的文化区、工业区，这些新城区与渝中半岛政治中心区相互呼应，多个区域共同发展，形成星座式分布，在山水阻隔的环境中凭借各自的区位优势朝有利的方向发展，成为此后多中心组团式城市的基础。江北、南岸以地处两江的优势，与城区往来交通便利，便成为了内迁工矿企业安置的重要地区，按《陪都十年建设计划草案》不完全统计，全市有 40% 的内迁工厂安置于南岸，约 10% 安置于江北；并且安置在江北的主要以重要的兵工、冶金企业为主。1942 年后，江北地区设置了 9、10、16 等 3 个区，南岸地区设置了 11、12、15 等 3 个区，❶ 两地人口兴盛，合计占重庆市人口 36% 左右，两地已经逐渐成为主城之外的重要地区；沙坪坝地区随着中央大学等高校的迁入成为了大中院校、医疗单位和工矿企业搬迁的选择地，尤其是以磁器口、沙坪坝为中心形成了学校和工业比较集中的地区，进而形成了主要的文化区❷；城市西郊、南部的开阔地段抗战前都是广大的农村所在地，抗战之后随着四川钢铁厂在大渡口成立，汉阳兵工厂随之迁入，加上九龙坡机场、两浮公路、浮九公路、浮新公路的先后建立和投入使用，这一地段逐渐成为重庆重要的工业区和水陆交通枢纽；原本在卢作孚精心筹划下就已经呈现出良好发展态势的北碚，更随着一些重要的国家机关、大专院校、文化团体迁入，城镇建设获得更大发展，成为重要的卫星城镇。❸

随着抗战时期城区建设面积扩大，在两路口以西包括杨家坪、沙坪坝广大地区，形成城市新区，大坪、小龙坎、九龙坡、新桥等经济文化相对发展、人口集中的中小城镇出现，新建的道路逐渐把小城镇和市区联系在一起。佛图关到九龙坡段的公路是连接西郊兵工、钢铁企业和通往机场的主干道，此外佛图关到新桥、小龙坎到杨公桥、小龙坎到磁器口、山洞到白市驿、海棠溪到南温泉等新卫星城镇间公路逐渐发展，在城市西郊形成了新的道路网，在通往广阳坝、九龙坡、珊瑚坝、白市驿四个机场也修建了道路，通往南泉、北泉、南山等著名风景区的道路也都已建成。城区陆路交通工具，既有公共汽车，还有客运商车、校车，以及人力车、驿运马车等开展交通运输❹。这些市郊公路的建设与交通工具的发展极大地促进了市区与新区的联系，有力地推动了各中小城镇的开发，使战前主体在市区半岛的西南"小"城变成力量"大"的重庆城，并且重庆与境外的陆空交通也在战前建设得较为充分，对外联系也更加密切和方便。

经过国民政府机关的内迁建设，重庆主城区建成区范围逐渐扩大到西至沙坪坝歌乐山，城市东至大兴场（今南岸区峡口乡）、南抵大渡口马王坪、北达石马河嘉陵江边的堆金石，半岛市区周围分布若干卫星城镇（图 29）。此时，无数军工企业、金融机构以及高校、文教、科研单位分布其间，经济、政治、文化也随之得到极大发展，抗战大后方中心地位得到了凸显。

❶ 陪都建设计划委员会.陪都十年建设计划草案·总论 [R].1946，何智亚、蒋勇主持，重庆市图书馆、重庆市规划展览馆翻印.

❷ （民国）新重庆 [M].1947，1（3）：9.

❸ 卢作孚.卢作孚文集 [M].北京：北京大学出版社，1999：354-355.

❹ 周勇主编.重庆抗战史：1931-1945[M].重庆：重庆出版社，2013：357.

抗战时期的特殊政治背景为重庆现代工业的飞跃式发展创造了大好机遇，但是抗战结束之后这种特殊的支撑力量迅速撤销，重庆的城市发展没能得到有效的长时间延续。直到 1946 年 5 月 5 日国民政府还都南京后，重庆恢复为重庆行营，作为战时首都的使命结束，但还继续作为国民政府统治西南地区的军政中心发挥作用。国民政府为安抚迁都之后的重庆民心，采取了许多特殊措施以保证重庆西南经济中心的地位不至衰落，钦定重庆为永久陪都，尽管抗战后重庆工商业有所衰退，但西南中心地位仍然稳固，就城市格局而言，依靠长江一线，连接西南的格局还是保留了下来。❶

5.4 战时疏散迁建促进周边城区范围扩展

重庆主城空间辖区在战时迁都不到三年，得到较大的迅速扩张，不过这种战时特殊境况下的城区范围迅速扩张主要是在战争压力下被动拓展的，这种拓展显示出对客观环境的较强依赖性，为了有效地躲避空袭轰炸，疏散迁建的区域显示出较强的倾向：一是选择靠山，将具有较强隐蔽性的山地作为疏散迁移的首要考虑地点，如政府中枢机关疏散首先选择在南山、歌乐山等地；二是选择靠水，川江航运在战时运输具有特别优势，因此沿江地段是企业厂矿考虑的迁建优选之地；三是选择陆路交通沿线，作为航运之外交通方便的必要考虑，在具有陆路运输优势的成渝、川黔公路沿线也成为政府机关、医疗机构、教育文化机构疏散迁建的重点。也由此形成战时重庆城区扩展的基础脉络，以两江四岸、交通要道为主干，向山地和近水地带散点分布，逐渐扩张。

在日军的不断轰炸下，新市区面临严重威胁，为减少空袭损失，国民政府成立迁建委员会，动员机关、学校、商店疏散至周边郊外，"五·三"、"五·四"轰炸进一步推动了国民政府从上至下的大规模主动疏散，成为政府机关团体正式向外疏散的开始。最初，国民政府党政军机关按预定计划，向成渝公路沿老鹰岩至北碚一线和南岸黄山、小泉地带疏散，政府各机关迁散至城区周围 100 公里以内，把成渝及川黔公路两侧和周围 80 公里范围划归市辖，党政机关陆续搬到郊区和迁建区办公，而部分新成立的机关团体则直接将其办公地设在疏散区乡下，城内只留简易办事处作对外联络通讯。从今天渝中区、南岸区、沙坪坝区和北碚区作为抗战遗迹主要所在地，全市抗战遗址的68.6% 都在主城这几个区❷，显示出抗战时期行政区划与城区发展的主要地域范围在这些地区。

"五·三"、"五·四"大轰炸之后,政府机关及市区人员被陆续疏散到歌乐山、青木关、北碚之间，位于其间的地区被定为"迁建区"，迁建区的形成使城市区域得到散点扩

❶ 周勇.重庆通史[M].重庆:重庆出版社，2002：40.
❷ 黄晓东，张荣祥主编.重庆抗战遗址遗迹保护研究[M].重庆:重庆出版社，2013：40.

大，迁建过程中以较发达场镇作为沿途交通主要集结点，而战时机关、厂矿、学校等则构成了新的聚集点，成为新城区发展的核心，于是两江半岛之外周围地区形成了无数的卫星城镇，如西郊地区，今沙坪坝地区的小龙坎、新桥、沙坪坝、磁器口、山洞、歌乐山、高滩岩等，江北的观音桥、香国寺、猫儿石、溉澜溪、寸滩等，南岸海棠溪、弹子石、黄桷垭、龙门浩、大佛寺等，都成为了此后新区发展的依托。

1938 年 9 月，重庆全市由原来的 6 区增加为 12 区，1940 年，重庆市的管辖面积也由 20 世纪 30 年代的 93 平方公里增加到 300 平方公里，随后，重庆市对区以下行政组织进行了调整，将全市划为 18 区、408 保、7177 甲。1943 年 10 月，新旧市区面积达到 43 亩。❶ 陪都北达北碚、南至南泉、东起广阳坝、西抵白市驿，总面积达约 1940 平方公里。这样的城区分布特征和范围也一直延续到 1949 年，未经大改。也正是从这一时期开始，重庆城市辖区扩大，在疏散迁建之后逐渐形成中小城镇，不断完善的交通道路组织的城市从只以半岛为重的小城市逐渐朝拥有两江四岸、西北郊宽阔腹地的大城市方向迈进。

5.4.1　战时各类机构疏散迁建选择及其对城区扩展的影响

在整个疏散迁建过程中，政府机关、兵工企业和文化教育机构在地段选择上有一定区别，同时对迁建地区也产生了不同的促进作用，是城区散点扩展的核心所在，为这些地区以后几十年的发展奠定了基础，并产生了深远影响。

1. 政府中枢机构迁建选择和影响

迁都之初，国民政府中央各部门最初都集中迁于新市区上清寺、曾家岩、大溪沟、罗家湾等近 2 平方公里的地方，因此各机关大多在重庆城中的上清寺、曾家岩和大溪沟、罗家湾等处办公，如交通部驻上清寺交通巷，粮食部驻打铜街，农林部驻上清寺，卫生部驻新桥，警备司令部驻中营街等❷。这些地段经过建市以后的开发交通更为便利，场所空间较城区也更为宽敞，很快上清寺、曾家岩到大溪沟、罗家湾一带就成为新市区中最具现代气息的街区。以此为核心，在上清寺街区形成了具有一定功能定位的分区，国府路、中山三路、中山四路多为政府机关聚集地，而鹅岭、枇杷山、两浮支路一带则形成国际村，是各国大使馆、领事馆与外交机构汇集的地方，与此同时，高级政要则多选择在交通方便的李子坝新开发的嘉陵新村公馆群居住，为市区中的高级官邸区。不过总体而言，由于进驻匆忙，内迁机构大多数多利用当地原有公私房舍稍加改造修整而成，如国民政府办公楼就是利用原省立重庆高级工业职业学校的校舍改建而成。

1939 年，日寇无差别轰炸越来越严重，昼夜空袭对城市带来了毁灭性的攻击，在

❶ 《重庆》课题组 . 重庆 [M]. 北京：当代中国出版社，2008：28.

❷ 方明 . 国殇 . 抗战时期国民政府大撤退秘录（第 6 部）[M]. 北京：团结出版社，2013：19.

这种情形下，为维持战时政治中枢的正常运转，政府首脑机关不得不陆续迁至较为偏僻的地区，利用重庆山地地形，选择隐蔽险要的自然山体进行疏散，先后在南山、歌乐山、小泉等地择地，维持正常办公和战时指挥，客观上对主城之外的乡村建设和开发起到了先导作用，并进而带动了众多企业、机构和普通民众迁入近远郊地区，短期内促进了当地各种生产生活基础设施的建设，为此后的乡村城市化奠定了基础。

抗战时期国民党中央各机关的疏散情况表 ❶ 表3

单位名称	原住地	疏散地
国民政府文官处	国府路	歌乐山燕儿洞
国民政府主计处	国府路	歌乐山方堰塘
国民政府参军处	国府路	歌乐山方堰塘
国民政府统计局		北碚金刚碑
中央设计院		黄山
立法院		北碚歇马场
司法院		北碚歇马场莲池沟
司法行政部		北碚歇马场许家院
最高法院	秀壁街	北碚歇马场
考试院	陶园	中梁山华岩
监察院		歌乐山金刚坡龙洞口
中央公务员惩戒委员会		北碚歇马场高台丘
蒙藏委员会	国府路	巴县西永桂兰村
军事委员会战地服务团		金刚乡蔡家湾
行政院	曾家岩	歌乐山静石湾
经济部	川盐银行	中梁山华岩寺
教育部	川东师范校	青木关温泉寺
卫生部		新桥
交通部	上清寺交通巷	歌乐山方堰塘
农林部	上清寺	青木关清凉庵
审计部	陶园	金刚坡龙洞口
内政部	牛角沱	陈家桥傅家院子
财政部	康宁路	歌乐山静石湾
复兴公司		土桥
军事委员会政治部	天官府7号	土主乡团结村三圣宫
军委会文化工作委员会	两路口	赖家桥
军委会军法执行总监部		土桥申家沟
军委会战地党政委员会	巴中校街	歇马场盐井坝

❶ 张弓、牟之先主编.国民政府重庆陪都史[M].重庆：西南师范大学出版社，1993：18-27.

续表

单位名称	原住地	疏散地
军政部	凯旋路	歌乐山环山路
军政部军法司		土桥申家沟
军政部军医署		新桥
军训部	国府路	铜梁西温泉
陆军大学		山洞
国民党中央党部	曾家岩	含谷乡吴家祠
国民党中央组织部	巴中校街	蔡家岗蔡家湾
国民党中央党史编纂委员会		含谷乡吴家祠

2. 军工、厂矿企业迁建选择及其影响

战前全国各大兵工厂分散全国各地，多处于大城市外围交通方便或燃料动力资源充足的偏远地区，但在战争时期，兵工厂的选择又产生了变化。重庆山高水险兼两江环绕，有易于隐蔽的地形，同时有长江航运的水利运输便利和方便的陆路交通，与四川各地、黔、滇、贵、陕有相连接的公路，并且川东大量煤和其他工业原料矿产，在兵工业发展方面独具优势，所以成为战时国防军工迁移的重点区域，1935 年 6 月 15 日，为了保存中国军事工业实力坚持长期抗战，以四川为中心的大后方国防中心区最终确定后，各大兵工厂确定内迁，蒋介石下达手令："各兵工厂尚未装成之机器应暂停止，尽量设法运于川黔两省，并须秘密陆续运输，不露形迹，望速派员来川黔筹备整理。"❶全面抗战爆发后，兵工署下令："受敌威胁地区之兵工厂及有关机构，统于 11 月 15 日前迁往西南地区。"❷

全国各地兵工厂迁往西南进程中，迁渝工厂 243 家，军政部直属兵工厂 10 家，民营厂矿 233 家，占全国内迁工厂的 54%。截止 1944 年 2 月，重庆已有工业企业 451 家，到 1945 年抗战胜利时，重庆兵工厂有员工 94493 人，占当时全国兵工总数近八成，在大后方的 27 家兵工厂中，5000 人以上的大厂全部集中在重庆。经过抗战八年多的时间，到 1945 年底为止，根据国民政府经济部统计，以资本总额计算，重庆工业占全国的 32.1%，占川、滇、黔、康西南四省的 45.5%，占全川的 57.6%❸。

兵工生产只是城市空间局部内容的一部分，对城市整体格局不存在大的影响，而抗战时期的特殊环境让重庆半岛中心临近两江沿岸地区迅速聚集了全国近 50% 的兵工厂，两江沿岸形成沿长江东起郭家沱西到大渡口；沿嘉陵江北到磁器口、童家桥，长达二三十公路的工业地带，从半岛到弹子石、小龙坎、龙门浩、海棠溪、江北、化龙桥、

❶ 王国强.抗战中的兵工生产 [C].抗战胜利 40 周年论文集，台北，黎明文化事业公司，1986.

❷ 王国强.抗战中的兵工生产 [C].抗战胜利 40 周年论文集，台北，黎明文化事业公司，1986.

❸ 彭伯通.重庆地名趣谈 [M].重庆出版社，2001，9：24.

溉澜溪、沙坪坝等地都是各类工厂的聚集地❶。经历抗战工业内迁之后，重庆快速形成了拥有 20 多万人，包含兵工、机械、冶炼、煤炭、纺织、化工、航运、邮电等的产业大军。给重庆城市空间布局带来结构性的巨变，极大地影响了重庆城市此后几十年的城市景观❷，重庆也由此从战前地区转口贸易为主的商业城市变为全国现代化工业大城市之一。

工业是日军空袭的主要目标，为充分保证战时防空安全，迁渝兵工厂多选择沿长江、嘉陵江两江沿岸航运相对方便的地区，以半岛为中心，相对群聚于周边二三十公里分散设厂，开凿防空山洞加以隐蔽应对敌机轰炸保持正常生产，充分支援前线抗战物资需要。除兵工厂外，民营工厂也选择于两江沿岸布局，形成战时工业区：半岛沿江地段的化龙桥到土湾有中南橡胶厂、豫丰纱厂；江北猫儿石一带分布着天原化工厂、造纸厂等企业；南岸自弹子石到海棠溪、李家沱等沿江地带为裕华纱厂、水轮机器厂、重庆毛纺织染厂等工厂。这些战时沿江工业区的快速建厂开发了两江沿岸，其选址布局对重庆城区此后的发展具有空前的影响，所以 1941 年制定的"陪都分区计划"、1946 年编制的《陪都十年建设计划草案》对工业区选址都以战时形成的工业区为基础扩展。

这些兵工厂、民营厂矿的迁建占领了乡村大片生产、生活用地，并且在工厂附近的乡村周边也形成了工人与居民的聚集区，同时还逐渐建设了基础设施和生活设施，开始形成街区并开始改变战前传统的乡村面貌，形成了大渡口和江北郭家沱等军工厂为主的聚点，老城区外化龙桥、土湾和南岸李家沱等民营工厂区，以及江北、沙坪坝和九龙坡等地军工与民营工厂混合的厂区，使得江北香国寺、猫儿石、观音桥、溉澜溪和沙坪坝九龙坡、磁器口、双碑、大石坝以及南岸铜元局、大佛寺等地区得到实质性开发。

江北以兵工、冶金、造船为主，自西向东形成以猫儿石、香国寺、江北城、溉澜溪、唐家沱、郭家沱等几处分散工业节点，其中大石坝到香国寺连结成为较为密集的工业区。南岸则形成沿长江由上至下从李家沱、铜元局、海棠溪到龙门浩、弹子石、大佛寺等几个集中的工业区。据《陪都十年建设计划草案》的不完全统计，全市 1356 家工厂中，位于南岸地区的有 342 家，江北地区有 146 家❸。城区西部在嘉陵江南岸，形成化龙桥、土湾，小龙坎、磁器口、双碑等几个以兵工和民用的工业区域，而在长江西岸则有大渡口、九龙坡等较大型的军工和炼钢工厂区。

经过战时几年时间的快速发展，工业区迁建极大地改变了重庆城市性质，对城市整体空间拓展和布局结构产生了很大影响，极大地推进了近代重庆城市化发展（图 24）。重庆城市范围在工业区近郊分散迁建背景下逐步扩大，1929 年建市时期市区界限

---

❶ （民国）陪都十年建设计划草案·工商分析 [R].1946，何智亚、蒋勇主持，重庆市图书馆、重庆市规划展览馆翻印．

❷ 重庆市经济委员会编．重庆工业综述 [M]．成都：四川大学出版社，1996：21．

❸ （民国）陪都十年建设计划草案·工商分析 [R].1946，何智亚、蒋勇主持，重庆市图书馆、重庆市规划展览馆翻印．

仅包括半岛和两江沿岸，1932 年再次划定重庆市界时水陆面积达到 93.5 平方公里，迁都后不到 2 年，全市由 6 区增加到 12 区，在战时疏散背景下分散的工业区扩展城区范围，1940 年底，全市水陆面积已经达到 328 平方公里。❶

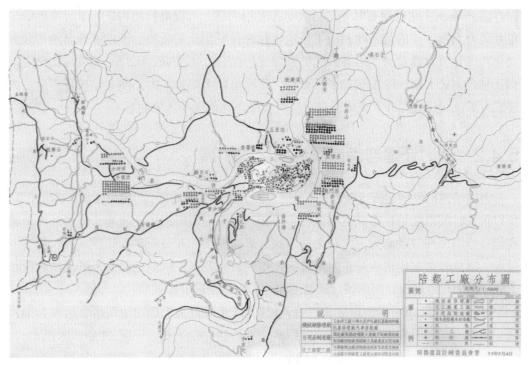

图 24　抗战内迁主要兵工厂分布图
（资料来源：（民国）《陪都十年建设计划草案.工商分析》）

3.文化教育机构迁建的选择及其影响

随着全面抗战爆发，中国尤其东部沿海地区教育蒙受惨重损失。截止 1938 年 8 月底，高等院校由战前 108 所减为 83 所，中等学校战前为 3184 所，战争爆发后处于沦陷区、战区学校合计 1926 所，减少了 40％以上。学生人数仅就大中学而论，受战事影响者就达 50％以上，其他如图书资料、仪器设备的损失，更加不可估量。在这种情况下，国民政府不得不采取措施，帮助一批高校和中学迁往大后方。于是和工业大迁徙一样，以上海、南京为主体，包括北平、天津、广州、浙江等沿海地区的国立、省立以及私立大中学校和研究所陆续开始了由东向西、大规模地向以重庆为中心的西南大后方迁移。其中，迁往重庆的有中央大学、复旦大学等。随着全国各地的学府西迁，重庆成为战时中国大后方的教育中心，重庆教育出现了空前繁荣的景象。

战时文化教育机构西迁，著名高等学府、学界精英的到来，极大地促进了重庆本地文化教育发展，其中影响最大的两个地区主要是城区西郊的沙坪坝、歌乐山和远郊

---

❶　重庆城市规划志编辑室编.重庆市规划志 [M].内部发行，1994：20.

的北碚。这两处作为国民政府的迁建区范围，具有相对安全的疏散条件，并且各自有早期奠定的文化教育基础优势，沙坪坝一带有重庆大学、四川乡村教育学院的底子，北碚有卢作孚乡村建设兴办的中小学校和中国西部科学院等科研机构，所以战时沙坪坝迁入高等学校28所，迁入而后兴办普通中学25所、中等职业学校15所、小学（含保育院）86所，北碚则有私立复旦大学等名校入驻。大批高校的内迁、学界精英的汇集和因为大批学生的流入而刺激了当地乡村建设城市化的发展，形成了著名的"沙磁文化"区，教育建设与当地各种优势资源充分结合，在交通、医疗、金融与文化之间相互融合，极大地改变了城郊乡村面貌，显示出极大的推动力，使文化教育产业的内迁成为工业区迁建之外，成为促进重庆现代城市化的又一重要因素。

5.4.2　战时迁建与南岸周边地区的扩展

南岸城区的发展起步比较晚，自古以来因为滩涂空地有限，兼南山高峻，不便开发，所以很长时间沿江地区都只有零散村落分布，市镇形成时间也比较晚，直到开埠后通商船只停泊，西方政商为占水利之便，划分势力范围、开设厂矿和修建军营、经营商号等，形成较强的经济刺激，南岸地区才得到较大发展。抗战迁都的人员机构疏散和工业厂矿大量进驻，让南岸城区开始沿山地和水岸线进一步扩展。

民国18年建市后设南岸区管理处，民国24年设立为重庆市第四区，后改为第六区，辖铜元局、南坪场、海棠溪、龙门浩、玄坛庙和弹子石，民国28年改为第十一、二区，民国30年，第十一区改设龙门上浩、龙门下浩、玄坛庙、窍角沱、弹子石、鸡冠石6镇，从巴县划入两个乡，增设重庆市第十五区，建黄桷垭、清水溪、大兴3镇。❶其辖区建成面积在抗战时期有较大扩张，主要原因都源自日军轰炸时期的政府机关和兵工企业的迁建。

1. 政府机构疏散与南山和小泉的乡村建设

从1937年12月国民政府移驻重庆后，最初选择在主城新开发市区办公，后来分别迁往南山、歌乐山、小泉等地维持正常办公和战时指挥，客观上对主城之外较为偏僻的地区开发起到了先导作用。

为维持战时政治中枢的正常运转，政府利用重庆山地的有利地形，选择隐蔽险要的自然山体进行疏散，南山上的黄山地段被作为国民政府最高的中枢疏散地。黄山位于南岸南泉山脉东段，蒋介石居住办公的云岫楼即建在地势最高的黄山主峰山顶，依据防空安全距离，周边分散着蒋介石家人的松厅、孔公馆、松籁阁，以及要员和盟军首领、顾问居住的云峰楼、草亭、莲青楼和侍从室、黄山小学、防空洞等。由于黄山远离主城，虽然具有躲避空袭的地形优势，但和主城联系非常不便，出于战时沟通的

❶　重庆市南岸区地方志编纂委员会编纂.重庆市南岸区志[Z].重庆:重庆出版社,1993:53-54.

需要，大批驻华使节、侨民也在附近修建了一批领事馆和别墅以办公、居住，由此也带动了越来越多的市区市民将其作为疏散地。于是随国民政府机关和商贾、富豪过江南迁，南山黄桷垭、清水溪、黄山人口骤增，❶尤其黄桷垭集镇在战时不断扩大，黄山、汪山地段也成为战时陪都的政治、外交活动中心之一。1940 年，国民政府在城市建设分区计划中提出："将西郊的歌乐山和东面的黄山、汪山、涂山、放牛坪一带，定义为将来逐步开拓、适宜市民随意游览的风景区计划。"对将南山作为此后城市发展的风景区开发做出了指定。

在南岸附近地区南温泉（小泉）也是战时国民政府中枢疏散地之一，虽然有温泉和隐蔽之利，但距离市区更远，故此地多作为政要避暑和休假之地，中央政治大学也迁到这里，此外还有校长官邸、林森听泉楼、孔祥熙官邸等别墅，文化名人张恨水等也避居于此，对地处偏远的南泉镇而言，重要机构与重量级人物的到来，便意味着周边交通、环境建设的改观。

2.军工企业迁建对李家沱地区的推动

随着更多的战时生产企业和民众自主疏散到南岸地区，促进了南岸周边的经济发展，如大佛寺一带迁入 31 兵工厂、李家沱周恒顺机器制造厂与重庆民生实业公司合资改组的新厂开工，弹子石地区开设织布厂、军布联谊社❷，窍角沱开设纱厂等，军工企业的生产注入了新的地区发展动力，20 世纪 40 年代初，重庆市民住宅建设委员会在南岸地区修造民房缓和房荒，❸对民众生活进一步提供了方便，也促进了当地基础性建设的发展。

工厂企业对南岸乡村建设的影响值得提及的是李家沱地区，这是南岸地区战时新兴的工业区，作为远离市郊的工业区建设发展，其主要力量源自政府的专门规划和部署。1940 年初，工矿调整处选择了李家沱附近的临江地段，在此购置三百余亩地皮，计划把大批民营工厂集中迁于此处，建设具有示范效应的战时民营工厂区。为此，特意在李家沱首先修建马路、勘定交通，专设电厂、自来水公司，为战时众多民营工厂的进驻筹备了较好的基础条件，很快随之就有沙市纱厂、中国毛纺织厂、庆华颜料厂、中国化学工业社分厂、恒顺机器厂、上川实业公司等十多家较大型企业先后进驻，在短短两年时间中工业区就初具规模，一跃成为大后方著名的战时工业区。此外经济部还在李家沱设立公共事业管理委员会，协调各厂事务，推动建立公立医院、邮政、电话、银行、小学等公共配套设施，满足工厂工人的基本生活需要❹，很快这里便人口逐渐增多，随之而成的马王坪街热闹繁华，服装店、饭馆林立，与市区的联系也非常方便，"虽

❶ 余楚修主编.重庆市志 [M].重庆：重庆出版社，1999（7）：575.

❷ 张守广著.抗战大后方工业研究 [M].重庆：重庆出版社，2012：267.

❸ 周勇主编.重庆抗战史：1931-1945[M].重庆：重庆出版社，2013：353.

❹（民国）中央银行经济研究处编印.参观重庆附近各工厂报告 [R].经济情报业刊，1943，14.

然远处重庆郊外，可是进城很方便，汽笛一鸣，只要四五十分钟就到了繁华的重庆。" ❶

经过抗战疏散迁建区建设，重庆市区在南岸的城区空间逐渐扩增，从江水岸到南山间，向纵深方向展拓。南岸城区的发展从最初只有长江沿岸五渡（五渡即黄桷渡、海棠溪、龙门浩、玄坛庙、弹子石）带状区域为民众至南岸地区的水码头聚集地和依靠作为川黔古道要津的发展基础至开埠之后码头街市，随着众多兵舰、商船的往来，洋行、俱乐部、酒吧等建设扩大，军政时期海棠溪、南城坪、弹子石为核心的区域散点进一步发展，市政建设也初步得到提升，抗战时期城区进一步迁入机关、学校和工厂等，城区范围也逐渐越过涂山，自大兴场起到金沟岩，从放牛坎、大田坎、大佛寺、弹子石、玄坛庙、龙门浩、清水溪、崇文场、海棠溪、南坪、铜元局等地都进入城区发展的范围，而远郊的战时李家沱工业区的兴起进一步提升了南岸乡村城市化的质量内涵，战后的《陪都十年建设计划草案》则将南岸自弹子石到大田坎的沿江开阔地段作为未来的工业区，计划建成新的工业卫星市区，开通高速电车，架设跨江大桥，并在沿江地段建立货栈，在弹子石东北平坦地段建筑飞机场，❷ 建设绿地公园，❸ 对未来南岸作为新兴市区发展的力量给予了很高期望（图 25）。

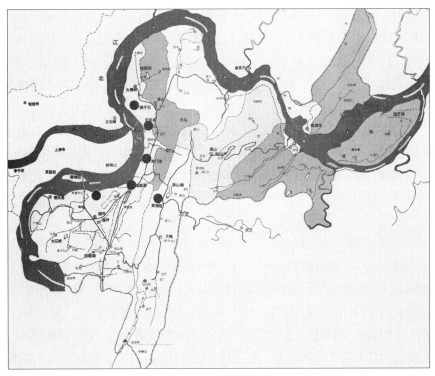

图 25　南岸及其周边地区抗战迁建重点发展区域示意图

（图片来源：根据 Google 地图改绘）

---

❶　风 . 李家沱工业区 [J]. 友讯，1946，13 .

❷　（民国）陪都十年建设计划草案·工商分析 [R].1946，何智亚、蒋勇主持，重庆市图书馆、重庆市规划展览馆翻印 .

❸　（民国）陪都十年建设计划草案·土地重划 [R].1946，何智亚、蒋勇主持，重庆市图书馆、重庆市规划展览馆翻印 .

5.4.3　战时工业区建设与江北城区扩张

从两汉时代北府城发展到明清江北厅，江北城占据嘉陵江北岸地势，形成古城传统时代的商品主要集散地，与半岛主城并称双城，民国建市之后，江北地区继续局部发展，沿江香国寺、刘家台、简家台、廖家台和下游青草坝一带成为市辖第 5 区。抗战迁都时期，江北据长江和嘉陵江之便，成为工厂迁建的首选，现代化的冶金机械、化工纺织、食品制造、造纸制革等工业的进入，改变了江北地区的经济结构和城区格局，不仅乡村向城市化发展，更推动江北成为重庆此后的工业重镇之一。

迁建到江北区境内的工厂，出于交通与防空安全需要，大都沿江分散布局，自西向东汇集成三个比较集中的工业区：第一段是在大石坝到石门一带为第 10 兵工厂厂区，以大石坝为中心形成街区；第二段是从猫儿石到观音桥、华新街，直到雨花村、刘家台并延展至江北城周边，有第 21 兵工厂为主体的兵工产业区和猫儿石一带的民营及中小型厂矿，有通用机械、天原化工、造纸等企业，推动了两者之间以观音桥为中心的街区发展；第三段是从溉澜溪、头塘到寸滩、黑石子、朝阳河、唐家沱一带，三北、东风等大型船舶工厂和与之相配的小型工厂汇集，在附近偏僻的头塘、溉澜溪等小镇中形成街区。三个地段中第二段为中心，以观音桥为核心区的地带因较多工厂企业的汇集而规模最为集中，并以此为基础辐射周边，使传统的江北城中心也逐渐向观音桥一带转移，形成了新的城区中心，自寸滩到唐家沱一带则在战后被作为新兴工业卫星市区预备加以重点开发，加强内部区域交通和沿江公路修筑，并建设跨江大桥，方便和半岛城区的交通，❶ 香国寺及四德里作为计划内普通住宅区发展，寸滩、唐家沱、观音桥等地实行公园、绿地建设，以此推动这些区域进一步发展（图 26）。

图 26　江北城区抗战迁建重点发展区域示意图

---

❶　（民国）陪都十年建设计划草案·工商分析 [R].1946，何智亚、蒋勇主持，重庆市图书馆、重庆市规划展览馆翻印.

5.4.4 疏散迁建背景下的沙坪坝地区发展

沙坪坝是重庆市区西郊嘉陵江畔的沉积沙坪地，地形多样，有台地平坝，也有森林码头。这里因清康熙年间曾在中渡口设沙坪场而得名沙坪坝。很长时间以来这里都只是巴县的一部分，东西七八里，东到嘉陵江边，西倚歌乐山，地形南宽北窄，从小龙坎起，到磁器口止，长近十里。除了嘉陵江边因临江交通原因而形成的水陆码头与商业中心——磁器口较为热闹外，大部分地区一直到民国时代都保持着安静的乡村景象。

随着1932年成渝公路的通车，公路从七星岗出发经化龙桥，小龙坎、新桥、山洞、歌乐山、金刚坡一线，公路沿线的交通优势使城市西郊的沙坪坝开始慢慢活跃起来，与市区的联系也日渐加强。在刘湘统治时期，在磁器口附近建炼钢厂，先后修建了从小龙坎到磁器口的沙磁公路，以及由小龙坎经童家桥至炼钢厂的炼钢公路，两条公路与成渝公路连成一体，构成了沙坪坝的主要道路网络。而小龙坎作为三条公路的结点，很快成为沙坪坝的中心地带。除工厂建设外，重庆大学、四川乡村建设学院等重庆最早的高等教育学府在20世纪30年代都相继在沙磁公路的沿线选址建校园。在城市内部自发力量的作用下，乡村逐渐开始变化，在抗战前，沙坪坝已从一个僻静的乡村开始了初步的城市化过程。

1. 疏散迁建时期的歌乐山周边地区

位于重庆西郊的歌乐山及周边山洞、老鹰岩、新桥、高滩岩一带是在大轰炸进入无差别轰炸阶段成为军政机关迁建区的又一处选地。1939年具有高度破坏力的燃烧弹制式化的轰炸在中国战场广泛使用和不分昼夜的连环"疲劳轰炸"[1] 使得市区已经难以继续支持正常活动，歌乐山作为迁建选择地之一，除了山地错落、林木繁茂形成了良好的隐蔽防空优势，和江北、南岸相比，这里具有更好的交通条件优势，全长63公里的巴县段成渝公路自城区牛角沱起，经小龙坎、歌乐山、金刚坡、陈家桥至青木关[2]，其中新桥是浮新和成渝两条公路的交汇点，所以随着国民政府三院六部、四大银行以及众多社会机构的进驻，歌乐山从郊外山地景区成为高级机关官邸汇集的地区，随之而来的风景景观区的打造和为之配套的医院卫生系统建设，让歌乐山的乡村建设呈现出不同于南岸的新特点：

高级官邸汇集背景下的山洞首脑中枢的建设。 据统计，歌乐山别墅公馆约占沙坪坝地区房屋总面积14.8%，尤其在位于歌乐山成渝交通咽喉之地的山洞地段公馆房屋

[1] （日）前田哲男著，王希亮翻译.从重庆通往伦敦、东京、广岛的道路——二战时期的战略大轰炸[M].北京：中华书局，2007：101-174.

[2] 重庆市交通局交通史志编纂委员会编.重庆公路运输志[Z].北京：科学技术文献出版社，1991：7.

则占 20.6%，国民政府机关以此地具山形拱卫的隐蔽之势，在周边双河桥、万家大田坝及石岗子和附近的游龙山、平正村等地修建了蒋介石官邸、林园及其他军政高官、社会名流公馆。在日机空袭期间，这里作为国民政府最高中枢要地，主要军政机关、学校、医院都保持了正常运行。

乡村风景区早期建设开发。 早在政府西迁前，四川省教育学院较早前就成立了歌乐山乡村建设社（简称乡建社），随国民政府在歌乐山大量选址修建官邸、私宅，歌乐山的乡村建设再次提上日程，制定和通过了乡建社的两年建设计划大纲，通过完善机构，设立办事处，实施租地使用，联合开发住宅，开展道路施改造，建成了可直达山巅的环山马路，购置景区专车，以高店乡作社会教育实验区发展乡村教育，创办幼稚园、小学和民众学校等，带动了一批迁入机关团体共同筹资建设歌乐山。经过短短一年时间开发，歌乐山就步入了乡村城市化进程，人口得到迅速增长，1941 年 2 月重庆市第 13 区区署成立后，辖高店子、歌乐山、山洞、新桥、上桥五镇（即原巴县高店乡、新丰乡），民国 30 年（1941 年）8 月成立了重庆市政府歌乐山郊区办公处，对歌乐山在疏建区建设基础上开展规范规划和筹建，推动这一地区的发展建设，"1940 年 4 月，歌乐山地区歌乐山镇、高店子镇和山洞镇三镇（即原巴县高店乡所辖）有人口 2 万多人，到 1943 年上升到 5 万人。"[1]。

沙坪坝医疗系统区建设。 由于医疗机构对空袭防御具有更高要求，所以位置较为偏僻的城区西郊、相对更为安全和交通方便的歌乐山周边，成为国民政府医疗系统迁建的重点区域，当时迁建和新建的医疗卫生机构共达 49 个之多[2]。此前沙坪坝、歌乐山地区卫生条件落后，缺乏相关西式医疗机构，1938 年，国民政府中央卫生署迁往新桥，其后红十字总会、中央卫生署附属中央制药厂和中央医院、中央卫生实验院、上海医学院及其附属医院、江苏医学院、贵阳医学院、湘雅医学院，国立药学专科学校、中央高级助产职业学校等医疗教学单位等代表全国最高水平的医疗机构随之迁入，分散在歌乐山、沿成渝公路一线的山洞、新桥、高滩岩等地，以沙坪坝歌乐山为核心汇集而成的中国战时医疗卫生中心，拥有当时中国最高医疗机构、教学和高级医学精英，虽然战争时期的各方面条件都较为艰苦，设施也非常简陋，但却发挥了积极作用，并成为此后地区以医院为基础促乡村向城市化发展的道路。

2. 战时"沙磁文化"区的形成

战时"沙磁"文化区的形成是重庆城市发展史上的又一个特例，是除了工业区对城市建设的促进外文化教育推动乡村城市化的典型。

重庆西郊沙坪坝在战时成为文化教育机构大量迁入的选择地是多种综合因素作用的结果，一方面是沙坪坝地区具有复杂的自然地形地貌，有利于防空疏散的天然环境，

---

❶　重庆市沙坪坝区地方志办公室编. 抗战时期的陪都沙磁文化区 [M]. 重庆：科学技术文献出版社重庆分社，1989：171.

❷　重庆市沙坪坝区地方志编纂委员会编. 重庆市沙坪坝区志 [Z]. 成都：四川人民出版社，1995：787.

另一方面则得力于民国时期的经济发展、交通建设奠定的基础，沙坪坝既有本地传统货运商业码头经济基础又有早期工业发展，同时还拥有成渝公路的便利，军政时期除了在磁器口发展民族工业外，以刘湘为代表的军人政府积极推行文化教育，这些都为高校的内迁提供了良好的社会环境，而战时政府机关的迁入是对高校和教育机构入住是文化区形成的直接力量。第三则是抗战迁都进行的水陆交通、市政基础设施建设，在沙坪坝、磁器口选址建校建厂的直接推动，为川东文教中心崛起提供了必不可少的环境依托和物质基础。❶

追溯沙磁文化区历程，在 1929 年重庆建市为市区划界就已现端倪，次年绘制上报的临时经界图中嘉陵江西岸之龙隐镇（磁器口）、红庙子（沙坪坝）都被纳入市区范围❷。作为主政者，刘湘在 1926 年在成都举行四川善后会议，提出在四川分别创立成都大学（四川大学前身）、重庆大学，即拨盐税资助成都大学，1929 年又组建重庆大学，自任校长，同时筹建四川乡村建设学院、四川中心农事试验场，1933 年又和重庆大学永久校址一并在磁器口、沙坪坝落成并行课，川东文教中心由此成形，成为几年后重庆沙磁文化区之滥觞。

在沙坪坝原有的重庆大学和川东教育学院本地两所高等学府基础上，南开中学和中央大学率先在战争初期迁入此地，促使随后更多院校汇聚于此，在具有三条进出沙坪坝公路交通结点的小龙坎一带，汇集了南开中学、重庆大学、中央大学等高校，并随着后期多个高校的进驻而大量人口聚集，沿沙磁公路一带以小龙坎为起点、磁器口为终点，在南开中学、重庆大学地段连成片形成中心，除了学校之外，周边书店、饭馆、住宅蜂起。沙坪坝地区以文化区著称，各类学生人口占了全镇人口大半，周边居民都直接间接依附学校营生，除正街商业区外，沙坪坝人口大都集中在各个学校的所在地，战时文化区俨然成形。

1938 年 2 月，高校内迁后，在重庆大学校长胡庶华积极推动下，中央大学、重庆大学等 12 家单位联合发起成立了"重庆沙坪坝文化区自治委员会"，委员会旨在将文教事业与救亡图存连为一体，成为沙坪坝文化区得名之始，一年后委员会改组更名"巴县沙坪坝文化区社会事业促进会"，此后文化区区域范围进一步加大，成员单位增加到 24 家。1941 年重庆制定战时城市分区规划中，将陪都文化区选择在沙坪坝。作为城市分区规划，明确提出城市文化区的划分，显示出重庆城市现代化发展的进步，战后的《陪都十年建设计划草案》中进一步明确城市文化区"仍在小龙坎到磁器口一带，以沙坪坝为中心，并促其发展为文化性之卫星市❸"的定位，同时将这一带列为战后 12 个卫星市发展计划之列，为容纳 5 ～ 6 万的人口和相应的建筑、交通规模加以设计筹划❹。

经过抗战时期的持续开发迁建，沙坪坝位于平坦地区的乡镇凭借便利的水陆交

❶ 张建中主编 . 重庆沙磁文化区创建史 [M]. 成都 : 四川人民出版社，2005：45.
❷ （民国）巴县志 [M]. 重庆地域历史文献选编，成都 : 四川大学出版社，2011，卷 18. 市政：801.
❸ （民国）陪都十年建设计划草案·土地重划 [R].1946，何智亚、蒋勇主持，重庆市图书馆、重庆市规划展览馆翻印 .
❹ （民国）陪都十年建设计划草案·卫星市镇 [R].1946，何智亚、蒋勇主持，重庆市图书馆、重庆市规划展览馆翻印 .

通吸引了大量工厂、学校的进驻，除了原本繁华的磁器口、小龙坎等三镇作为正街商业区和沿江工业文化带，新桥和上桥成为重庆市新划的疏建区，新增人口稠密，歌乐山与高店子成为游览区，山中别墅精舍、医院学校林立，随着政府机关疏散，人口密度达万人之数，❶ 老鹰岩、山洞等交通枢纽之地也汇集了较多的人口，城区蔚然成形（图 27）。

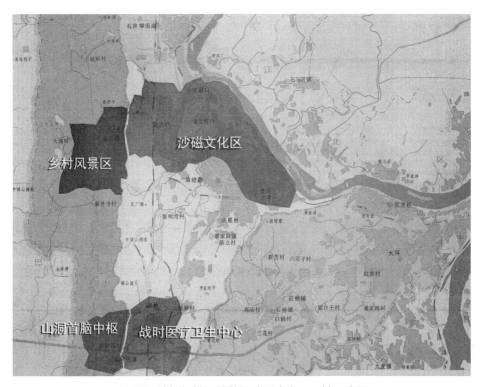

图 27　沙坪坝城区抗战迁建重点发展区域示意图

5.4.5　兵工厂迁建对大渡口地区的发展推动

大渡口地区在重庆主城的发展时间远远晚于两江四岸的其他几个片区，这个位于长江西北岸、市中区西南 14.25 公里的弧形地区直到清代都还只是一个长江渡口，只因所临江面宽阔，水流平缓宜于行船，所以成为周边乡民渡江货卖的首选之地，进而人烟渐盛，遂成村落，但始终没有得到更大发展，直到抗战之前这里始终只是长江北岸保持着传统风貌的大渡口村。

抗战前期，国民政府经反复权衡，由军政部兵工署、经济部资源委员会共同组建了钢铁厂迁建委员会，将决定军工命脉的汉阳钢铁厂、大冶铁厂、上海炼钢厂、六河沟铁厂等厂的主要设备拆迁，抢运到西南大后方。经过勘察，大渡口地区具备交通运

---

❶　（民国）杨纫章 . 重庆西郊小区域地理研究 [J]. 地理学报，1941，8.

输便利、可提供电力资源、场地广阔便于建设、有足够水源等优势，这里占据长江沿岸台地，距离半岛市区不远，无洪水淹没之虞，又有长江航运之利，同时还通嘉陵江、綦江支流航运之便，厚重机械可以直接从宜昌运到该地，而兵工生产所需要的各种原料烟煤供给、产品内外运可以充分利用周边运输，并且工厂厂址附近临近成渝铁路路线，方便建立联系接轨，实现产品铁路运输，也方便钢迁会主管机关的工作监督和指挥。

1938 年 3 月 1 日，经过多方利弊权衡，国民政府钢铁厂迁建委员会针对大渡口地块凸显出的战时优势做出抉择，在大渡口征地，并于 1940 年建成投产，在海拔 200 多米的三面环山的长江北岸月牙状台地上的工厂、生活区紧凑布局，2.64 平方公里的厂区和 2 平方公里❶的职工生活区紧密相连，占据了最初大渡口地区总面积 94.7%❷，新时期"十里钢城"的历史由此揭开序幕，从此奠立了这里工业城区的根基。大渡口村在兵工厂建设的带动下，开启城市化模式，以军工钢铁生产为主的大渡口地区成为战时国民政府钢铁工业重镇。

5.4.6 疏散迁建对北碚城区建设的促进

北碚远离城区，是战时迁建区建设中的奇迹。作为远郊卫星城，与近郊南山、歌乐山的发展有很大区别，相对于靠山、靠水、靠交通线建设起来的众多迁建区，北碚并不具有特别优势，但在战时所有卫星城镇中北碚的发展却最为突出。如果说其他迁建区的战时发展是外部力量刺激的结果，那么北碚场镇的城市化则是自主乡村建设的结果，抗战轰炸大迁徙带给北碚的是城市重新规划和建设的契机，使北碚成为现代中国城市规划中最杰出的典范。❸

北碚场和四川其他临江场镇一样，都是从沿江地区发展而来，原本和巴蜀其他场镇一样狭隘崎岖、阴湿湫隘的传统市街与房屋低矮、遮蔽天日的街道市容得到改变是从卢作孚为江、巴、璧、合四县特组峡防团务局局长驻防北碚之后开始的。卢作孚在肃清周边匪患，稳定社会治安后，对峡区建设投入了人力、物力，并受当时全国乡村建设运动影响在北碚推行乡村建设，他独出心裁地把峡区经济建设作为乡建运动的重点，计划将北碚建设成经济、文化、旅游共荣的城市。

卢作孚的经济建设首推交通，他在峡区修建北川铁路，并于 1934 年全线开通，使得抗日战争期间峡区成为陪都主要的燃料供应基地。在此基础上，他开始推行工业和文化教育建设，先后修建了北温泉、平民公园、民众体育场，还兴办三峡织布厂，开办兼善中学，创办了国西部科学院。对城区开展了大力整治和改造，清除街道障碍，锯短屋檐，加宽街道路面，兴建码头，让峡防局士兵多从事生产和市政建设，使北碚

❶ 重钢志编辑室编 . 重钢志（1938-1985）[Z]. 内部发行，1987：1.

❷ 重庆市大渡口区地方志编纂委员会编纂 . 重庆市大渡口区志 [Z]. 成都：四川科学技术出版社，1993：39.

❸ T.H.Sun Lu Tso-fu and His Yangtze Fleet.Asia and Americ a's.June 1944：248.

城区面貌为之一新。1936 年峡防局改为嘉陵江三峡乡村建设实验区后辖区范围缩减，但城市建设量却没有丝毫减弱❶，为后来迁建区建设奠定了基础。

抗日战争爆发政府内迁后，北碚被作为政府机关和文化团体迁建区，沿嘉陵江两岸将内迁机构进行分散安置，随之而来的是更多的人口迁入北碚，使得北碚的城镇区域规模开始扩大，并于 1942 年成立了北碚管理局，北碚的城镇行政地位得到提高。大轰炸不仅没有中断北碚乡村向城市近代化发展的进程，反而推动北碚在特殊环境下对城市进行继续深入改造。

战时轰炸对北碚街区也造成很大破坏，繁华的场区被毁损近 25%，所以建设分散型的房屋，加强防火安全，进行街区重构，都成为城区重建的重要内容，由于北碚城区范围不算太大，重建工作推行更具可行性，现代城市规划的诸多理念在北碚市区彻底有序的实施更容易开展，所以经过 1940～1943 年的彻底整顿和市场扩展，北碚在旧城废墟中重新建成了新的峡区商业中心区：新建房屋按照防空安全需要的间距进行距离划定，拓宽街道，整饬街貌；对旧街道布局采取了因势就形、截弯取直的办法，尽可能贴近方格式的布局，增加铺面，便于商户经营；道路交通方面，依据嘉陵江岸水运码头起点采取放射式构筑沿江、顺沟的商业区主干道武昌路、北平路以及连接外部车站、新村的外环道汉口路、温泉路，实现了商业与车站、码头、新村的衔接，同时还在放射式与方格式道路街区道路骨架基础上于道路交汇处设置广场花园，方便车辆转环并辅以风景点缀。通过如此改造，实现战时防御疏散，也利于火灾快速扑救，既满足了战时防空要求又将现代城市规划思想在新城建设中得到践行。

在卢作孚带领下的北碚城区，经过抗战空袭迁建背景下进行设计和改造成为战时发展最快、品质最高的卫星城区，城中商业中心街道开敞整洁，道边种植景观梧桐树，街区楼房商铺整齐美观，整个城区洁净典雅，直到今天都堪称现代乡村建设中的典范（图 28）。

图 28　卢作孚治理下的北碚城区街景

---

❶ （民国）嘉陵江三峡乡村建设实验区概况 [J]. 北碚月刊，1938：82.

5.5 重庆城市首部自主规划:《陪都十年建设计划草案》

重庆近现代城市肇端于清末民初,成长则始于清末通商之后,鉴于数十年来的城市建设一直存在虽然有所计划,但多属于局部零星的抉择,缺乏宏观通盘筹划的完整性,而抗战时期的市政、公用事业建设由于"城市空前骤然发展,纯由战争与动荡特殊情势所造成",建设力度与速度、资金筹集和施工保障上都受到很大影响,比如道路交通建设就"多系临时因应,倥偬急就"❶,客观上城建工作大不如之前,没能达到预期目标,也留下不少问题。由于抗战胜利之后政府迁回南京,经济急速萎缩,出于继续支持经济发展的需要,1945 年抗战胜利后重庆新任市长张笃伦宣誓就职,于 1946 年 3 月 28 日,延揽社会贤达成立了"陪都建设计划委员会",历时八十余日草拟完成了内容详尽的以"交通卫生及平民福利为目标"的《陪都十年建设计划草案》。这是现代重庆第一部规范的自主城市规划,意在"使巍然重庆,屏障西南,绾毂四方,有所谓上下水道之沟通,两江铁桥之建造,市民住宅之兴修,公园绿地之布置,水陆空之联运,以及卫生设备等,均拼力以赴,俾期化为近代之都市,近复有纪功碑之树立,图书馆之扩充,学校之增设,人才之培养,务期以十年之工作,成百年之懋绩。"所以面对重庆已经初具的现代城市格局再次进行审度,综合考虑,针对以往城市盲目成长、政府迁都后经济中心又将渐移的状况,提出了《陪都十年建设计划草案》用于指导重庆未来城市建设。草案对未来城市交通、卫生、市政、建筑、公用、文化教育以及社会保障、百姓福利等都进行了全面规划,具有相当的权威性,草案内容相当完备周密,为重庆后来的城市规划和建设留下了可供借鉴和参考的宝贵经验。

5.5.1 对城市建设不足的针对性解决方案

《草案》对以往城市建设存在的问题进行了针对性分析,认识到战后重庆城市在局促的复杂地形上陆路、水路和两江分隔的整体形势上历经战时迁建,整体而言存在比较明显的三大不足:首先是城市交通基础设施不足。公路、水运、航空都存在缺陷,公路并未形成体系,贯通市中区道路的仅中正路一线,其余线道分歧,宽窄不一,江北、南岸沿江地区更无像样的公路,大多是崎岖人行道,并不适合车行;水运航道则缺乏停靠大轮船的现代码头与方便客货上下起卸的设备;空运机场严重不足,珊瑚坝、

---

❶ 张笃伦.陪都十年建设计划草案·序 [R].1946,何智亚、蒋勇主持,重庆市图书馆、重庆市规划展览馆翻印.

九尺坎、白市驿在场地延展、交通转运和可起降机型都存在相当大的局限。整体看来城市立体交通远远没有达到城市现代化的标准。其次是城市卫生医疗，由于市政基础设施不甚完备，系统的上下水道、公厕垃圾都没有管理机制，公共医疗设备非常匮乏。第三是城市各类建筑破败不堪，竹芭篾棚是城市建筑中大多数建筑的主体形象，严重影响城市形象。❶

面对三大不足，《草案》提出了短期计划，以十年为期开展建设，主要针对以上三个症结的解决：一是交通问题，需要完成交通系统建设，增加交通工具，建立港埠设施，兴修两江大桥；二是解决卫生问题，修缮上下水道改善环境卫生，增加医防设施，推广卫生教育；三是改善平民福利，主要是拆迁棚户区，兴建平民住宅，削减负担和救济平民。

对于未来的城市发展计划，《草案》认真分析了重庆城市人口、经济在战后可能的发展趋势，提出了卫星母城、12 个卫星市、18 个卫星镇的城区扩展层次，并把相应的村镇作为卫星储备镇，以应对作为未来商业重镇人口发展的需要❷，同时对城市土地加以重新划分，地尽其用，城区划分行政、工商业中心，重在疏散人口，开辟广场，缓解稠密重负，区外腹地中广阔的乡村土地加强交通建设，作为卫星市镇开发，对法定市区与外围土地使用多样化利用都提出了方案。❸

5.5.2　对新中国成立后重庆城市建设的借鉴意义

《草案》援引国内外做法，借鉴经验，对城市发展有理性分析、论证，又有详尽规划，从城市分区、分级建设到交通环线构架，对市容市貌、文化教育建设都做了尽可能的分析与经费预算，主城建设、副中心发展与卫星城规划的层次非常鲜明，是有史以来重庆最为详密的城市建设指导文件。

作为解决城市当务之急的建设草案，陪都建设计划具有较强的实用性和针对性，但限于人力、物力和财力限制，计划制定者也认识到建设工作的完成需要法规、经济、技术各方面的支持，部分工作即便计划到期也未必能完成，实际上也很快随着 1946 年国民政府还都南京，随即内战爆发，城市建设完全陷于停顿，《草案》中的构想规划也就成为一纸空文。

然而，《草案》对抗战时期城市建设中各种影响因素和战时、战后城市建设现状的剖析以及未来建设计划都做了客观详尽的统计和分析，尤其针对当时的城市人口、经济结构和社会发展现实条件比较深入地对影响城市发展的人口、工商业情况、市区土地划分、土地利用、绿地系统建设、卫星城镇发展、交通发展与道路建设、桥梁港务

---

❶ （民国）陪都十年建设计划草案·总论 [R].1946，何智亚、蒋勇主持，重庆市图书馆、重庆市规划展览馆翻印.
❷ （民国）陪都十年建设计划草案·人口分布 [R].1946，何智亚、蒋勇主持，重庆市图书馆、重庆市规划展览馆翻印.
❸ （民国）陪都十年建设计划草案·土地重划 [R].1946，何智亚、蒋勇主持，重庆市图书馆、重庆市规划展览馆翻印.

建设、公共建筑、市民住宅和与平民生活息息相关的卫生医疗设施、燃料电力、市容规范改善、教育文化、慈善救济诸方面做了全面分析和筹划，着力于改善城市面貌，保持城市经济发展。作为第一部重庆城市的全面系统的自主规划，《草案》虽然没有得到切实实施，但其中提供的大量城市现代化建设进程信息和未来发展计划都为此后的城市建设奠定了良好的理论基础。

5.6 小 结

抗战时期是重庆城市从近代化走向现代化最关键的时期，八年多的陪都时代是重庆城市范围拓展最为迅速的时间，也促进了城市在两江四岸的深度扩张，是重庆从半岛为中心的小城市走向大型都会城市的开始（图29）。

日寇大轰炸对旧城区带来了严重破坏，但客观上为老城区的街区重构提供了重新开始的机会，处于战时安全防御需要的消防安全、火巷构造、街区拓宽等工作对旧城街区的重塑起到了重要作用。

新城区扩展得益于散点疏散迁建。战时迁建是陪都时期城市建设的最大特点，随着政府西迁，空袭威胁，国民政府机关、兵工、企业和医疗、文化机构的迁建一方面是国家战略防御的政治经济需要，另一方面则极大地改变了重庆的经济性质和结构，同时对重庆空间范围的扩张和整体建设起到了极大的促进作用。

各种机构的迁建开启了重庆乡村扩展和城市化新模式，政府机关的内迁带来了南岸南山、沙坪坝歌乐山等地的乡村发展，而国防兵工与民营工厂沿两江分散的布局极大地促进了江北、南岸李家沱、大渡口的深度发展，文化教育与医疗机构在沙坪坝、北碚落地，创造了文化推动乡村建设发展的成功范例，在这种背景下，重庆城市近远郊区各具特色的新街区与片区中心形成，在两江四岸地区更为广阔的空间中深入展拓，奠定了新中国成立后重庆城市建设的空间与物质基础，几大区域分散发展，从北碚到南温泉，从广阳坝到白市驿约1940万平方公里❶的陪都市区面积奠定了新重庆建设组团扩张的雏形。《重庆陪都十年建设计划》的出炉，为逐渐步入现代工业型城市的重庆首次制定了自主规划的系统蓝图。

---

❶ （民国）陪都十年建设计划草案·总论 [R].1946，何智亚、蒋勇主持，重庆市图书馆、重庆市规划展览馆翻印．

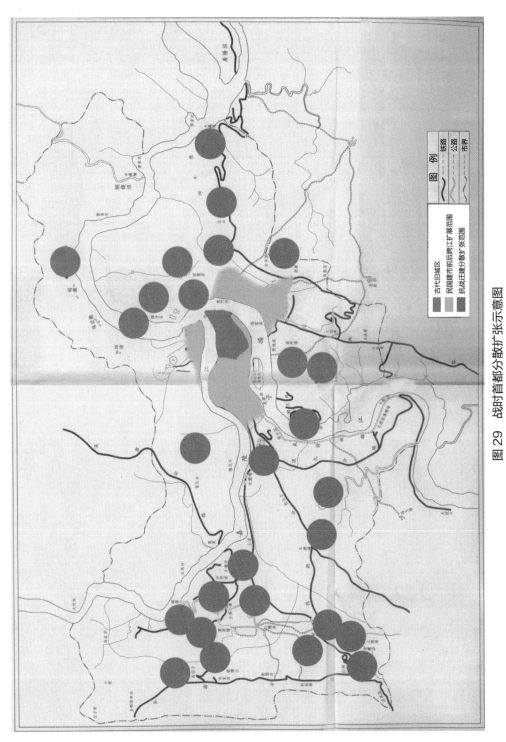

图 29　战时首都分散扩张示意图

（图片来源：根据《民国》《陪都十年建设计划草案》有关地图资料改绘）

第6章

组团扩张：现代都会城市建设（1949年~今）

1949年11月30日重庆解放，次年初，第一届各界人民代表会议确立了"建设人民的新重庆"的城市建设总方针❶，此后，历经新中国成立后60多年的不断发展，最终成为今天面积达8.3万平方公里、辖23区、人口3千万的超大型国家中心城市，在城市建设进程的曲折发展中，重庆不论城市行政辖区还是主城，从占地面积到城市形态、内部空间组织都有了质的改变。

现代重庆建设在新中国成立初期受到单一特定的政治意识形态影响，在行政区划上经历了几次大调整，城市总体规模不断扩大，新中国成立初的二三十年，以城市道路和工业建设为先导，城市区域化发展成为主要特征，改革开放后，体制改革又带来新变化，使得城市空间组织变化的环境影响因素更加多元化，市场经济与社会文化的影响力综合作用消减了计划经济时代政府政策的绝对影响，并且日益成为推动城市空间形态演变的主导因素。经历了受若干复杂的政治经济社会因素影响的不断调整，重庆城区保持持续扩展态势，主城内部空间拓展则由以往沿江平面延伸逐渐转为竖向密集型发展，跨江拓展的同时还逐渐走向跨山拓展，"一城、五片、多中心、组团式"❷的城市空间结构最终形成。

6.1 现代重庆城市的规模扩张

重庆城市的现代化建设在重庆解放后逐渐摆脱自然发展的无序性，转而走向有目的的计划型发展。以抗战时期迁建后形成的城市格局为基础，新中国成立60多年重庆经历了3个重要发展期：经济恢复期、三线建设时期、改革开放时期，在此3个阶段中重庆从制定"大分散、小集中、梅花点状"的城市规划方案开始，先后推出了1960年版《重庆城市初步规划》、1983年版《重庆城市总体规划》、1998年《重庆城市总体规划（1996～2020）》和2004年《重庆城乡总体规划（2007-2020）》及其深化版，跨越半个多世纪的时间，逐步完善了现代重庆城市骨架，不断充实交通、人文、生态内容，主城向更大范围内扩展，向构筑"一岛、两江、三谷、四脉"的自然山水城市格局发展。❸

❶ 重庆市城市规划志编辑委员会.重庆城市规划志[Z].（内部资料缩写本），1994：216.

❷ "一城"是指主城片区，"五片"则是按两江四岸划分五大片区，"多中心"是指城市中心与多个副中心，"组团"则是指人工推动形成的相对独立的城市建成区域、功能区。

❸ "一岛"即渝中半岛；"两江"为长江、嘉陵江；"三谷"即缙云山、中梁山之间的西部槽谷、中梁山和铜锣山之间的中部宽谷、铜锣山与明月山之间的东部槽谷；"四脉"即缙云山山脉、中梁山山脉、铜锣山山脉、明月山-东温泉山脉。

6.1.1　新中国成立初期的重庆主城区建设

1949 年新中国建立，11 月 30 日，重庆解放，1950 年颁布《西南军政委员会组织条例》，确定重庆为中央直辖市，西南军政委员会驻重庆，重庆成为新中国成立初期西南地区中心城市，"一五"时期经济建设与恢复发展基本奠定了重庆现代工业经济、城市公共服务设施体系的基础，经过 3 年不断努力，重庆城市生产逐步得到恢复，工农业产值也得到上升，平均每年以 10% 的速度递增，尤其是工业，发展相当快，平均每年递增 23%。[1] 城市逐步从废墟中重新站了起来，为保证工业建设的正常进行，建设部将重庆作为扩建城市，要求有计划地扩建新城区 [2]。

从这个时期开始，重庆城市发展从无序状态开始朝有规划的合理布局方向转变。新中国成立之初，1953 年、1955 年、1958 年曾经先后出台过 3 个不同版本的城市规划，但规划数量虽多，实际还是具有相当的局限性，仅在当时的城市建设部门通过，缺乏权威性和承继性，规划本身的远瞻性也不够。严格来讲，这些规划都只能算是草案，并没有得到严格执行 [3]。值得一提的是 1953 年重庆市针对当时的现状，对城市定位、工业布局和交通网络进行了重新规划，出台的《重庆城市建设规划轮廓性的初步意见》，《初步意见》就重庆城市发展的总体思路和基本布局提出了综合发展的整体设想，将重庆定位为具有"国家意义的工业基地之一"和"西南地区的政治、经济、文化中心"，"首先是利用地形，符合节约原则，使布局合理，做到对人的关怀，并照顾到既能满足目前需要，也要符合将来发展。"在处理好工业建设、城市发展、文化教育等主要城市要素的基础上，结合城市"大分散、小集中"的特点，口岸和城市市区主城分为中、南、西、北及北碚五部分做出功能规划划分和交通规划，[4] 提出同时对工厂、人口密集的沿江地区做出重点分析，认为这里是城市的精华地带，是首要发展的地方，应采取腾让插入式的紧凑发展，此外还提出了"向西发展"[5] 的导向，对大（大渡口）杨（杨家坪）九（九龙坡）地域、沙磁区、大（大坪）石（石桥铺）华（华岩）地域，以及老鹰岩、歌乐山、金刚碑地域在工业、文化教育、医药卫生和城市森林公园等方面做出了详细部署。这部《初步意见》可以看到既是对以往城市发展现实基础的延续，也很可贵地提出"对人的关怀"意识，显然在此思想指导下，城市建设注重对工业区的选择，体现出了对环保的重视。这在当时是难能可贵的，也具有相当的超前性。

经过"一五"期间的建设，重庆城市建设基本按照规划指引，在工业经济发展、各工业门类生产能力、经济机构、布局都得到强化和调整的发展趋势下，除了北碚、

[1]　中共重庆市委研究室. 重庆市情 1949-1984[M]. 重庆：重庆出版社，1985：6.

[2]　曹洪涛，储传亨. 当代中国的城市建设 [M]. 北京：中国科学社会出版社，1990：38-44.

[3]　孙家驷编著. 重庆桥梁志 [Z]. 重庆：重庆大学出版社，2011：7.

[4]　重庆市城市规划志编辑委员会. 重庆城市规划志 [Z].（内部资料缩写本），1994：37-38.

[5]　余楚修主编. 重庆市志 [M]. 第 7 卷，重庆：重庆出版社，1999：10.

南桐等自成一区之外，其他新的城市中心逐渐形成，大杨区、沙磁区作为新兴区域发展起来，大坪、杨家坪、沙坪坝、小龙坎等工矿学校集中地文化娱乐设施和公用事业的兴建，城市综合发展的构想得到初步实现。

主城区经过恢复建设得到深入充实，到 1956 年，重庆行政区划由此前的 12 区加 1 个临时办事处变为和现今城市区划比较接近的 7 个区，即市中区、江北区、南岸区、沙坪坝区、九龙坡区、北碚区和南桐矿区。在西部新城区兴起的时候，嘉陵江北岸地区也在继续发展，建设中心从以往传统的江北城进一步转向观音桥地区，南岸地区在 20 世纪 50 年代初期建设重点还是在沿江的龙门浩、弹子石、铜元局等地段，南坪一带直到 50 年代末期才得到深入建设，[1] 但这段时期城市各片区都分别编制了初步的城市城市规划，有《大坪新市镇规划》（1951 年）、《修正沙磁区初步规划意见》（1953 年），《江北区城市初步规划》（1958 年）、《沙磁区城市初步规划》（1858 年 9 月）、《大杨区城市初步规划》（1958 年 10 月）《重庆市北碚城镇规划》（1960 年 3 月）、《朝天门地区改建规划》（1960 年 9 月）[2] 等，这些城市片区分别进行规划显示出这一时期重庆主城的规模扩张进入深入阶段，城市沿着两江汇流的半岛向西部腹地发展，大（坪）杨（家坪）地区、沙（坪坝）磁（器口）地区和中梁山地区等工商业集中区及人口集聚区，是城市深入建设和扩张的主要方向，重庆城市布局的"组团式"结构雏形在这一时期得到进一步深化。

"二五"期间，在《初步意见》基础上，重庆市建委提出了《重庆地区城市初步规划说明（草案）》，并编制了重庆解放后的第一个城市总体规划——《重庆城市初步规划》，即 1960 年版的 1960 ~ 1980 年 20 年发展规划。规划对城市发展进行了重新定位，表达了要"把重庆建设成为综合性现代城市"的目标，在对工业布局进行规划之外，还首次比较系统地考虑了居住、运输、给排水、供电等城市用地。

1960 年规划范围涉及北到双碑、寸滩一线，南至鱼洞、伏牛溪地段，东则达到真武山麓，西抵歌乐山下，面积约 250 平方千米。规划是为适应大规模的城市建设需要而编制完成的，目标是将重庆逐步建设成为一个"钢铁、机械制造、电机交通工具制造、重化工综合性现代化工业城市"，计划以"大分散、小集中、梅花点状"城市用地为依托，把发展的空间更大范围地分散到近郊和卫星城市，以适应当时工业建设发展的需要，对当时的工业布局和城市架构的形成起到了一定的积极作用[3]。虽然由于当时的政治形势和经济基础状况，规划编制存在标准和规模过大、过粗的问题，虽然就如何布置工业、组织用地分区、防止工业乱建以及完善城市道路交通运输网络的建设都有规划，但对城市人口规模预计不足和缺乏相应的有效量化控制措施，对居住空间、卫星城镇、公共设施布局与建设具体指导方针与指标不够齐全，对人与城市、自然环境和谐发展

[1] 《重庆》课题组.重庆[M].北京：当代中国出版社，2008：390-391.

[2] 重庆市城市规划志编辑委员会.重庆城市规划志[Z].（内部资料缩写本），1994：60-62.

[3] 孙家驷编著.重庆桥梁志[Z].重庆：重庆大学出版社，2011：7.

的关系关注不足，环保问题在此后逐渐严峻。

6.1.2　三线建设时期的重庆城市拓展

　　"大分散、小集中、梅花点状"的布局原则是几十年来重庆城市发展规划的重要原则，最能体现这种城市布局思路并实现了若干"梅花点"组成大城市的构想，使得重庆周边小城镇与卫星城镇体系朝现代化水平发展的关键得益于三线建设时期为适应中央"要搞小城镇"、备战的需要，由于三线建设的需要，重庆周边地区沿江、沿公路和铁路线的小城镇因此而获得了发展契机，多个职能、规模各异的现代小城镇涌现，国民政府时期构想的城市卫星城镇体系发展在这个时期得到实现。

　　三线建设时期是当代重庆城市现代化建设进程中具有承上启下作用的重要时期，在这个时期重庆现代工业体系与现代卫星城镇体系建设完善相结合，城市立体交通网络初步建立，相对于以往主城以长江、嘉陵江两江交汇处核心母城为城市最集中的活动半径而言，城市规模、等级结构和现代城市立体交通网络建设得到最有力的推进。

　　三线建设起于从 1964 年下半年开始到 70 年代末期，错综复杂的国际局势对中国社会经济发展战略选择产生了极大影响。这个时期，和平建设的方针被修改为以备战为中心的建设方针，第三个发展国民经济的五年计划变为"争取时间，大力建设战略后方，防备帝国主义发动侵略战争"❶的"三线建设"，中国的大西南被列为了建设战略后方基地比较理想的选择区。根据中央部署，三线建设要"把重庆地区，包括从綦江到鄂西的长江上游，以重钢为原材料基地，建设成能够制造常规武器和某些重要机器设备的基地"，在西南地区规划建设"以成都为中心的航空工业基地，长江上游重庆至万县为中心的造船工业基地……"❷，因此，重庆就被定为了中国常规兵器基地和重要机器设备制造基地、造船业基地，与此同时对外交通体系的完善，从根本上改变西南地区的交通闭塞状况，解决区域间相互难于融通的交通桎梏，在打通西南大区之间的外部陆路交通时，重庆顺势完成了内部桥梁交通建设，便利了市区各板块之间的交通，主城周边大批新兴卫星城镇因此而发展。

1. 三线建设推动城市工业经济体系的构建与城区扩展

　　三线建设目标是备战，所以对新建工业项目着意选址在特殊地理环境中。按照国家提出的原则是要大分散、小集中，少数国防尖端项目做到"靠山、分散、隐蔽"，在重庆的山地地理环境中，人口聚集区、商业集市或商业中心分布，其本身就具有散点分布的特点，20 世纪 50 年代初重庆市委提出的"大分散、小集中、梅花点状分布"布局思路由于受到地理环境和交通阻碍，城镇体系形成进程缓慢。三线建设则带来了

---

❶　中共中央文献研究室、中央档案馆.关于计划安排的几点意见 [J].党的文献，1996，3：21.

❷　薄一波.若干重大决策与事件的回顾 [M].下卷.北京：中共中央党校出版社，1993.

重庆城郊交通条件的极大改善，为周边地区沿江、沿公路、铁路的小城镇带来了机会，城市产业布局改变了以往工业主要集中在城区和沿江岸的分布状况，国防工业主要分布于12个县境内，而配套民用工厂则集中于郊区，城市的整个工业布局可以依据交通、能源、自然资源、原材料供应以及市场导向展开，一些偏僻的郊县农村逐渐组合，变成东、西、南、北4个城镇群，拥有了不同的职能。于是，具有不同规模的大批现代城镇融入了重庆现代工业城市中，初步实现了中央通过三线建设把重庆建设成为常规兵器工业基地、钢铁基地、综合化工基地和铝加工基地的战略意图，也加速了重庆工业化的进程，由此而构成了西南—东北走向的长江、西北—东南走向的嘉陵江两者组合的"两江工业带"，到1974年，重庆城市面积达到了70多平方公里，和1949年相比，扩大了一倍多。❶

2. 三线建设与重庆城市立体交通网络的构建

三线建设完整地打造了重庆城市的水陆空交通立体网络。为城市的大幅度扩张和拓展创造了基础条件。

首先是城市外部省级铁路交通网络的建立。三线建设前，整个西南地区连接外界的铁路线在四川仅有成渝、宝成铁路与陇海铁路相接，在贵州省仅有黔桂铁路、湘桂铁路，区内城市间没有铁路干线连接，更谈不上形成干线骨架，交通运输十分落后。三线建设为重庆的城市交通网络建设带来了又一个重要发展机遇，使重庆城市现代交通获得极大改善，1965～1975年累计完成的交通运输、邮电基建投资占同期三线地区基本建设投资总额的20%左右，其中铁路建设投资则占到了70%以上。❷中央在西南新建和扩建了5条铁路大动脉（包括成昆、川黔、贵昆、湘黔和襄渝铁路），其中川黔铁路、襄渝铁路两条干线以重庆为中心。这五条铁路的建设，使川、黔、滇联成一体并形成五省相连的铁路运输网，加上此前已建成通车的成渝、宝成和黔桂铁路，整个西南地区与华中地区之间有了两条通道，在西北、华南地区也各有了宝成和黔桂铁路通道，从根本上改变了西南地区交通运输的落后状况。

其次是打通重庆城市内部的水路交通。重庆地区有长江、嘉陵江两条大江，同时还有众多支流小河，曾经这些江河在传统时代让重庆借舟楫之便得航运业的发展，但众多河流纵横所导致的陆路运输间断一直是制约重庆陆路交通和城市发展的天然屏障。新中国成立前重庆没有公路桥梁，国民政府时期就计划过修建两江大桥以解决这个长期制约重庆市域交通的瓶颈，这一规划在三线建设期间才得到实现，在此期间重庆先后修建了牛角沱嘉陵江大桥（1966年）、合川涪江大桥（1969年）、北碚朝阳嘉陵江大桥（1972年）和石板坡长江大桥（1980年）。4座大桥的落成，使长江、嘉陵江、涪江两岸道路连成一体，极大地改善了公路交通条件，促进了城市经济发展与物资交流，

❶ 《重庆》课题组. 重庆 [M]. 北京：当代中国出版社，2008：159.
❷ 彭敏. 当代中国的基本建设 [M]. 上册. 北京：中国社会科学出版社，1989.

使地跨两江发展的重庆中心城区得到质的飞跃。❶

最后是水运码头与航空运输交通的建设。三线建设期间完成了重庆港的扩建以及长江、嘉陵江其余十几个码头的新建和改、扩建❷，此外还对白市驿机场进行了改、扩建，使重庆的航运业、航空业吞吐能力大大增强❸。

通过三线建设时期系列重大交通项目的完成，加上 20 世纪 50 年代初期建成的成渝线，和 70 年代初完成的川黔、襄渝、成渝 3 条铁路干线，和长江水道共同构成重庆对外交通的 4 条大动脉，同时加上航空、公路运输，重庆拥有了比较完善的立体交通网络雏形，为其继续发挥长江上游水陆交通枢纽与经济中心作用提供了重要支撑，为城市的现代化发展提供了坚实的基础。

3. 三线建设推动城市小城镇与卫星城镇的兴起

三线建设以"靠山、分散、隐蔽"为基本原则，对于重庆的特殊自然环境而言，具有地域优势。重庆一直有人口、商业集市中心的分布离散的传统，大型工业厂矿迁入重庆，以"嵌入式"的工业发展强势注入分散地区，由于交通条件的改善，生活配套与城镇商业建设逐步加强，不少小城镇因为一个较大的三线企业进驻就得到极大带动，在这种背景下促进了大批小城镇蓬勃发展：如迁入北碚的四川仪器仪表总厂以及下辖的 10 多个分厂，让北碚成为全市仪器仪表工业基地，同时还促进了北碚城镇的发展；长寿地区则因为集中了四川染料厂、四川维尼纶厂、长寿化工厂等骨干企业的而发展成为了化工卫星城；綦江城由于大批三线军工企业迁建，加上改建后的冶金、采掘工业而集中了 11 个大中型企业成为机械工业卫星城；巴县西彭由生产稻谷、柑橘为主的农村因为西南铝加工厂的兴建而形成建成区 1 平方公里、人口 1.5 万人的小城镇而变为有色金属加工卫星城；双桥区路铺镇因四川汽车制造厂这个大型企业的选点新建而很快成为我国重型汽车工业基地，同时形成了建成区 0.89 平方公里、人口 1 万余人的小城镇❹。

在这样的大背景下，重庆城市原有 7 个辖区，在 1966 年又增加了大渡口区，巴县、綦江县和长寿县划入行政区管辖范围，20 世纪 70 年代又增加双桥区，江北县也划归重庆，80 年代永川地区下辖的永川县、江津县、合川县、铜梁县、璧山县、大足县、荣昌县、潼南县等地并入重庆市，重庆市辖 9 区 12 县，辖区面积 2.3 万平方公里。❺

---

❶ 张凤琦.论三线建设与重庆城市现代化 [J].重庆社会科学，2007：8.

❷ 龙生主编.重庆港史 [M].武汉：武汉出版社，1990：197-205.

❸ 重庆市城市规划志编辑委员会.重庆城市规划志 [Z].（内部资料缩写本），1994：168.

❹ 参见方大浩.长江上游经济中心重庆 [M].北京：当代中国出版社，1994；彭敏.当代中国的基本建设（上）[M].北京：中国社会科学出版社，1989；重庆市统计局.重庆市国民经济统计资料（1965—1974）.资料 /F2/185 卷，重庆市档案馆藏；邱国盛.1949 年以来中国城市现代化与城市化关系探讨 [J].当代中国史研究，2002，5；重庆市建设委员会.重庆市城市建设的基本情况和急待解决的问题（1977 年 10 月）.1127/2/144 卷，重庆市档案馆藏.

❺ 重庆市地方志编纂委员会总编辑室.重庆市志 [Z].卷 1.成都：四川大学出版社，1992：89-93.

6.1.3　改革开放时期多中心、组团式城市的建成

1. 改革开放到直辖前的城市发展

改革开放时代是重庆城市现代化的加速发展期。1978年十一届三中全会中国历史掀开了新的一页，依托大中城市、组织合理的经济网络、形成各类经济中心成为中国经济体制改革的基本方向，第三次全国城市工作会议提出"城市建设与经济建设相辅相成"，特别强调了城市规划的重要性，❶为适应城市建设和发展需要，全国各城市都在重新认真编制和修订城市各项规划，重庆城市建设也从十年动乱的无序状态恢复规范规划。

1983年，重庆被中央批准成为全国首个经济体制综合改革的试点城市，开始对重庆恢复发展、发挥中心城市多种功能进行了系列改革，推动重庆朝综合发展的城市迈进，1983年重庆《1982-2000年城市总体规划》的编制得到国务院批准，在总体规划指导下，通过对南坪、大坪、江北鹞子丘等30个新区建设，重庆城区范围再次扩大，这是重庆历史上扩大城市建设的一次较大发展。❷这部规划指导了重庆直辖前十几年的城市发展。后来由于当时行政区划有永川地区等成建制并入重庆、部分"三线"企业调整、重庆被确认为第二批历史文化名城等原因，在此规划基础上又进一步形成了《重庆市城市总体规划调整方案（1990年）》。

1983版规划经1990年修订后，对重庆城市性质的定义是"我国历史文化名城和重要的工业城市，是长江上游的经济中心，水陆交通枢纽和对外贸易港口"，第一次提出重庆要形成"有机松散、分片集中"的"多中心、组团式"的城市布局结构，在适应山地地形和历史特点的前提下符合世界上大城市结构由单一中心封闭式转向多中心开敞式的发展趋势。规划范围涉及东至真武山，西到歌乐山，北到双碑、寸滩一线，南抵人和场、苦竹坝一线，建成区面积73.4平方公里、152万人口的主城区。针对旧城空间拥堵、持续的工业发展带来的环境问题、交通问题、市政、文教公共设施欠缺等现实问题，对城市结构和用地布局进行了规划，❸环境保护问题也提上了日程。

1983版规划对主城区的构想是母城划分为市中区、大石坝、观音桥、上新街、南坪、大坪、沙坪坝、双碑、新侨、石桥铺、李家沱、杨家坪、中梁山、大渡口等14个片区，其中观音桥（企事业单位迁建新城区）、南坪（贸易中心）、沙坪坝（文化区）、石桥铺（科技活动中心）建立为城市的4个副中心，以减轻和分散市中区的某些功能和压力，每个片区有相应的劳动岗位、生活服务设施，片区建设紧凑，用江河、绿化等绿地分

---

❶　国务院 . 关于加强城市建设工作的意见 [R].1978.

❷　朱朝亮 . 重庆城市建设 [M]. 重庆：重庆大学出版社，1992，3：2.

❸　详见重庆市城市总体规划领导小组办公室，重庆市规划局 . 重庆市城市总体规划（1982-2000）[Z].1982.

隔片区，使绿地契入城市。●

对卫星城、小城镇和工业点建设的构想是在母城以外建设北碚、长寿、綦江、西彭等卫星城镇，两路、鱼洞、万盛、南铜、鱼嘴、郭家沱、茄子溪、打通 8 个小城镇和唐家沱、歇马场等 20 多个规模不同的工业点，组成以母城为核心的星座式城镇综合体。❷

对城市交通，总规划旨在"建立一个安全、方便、舒适、高效能的市区交通运输系统"，所以交通建设成为城市建设的主要任务。规划对外提出了铁路电气化、建上桥货运场、建沙坪坝客运站、扩建菜园坝站、开辟寸滩港、以及增加对外公路出口和建江北机场等项目计划，对内提出建立解放碑商业步行街系统、建环状道路和分流复线道路、增加公交停车设施以及拓宽道路、建地下铁道和在已有铁路线路开通城市列车等方案。为优化交通建设，还制订了详细的适合山城实际情况的道路标准。

1983 年的城市规划比较切实地把握了重庆城市演变发展的客观现实规律，处理好了历次规划尚未解决的问题，对重庆城市建设适应社会政治经济的发展起到了重要作用，"分片"集中、平衡与"多中心、组团式"的城市布局尊重了重庆城市的特殊自然地理环境与历史沿革和现实社会、经济基础，副中心、卫星城的建设从零星建设变为统一规划，将城市功能外延与拓展城市空间有机结合，为未来城市的进一步发展奠定了基础。❸

1983 年规划目标大多数具有较高的操作性，规划确定的 16 大类、95 个近期建设项目到 1990 年绝大多数提前 10 年完成。当然，由于现代社会经济进展与改革开放深化迅速，1983 年版规划还是在经济发展、人口规模预期、产业结构与生产力布局变化和城市发展方向的前瞻性方面存在不足，对直辖后两江半岛的城市密集程度恶化缺乏控制力度。

到 1995 年，重庆城市已先后两次扩大市界，形成辖 11 区 3 市 9 县、1500 多万人口、面积达 2.3 万平方公里的特大城市，中心城区从 20 世纪 80 年代初的 73.4 平方公里拓展到 184 平方公里，到 1996 年城市组团式结构已经基本定型，人口从 80 年代初的 157 万发展到 2000 年的 1000 多万，仅主城区人口就达 250 万，❹ 远远超过规划预期的城市人口 200 万，对城市的拓展方向和方式提出了新要求，北移东下成为城市发展的新方向。

2. 直辖后的重庆城市扩展

20 世纪 90 年代，中央提出实施长江经济带开发、三峡建设工程和西部大开发战略，以实现区域经济的协调发展，重庆占据的长江"龙尾"特殊战略地位和区位优

---

❶ 重庆市城市总体规划领导小组办公室，重庆市规划局.重庆市城市总体规划（1982-2000）[Z].1982

❷ 重庆市城市总体规划领导小组办公室，重庆市规划局.重庆市城市总体规划（1982-2000）[Z].1982.

❸ 重庆市城市规划志编辑委员会.重庆城市规划志 [Z].（内部资料缩写本），1994：168.

❹ 重庆市人口普查办公室编.人口与发展——重庆市第五次人口普查论文集 [C].2001.

势以及从古至今的积累与发展使其成为驱动长江上游地区经济发展的动力支点，独特的区位条件决定了重庆具有对长江经济带和西南经济区的双重聚散功能，同时兼得长江沿江地区与西南地区开发之利，在实施中西部战略和东西部渗透、融合中具有连接东西部、左右传递的枢纽作用，在这样的背景下，重庆划出四川省的构想随着国家加快发展中西部战略、三峡工程百万移民安置工作提上日程而得到了实施。1997 年 3 月全国人大审议并通过了《关于提请审议设立重庆直辖市的议案》，6 月 18 日重庆直辖市正式挂牌成立，重庆的社会经济建设再次进入崭新的历史时期。作为全国第四个直辖市，重庆肩负着"龙头"、"窗口"和辐射作用，要"努力把重庆建设成为长江上游的经济中心"，又要搞好开发性移民，帮助完成三峡工程的顺利完成，同时还要探索特大城市带动大农村经济发展的新路子，加快城乡一体化进程，实现城乡共发展、共繁荣。

直辖后，随着万县、涪陵、黔江"两市一地"并入重庆，城市管辖范围涉及 16 个区、4 个市、23 个县，最初不到 1 公里的母城发展至今，已经是辖地 8 万多平方公里，面积相当于北京、上海、天津三个直辖市面积之和的 2.4 倍，东西跨度 470 公里，南北跨度 450 公里，区县与主城距离多数在 100 公里以上，从市域范围到城市规模、等级结构都较以往发生了巨大变化。作为一个面积相当于一个中等省的直辖市，重庆具有和其余三个直辖市完全不同的特征，城市经济基础相对于三大直辖市而言却显得非常薄弱，大城市带大农村的特点始终非常突出，农村贫困人口占了重庆人口相当大的比重，经济总量和综合实力在全国居于中下水平，仅在西部欠发达地区中地位略显突出，东西部发展极不平衡。

鉴于直辖后重庆母城特大城市中心区独秀局面有所缓解，城市梯次规模开始呈现，城市空间布局需要有一套特大城市—大城市—中等城市—小城市—小城镇层次分明的完成建设体系来开展规划建设，面对机遇与新挑战，重庆编制了《1998 版总规》(《重庆城市总体规划（1996—2020 年）》)，市委、市政府提出了《重庆市国民经济和社会发展第九个五年计划和 2010 年远景目标发展纲要》，力争完成把重庆建设成为长江上游经济中心的战略目标和完善"三中心、两枢纽、一基地"的城市功能，对外使城市综合实力和区域辐射能力进一步增强，对内则调整优化城市土地利用，建设大型公益性设施、加强基础设施建设和改善生态环境。针对重庆特殊的自然环境、经济社会发展的"二元结构"等市情，市政府提出因地制宜，实施多元化的区域发展战略，依据全市自然、经济地理特征和经济社会发展现状，遵循劳动地域分工和区域经济发展的客观规律，综合多种因素，确定了建设涵盖重庆所辖区县中三大各具特色的经济区，包括都市发达经济圈、渝西经济走廊、三峡库区生态经济区，以这三大经济区的建设来进一步撑起长江上游经济中心的综合功能，促进长江上游经济中心的国民经济持续、快速、健康发展和社会全面进步 ❶（图 30）。

❶ 《重庆》课题组 . 重庆 [M]. 北京：当代中国出版社，2008：552.

图 30　重庆市三大经济区域示意

　　随着城市化进程提速，重庆的直辖效应增强，对重庆城市的发展产生了强有力的推动作用，城市进入高速发展期，活力大大增强，"四小时重庆"、"半小时主城"的建设加速了主城与区县间的联系和经济辐射，到 2006 年城市产业竞争力发展到全国第六、西部第一的水平，社会水平发展到全国第九、西部第一[1]。

　　继之而来的人口增长、用地拓展对城市腹地范围、产业扩散、城市空间整合与建设用地管理、城镇化发展、中心城市功能优化继续提出新要求，《1998 版总规》所确定的部分发展目标在 2010 年已提前实现[2]，并且其中有些也已经不适合城市规模的急速扩张，实际用地规模、产业布局形态变化发展也大大超过预期，城市生态环境、公共服务设施建设、产业发展空间等都显出滞后性，规划目标与城市发展管理出现了较大的矛盾，在这样的大背景下，《重庆市城乡总体规划（2007—2020 年）》和 2014 年深化文本相继编制完成，对新形势下的重庆城市进行了重新定位，对未来发展进行了新探索。

　　自 2007 年经过城镇体系调整之后，永川地区并入重庆，重庆成为全国面积最大、人口最多的城市。在珍惜土地和合理利用的国策指导下，城市结构和用地布局也有了相应的合理调整，重庆城镇空间分布受到地形地貌影响，主要呈带型分布，在江河沿岸和铁路、公路沿线分布，在近现代社会城市化进程中形成了特大城市中心与中小城市作为纽带、小城镇为基础的城市群结构，要实现城市的综合功能，构造合理的城市经济网络，需要突破两江屏障，向北、向南发展，尤其以北部地区作为城市发展的主要方向，多中心、组团式重庆城市空间布局在这个时期的规划中正式确立。

---

❶　中国社科院. 城市竞争力蓝皮书：中国城市竞争力报告 [R].2006.

❷　重庆市人民政府. 重庆市城乡总体规划（2007-2020）[R]. 第 1 页 .

    同时，《重庆市城乡总体规划（2007—2020年）》计划到2020年重庆将形成1个以都市区为载体的特大城市，形成万州、涪陵、黔江、合川、永川、江津等6个大城市、25个中等城市和小城市、495个左右的小城镇，从而形成市域中心城市、区域性中心城市、次区域性中心城市、中心镇和一般镇等五个城镇等级结构的城镇体系。并依托现有和规划的交通干线，呈轴状发展，形成以线穿点、以点带面的格局，逐步构建以都市区为核心的中西部城市群、以万州为核心的东北部城市群和以黔江为中心的东南部城市群。三大城市群以多样化的中心片区和庞大的组团共同组成重庆城市群，并与成都城市群构成"双核"组合型城市集群，签署了成渝两地合作协同发展的协议❶，为发展中国西部最大的城市经济带而共同进步。

    于是，在2007版规划中母城按照有机松散、分片集中的布局，被划分为相对独立而又相互联系的14个片区，并建立了4个地区级中心，被江河、绿化和荒地、农田等分隔的片区分别设置比较完整的市政、公用设施，并在此基础上分别发展片区的特色，形成新的经济发展方向定位，如南坪建成城市贸易中心，石桥铺建为科技活动中心，观音桥为企事业单位迁建的新城区，沙坪坝为文化区等，此外，母城以外又完善了北碚、长寿、綦江、西彭4个卫星城，建设两路、鱼洞、万盛等8个小城镇和20多个规模不等的工业点，围绕母城核心组成星座式城镇群综合体。❷这个规划迄今已取得实质性成果，基本达到城市建设的预期目标。

    伴随直辖后经济高速增长和西部开发政策的倾斜，重庆城市发展逐步突破城市总体规划范围的现实，旨在优化生产力布局和城市发展体系并考虑到三大经济区划分发展上因区域差异、关联度不高和协调发展上存在不足，城市内部区域间差距加大的现实❸，市政府在三大经济区基础上加以优化，提出了"一圈两翼"❹的发展战略，以"一圈"中心的强大承载力辐射"两翼"，增强城乡统筹能力，加快推进新型工业化和城镇化，快速提升城市经济实力。此后，"一圈两翼"的区域空间协调发展构想在此基础上进一步充分发展主城为中心的"一小时经济圈"功能，带动以黔江为中心的渝东南、以万州中心的三峡库区核心地带、渝东北地区的重庆经济新腾飞。❺

    2014年深化的《城乡总体规划》又进一步提出"五大功能区"的划分，立足"直辖体制、省域面积、城乡区域差异大"的特殊市情，形成都市功能核心区、都市功能拓展区、都市发展新区、渝东北生态涵养发展区和渝东南生态保护发展区五大功能区协调发展的格局❻（图31）。

---

❶ 四川省人民政府，重庆市人民政府. 重庆市人民政府四川省人民政府关于推进川渝合作共建成渝经济区的协议 [R].2007，4.

❷ 重庆市城市总体规划领导小组办公室，重庆市规划局. 重庆市城市总体规划（1982-2000）[Z].1982.

❸ 见重庆市人民政府：《2002年重庆市政府工作报告》.

❹ "一圈"是指"一小时经济圈"，"两翼"是指渝东北和渝东南来年各个经济区，两者共同构成重庆经济总体布局形态。

❺ 参见2007年5月16日《重庆日报》重庆市"一圈两翼"课题调研组：《深刻认识构建"一圈两翼"新格局的重大意义》；渝委发〔2007〕33号：《中共重庆市委 重庆市人民政府关于建设"一小时经济圈"的决定》，2007年5月18日。

❻ 重庆市人民政府. 重庆市城乡总体规划（2007-2020年）（2014年深化文本·图集）.2014，8：7.

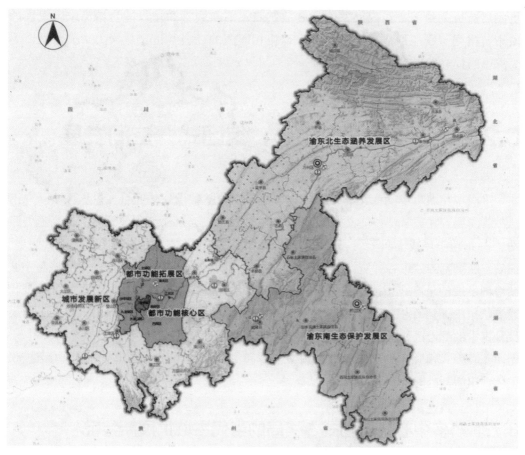

图 31 五大功能区划分图

回顾重庆城市新中国成立几十年来的发展，经过新中国成立初期到改革开放至今的发展，重庆城镇化道路不断推进，逐渐在主城周围形成了东南西北四个方向发展的城镇带，城市整体格局也突破了"两江、一岛、两山、一线"的格局，以主城为核心的"一城五片、多中心组团式"的城市形态形成，以母城为核心的"一小时经济圈"，聚集了市域内经济最发达的地区，拥有相当高的人口密集度和城镇密集度，同时向更大范围内的"一岛、两江、三谷、四脉"拓展，城镇带朝沿长江两岸方向放射状发展，联系万州、涪陵等区域中心，超大城市规模已然成型。城市空间的构造已经不仅仅局限于主城和区县之间的简单直线联系，而是综合自然地貌、历史条件、发展现状之后的以六条主要城镇发展轴为主的"点轴式"发展，以道路、河流和地域为纽带，沿路、沿江、沿边布置重要城市，并以此为节点，形成城镇发展、国土发展和经济产业带发展轴。长江黄金水道、三峡工程、"三环十射"的高速公路网，现有的成渝、渝黔、湘渝、渝怀、渝遂等铁路，穿带着若干城市沿边节点，相互联系交叉，使城市内外联系交通网络高度发达。城市体系更加完善，城市综合功能更加多样，重庆地区已经形成高速发展的超大城市群，在突破了新中国成立之后的曲折发展造成的封闭，在内外交流中吐故纳新，不断调整和建设适合城市未来发展的城市新格局，酝酿形成与国际大都市地位相匹配的社会经济文化实力，赋予城市更为深厚的社会发展潜力。

6.2 现代主城"多中心、组团式"空间发展

重庆现代城市空间变化非常迅速，得益于交通基础设施的完善，主城区不断向南北两翼发展，并进一步伴随交通建设呈跨越式发展，"三环十二射多联线"的高速公路网、"一枢纽一环线十四干线一支线"的铁路网、"一干两支"的内核航运、"一大四小"的航空网络都为城市各种资源要素的集聚提供了条件❶，以主城为核心的卫星城与小城镇协调发展的星座式城镇综合体系逐渐形成，环绕半岛中心城，主城各大片区以带状或点状集中，具有相对独立的功能区分，又和母城保持紧密联系。作为人口、工业集聚最集中的都市区，主城持续保持扩展，在"北移东进、南下西拓"的发展方向指引下，组团正在发挥出强大的优势，其中渝中半岛和主城各区都产生了质的飞跃，城市扩张也体现出崭新的时代色彩。

6.2.1 "多中心、组团式"格局的当代主城扩展新特征

"多中心、组团式"既分散又集中的城市结构是现代众多大城市共同追求的目标，这种城市形态将集中与分散有机统一，把大城市分解为系列相对独立并具有完善生产、生活设施的组团，使大部分居民的日常活动在组团内基本可以得到完成，从而减少交通压力，又以城市副中心的设立来减小城市中心在现代经济发展背景下的规模扩张后的压力，宜于在保持了大城市的规模优势前提下尽量减少因城市规模过大带来的交通、环境、就业等"城市病"，对拓展的分区尽量采取集中紧凑发展，以相对集中的混合利用来增加土地利用效率，并促使人口、功能和经济集中，在建立、完善和保障公共服务设施系统有效运行基础上增强社会经济发展，同时在建成区之间采用绿地生态间隔镶嵌，改善城市生态环境。

重庆具有山水交融的自然环境条件，两江穿绕东西两头的铜锣山、中梁山，形成山水分割格局，丘陵起伏，原本就具备分组团的天然优势，城市多中心、组团的形式其实从最初江州城初筑时城郭分离就已经初现端倪，汉代就一度发展为北府城为郡治，南城为平民所居的早期双城结构，到清代城市由渝中和江北两座城市构成已成共识，随着长江航运地位的凸显，西南地区、重庆城市的社会经济繁荣，江北、南岸伴

---

❶ 重庆市人民政府. 重庆市城乡总体规划（2007-2020）（2014年深化文本·图集）: 22-25.

随主城的兴盛而获得的进一步发展，城市黄金三角之势渐成。但受到山地半岛地形限制，重庆近代以后的城市发展在半岛上拓展难以获得更多空间，这是中外有识之士的共识❶，因此分置新城区成为经济发展所需要的必然选择。开埠之后围绕主城的两江区域虽然得到较多扩展，但老城区能容纳的人口与生产、生活空间日显局促，所以民国时期开展了新市区建设，并进一步推动城市跨江发展，也形成了组团式格局四处扩展的刺激与鼓励，抗战时期迁建区加速了扩大分散规模，为新中国建立之后的城市组团发展奠定了基础，而梅花点状布局的建设原则无疑更为深入地强化了这种思路，将多中心、组团式城市最终付诸现实。

抗战时期的军事政治决策力量最终促成重庆几大城区板块形成雏形，也因此而赋予了这些新城区典型的功能与个性，如沙坪坝的文化区域特色、大渡口区的钢铁生产、南岸黄桷垭、歌乐山地段的风景园林等，但抗战经济的推动力量消失之后，重庆几大区域的发展和新中国成立后工业布局不合理的突出矛盾很快显现出来，急需进行新的城市规划筹划，满足社会发展需要，也因此而带来了主城各区新的发展机遇，这些区域也获得了更大范围的建设与扩展。

从民国时期开始，重庆城市空间扩展就已经不再沿袭传统时代按江水走势水平方向的蔓延式拓展，一方面是跨江扩张新地域，同时突破山地限制的趋势也开始出现；另一方面是在老城区内填充式发展，母城空间拓展在抗战时期垂直向上发展的苗头已经显现，新中国成立后外延式扩张受到地域空间限制进一步加剧向上增长的势头，同时内涵式的辐射也在此后成为更为有力的拓展方式，从相对单一、孤立走向复杂、综合型发展，在更多的环境因素影响下城市扩展的方式表现更为复杂化，在以往拓展的基础上表现出更多新特征。

以经济特色为基础的片区组团发展成为特征之一。新中国成立初期提出"大分散、小集中"、"梅花点状"城市格局是多中心、组团式城市的基础，在重庆特殊的地形、历史背景和不断加强的交通建设条件下，1983 年总规明确提出了采用有机分散、分片集中的"多中心、组团式"城市结构，把母城划分为 14 个片区、4 个地区级中心，并调整了片区的职能分工。市中区作为市级机关所在地，是政治、商业、金融中心和客运交通枢纽；南岸南坪地区作为全市贸易中心，铜元局以机械为主，上新街、弹子石以轻纺为主，人口规模不再发展；观音桥为市级企事业单位迁建区，江北城以轻纺工业为主；沙坪坝依旧作为文化区，不再新增工业等❷，围绕工业发展，利用各区原有经济环境基础划分组团，分别形成新的城市分中心（图 32）。

---

❶ 开埠时期以立德代表的外国人就称重庆"狭窄、拥挤"，《一个澳大利亚人在中国》的作者莫里斯评价重庆"只有登山者可以在这里住得舒坦"，军阀主政时期，潘文华更在《九年来之重庆市政》中对重庆"格于环境"的现状直接提出改进办法付诸实施，即便到了抗战时期，贺耀祖依然感到"论地势无可发展"，可见主城区母城的地域障碍不适合更大规模的人口与社会经济发展的状态在新中国成立前就已经早早暴露。

❷ 重庆市城市规划志编辑委员会.重庆城市规划志[Z].（内部资料缩写本），1994：62-63.

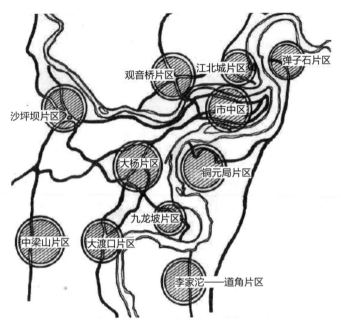

图 32　20 世纪 80 年代的重庆城市市区新片区分布

　　向多个方向持续扩张、城区突破自然界限并出现粘连趋势是特征之二。20 世纪 90 年代，面对城市化进程加快和"城市病"的不断产生，新中国成立后第二部城市总体规划编制通过，面对直辖后城市面积从 2.3 万平方公里增加到 8.2 万平方公里，母城特大城区独秀的局面被新的城镇体系战略所改变，以母城为基础的都市圈在继续保持多中心、组团式的布局结构下分为南部、北部和西部 3 大片区、12 组团（大石坝、观音桥、唐家沱北部组团，南坪、弹子石、李家沱南部组团，渝中、大杨石、沙坪坝、双碑、大渡口、中梁山西部组团），以及主城之外的 11 个外围组团（北碚、鱼洞、两路、西彭、鱼嘴、西永、长生、蔡家、白市驿、界石、一品组团），一起实现城市空间的再一次突破，在立足城市自然地理环境特点基础上满足了现代城市发展对空间拓展的需求，又兼顾了基础产业和设施的进一步强化，并在土地利用结构调整优化的基础上，兴建大型城市基础设施，交通、通信得到飞速发展，有力地促进了分中心、组团之间的密切联系与协调，但同时也由于扩张过于迅速，城市开发程度超预期，使得城市用地发展突破规划限制，组团之间对隔离绿地产生持续侵蚀，中心、组团间发展不均，相互间出现逐渐粘连合并的恶化现象。❶

　　现代技术支撑片区组团跨江相互联系与内部越过山地拓展是特征之三。在直辖效应、西部大开发政策的倾斜等综合力量推动下，为更好的服务城市发展，充分发挥重庆中心城市作用，《2007 版总规》编制出台。在城市布局结构方面，在继续维护重庆特有的"多中心组团式"城市布局基础上提出"一城五片、多中心组团式"的城市空间结构。其中，

---

❶　重庆市城市总体规划修编办公室，重庆市规划设计研究院．重庆市城市总体规划（1996—2020）[Z].1998.

"五片"包括中部、北部、西部、南部和东部片区，较 20 世纪 90 年代再次增加两个片区，"多中心"指 1 个城市中心、6 个城市副中心，城市中心包括渝中半岛、江北城、弹子石在内的重庆 CBD 地区，6 个城市副中心由观音桥、沙坪坝、杨家坪、南岸中心区、茶园、西永中心区组成。在此基础上，主城又分为 16 个组团和 8 个功能区，[1] 以形成各具特色、有中心集聚力和自我生长力，同时又相对独立完整的城区，既改善了城市面貌，提升城市中心地位，又促进区域城乡一体化发展，区域资源与环境得到合理开发，并改善城市生态环境。规划编制完成后，于 2014 年得到进一步修订完善，重庆未来的发展将继续立足于"多中心、组团式"的发展格局，在确保社会经济可持续发展的同时，有效地保护和重新建立起多样化的生态环境系统，进而维护和强化城市山水格局的连续性、自然性。[2] 在此规划全局思想指引下，老城区的直接作用逐渐削弱，城市分中心辐射作用增强，保护自然环境成为值得关注的问题，但新城区拓展不为江水、山地所限制，现代技术支撑下的交通发展使原本受困于自然条件的沙坪坝、南岸、江北等区域不仅充分利用了桥梁、轨道交通突破相互联系的瓶颈，还在自身区域内部打通山地屏障开拓了新发展区，如沙坪坝区越过中梁山、南岸开发茶园新区等。

6.2.2　渝中半岛母城格局演变与空间增长

重庆主城核心所在的两江交汇半岛，具有天生的自然环境与特定的区位优势，远古筑城选址于此，历经几千年传统时代发展，再到近代开埠、民国、抗战至新中国建立，尽管城市已经逐渐发展为多个板块的组合，主城各区依据自身业态资源形成了具有特色的新兴组团，并且不断进步，形成不同复合功能的板块，但老城区城市政治文化核心地位依然是目前任何一个板块无法取代的都市功能核心区。

1. 母城城区格局演变与内涵式扩张

渝中半岛原本集重庆政治、经济多中心功能为一身，担负着重庆城市政治商贸中心的传统核心地位，加上水运与陆路交通的便利使人口集聚成为必然，但是在人口极度扩张的条件下无法更好地发挥多项功能，所以在内部空间中也面临相当大的空间与环境压力，为缓解城市空间与经济发展、人口增长的矛盾，粗放式的扩张成为母城空间调整的第一步，新中国成立初期市中区作为旧城区被定义为住宅性混合区，主要供居住之用，除了交通用地，主要为行政机关与仓库之类，[3] 此定位很大程度上源于当时人口大量集中于半岛城区的现实状况，没有充分考虑到此后商业、金融与交通发展带来的人口加速集中所带来的隐患。

---

❶　重庆市人民政府 . 重庆市城乡总体规划（2007-2020 年），2014.8.

❷　汪忠满著 . 都市旅游与"宜游城市"空间结构研究 [M]. 北京：中国建筑工业出版社，2011：211.

❸　重庆市城市规划志编辑委员会 . 重庆城市规划志 [Z]. （内部资料缩写本），1994：37.

"双中心"格局的演变。母城上下半城的格局是在漫长的历史时期中形成的，也形成了一定的发展差距，民国时期随着扩城与交通路线延伸，上半城逐渐繁华，商业中心转移到今解放碑一带，抗战时期政治中心从下半城转移到上清寺地段。新中国成立后，"双中心"的地位与传统时代相比，上下半城政治、商贸"双中心"模式还在继续延续，但随着建设"生产性城市"发展方针与计划经济政策的影响，母城下半城的商贸经济中心地位出现萎缩，传统的"双中心"的局面出现了变化，下半城商贸中心的功能开始逐渐向相对而言交通更为便利的上半城继续转移，只有港口客运交通与客栈换乘枢纽还较长时间在下半城得到保留。

此后，随着上半城发达的现代交通网络带来的繁荣，解放碑商业中心与上清寺政治中心的确立彻底改变了下半城的主导地位，并且随着水运贸易经济一定程度的衰退，曾经朝天门沿江高端经济带的坡地旧城核心格局在开展现代高新经济方面没有显现出特别优势，很长时间中只能维持传统商贸经营旧状，发展几至停滞。改革开放后，尤其是 90 年代以来，上半城经历了更大规模的更新改造，区域整体环境得到了很大提升，解放碑、临江门商圈、洪崖洞等地段陆续得到新建设，同时加上环境改造基础上对商圈服务品质的提升和街区景观的打造，再加上政府政策的引导，城市中工商业、金融、服务等功能迅速向上半城集中，上半城的商业、文化中心地位日益凸显，成为高端经济场所和办公中心。

相比较而言，由于下半城长期未进行改造，导致以朝天门等地为中心的原有商贸中心功能全面萎缩，城市环境日益衰败，渝中半岛"双中心"城市结构恢复为"单中心"结构，不过区别在于，原有的社会经济功能高度集中于上半城 **❶**，直到近年的旧城改造计划实施，对下半城经济业态的发展调整才提上日程，目前整个下半城街区尚在调整建筑过程中。

"一级三区一带"功能板块格局。渝中半岛母城经过几千年的发展直到今天，成为城市政治经济文化中心，是长期以来建设时间最长的区域，面积 23.71 平方公里的狭长半岛型陆地经过从沿江到上下半城、再到不断西扩，从传统时期建城到近现代两千多年时间，区域板块因自然环境与社会环境的影响而在政治、经济、文化等方面造成不均衡发展，近年来为有效地实现多点支撑又集聚功能发展，突出重点管控，区政府又提出了"一级三区一带"的功能板块打造战略（图 33）。

"一级"是指解放碑 CBD 核心商圈内核级，将 0.92 平方公里的区域汇集了最高端的商务商贸、金融、文化内容，打造具备强大汇集与辐射功能的城市地标。三区之一为东部开放门户区，核心级周边的朝天门、望龙门、南纪门、七星岗街区环抱的东部门户开放区域属于以往老城上下半城发展繁华的地段，被作为核心 CBD 的功能拓展区，把旧城承载的商业、文化功能进一步延展，扩充核心内核功能，体现门户作用；其二是中部活力枢纽区，包括菜园坝、两路口、上清寺、大溪沟区域，是 20 世纪以来逐

---

❶ 唐崶. 近现代重庆市渝中半岛城市形态演进研究 [D]. 重庆：重庆大学，2012.

图 33　渝中半岛"一级三区一带"功能分区示意图

渐扩展的新市区和新中国成立后不断建设完善并经过直辖后至今建设的政务、人文与
交通枢纽所在的重点区域；其三是西部都市新核区，近些年来取得很大发展的化龙桥、
大坪、石油路街区，在商贸、信息流通和高端居住等方面体现出新城特色。"一带"是
指朝天门—菜园坝长滨路和化龙桥—朝天门嘉滨路长达 19.5 千米的两江亲水区域，具
有良好的人文历史传统和自然风光资源，被作为半岛人文休闲区加以重点打造。这种
新的区域内板块模式划分，有意识、有目的地对内部版块在统一思想指导下加以选择
性打造，有利于充分彰显板块特色，相互呼应，连心协调。近年来不断实施调整产业
导向和腾笼换鸟战略，融合商业高端服务、管理控制、人文创新与休闲体验的新城区
正在逐渐改变以汇集在大量工作、生活密集人口的旧城面貌，利用经济发展辐射周边
与交通基础设施建设延伸两江的方式提升母城的工作与居住环境，使人文历史得到尊
重和保护的工作也提上了日程。❶

　　集聚辐射周边的内涵式扩张。经过直辖之后的持续调整，渝中半岛作为传统重庆
母城转型为高端金融、商贸和政务中心之后，重庆其他城区在渝中半岛快速发展的背
景下分担了不少母城城区辐射功能，如文化中心的地位较早被沙坪坝区所取代，普通
商业贸易经济中心地位在江北区、渝北区发展得更加充分，实际上渝中区更多意义上
已经只是传统意义上的城市中心。随着日益发达的城市交通建设，居民居住生活选择
重点区域已经不再只是渝中半岛，为缓解密集人口，将大量人口迁出半岛城区，向江北、
南岸等其他更为广阔的片区迁移提供了有力导向，客观上也为城市副中心的进一步发
展提供了条件。

　　值得重点强调的是，半岛城区在现代城市建设过程中在交通建设上取得了长足进
展，公路、桥梁、轨道建设对城市街区的变化影响非常大，跨江、穿山的桥梁隧道联
通两江四岸，"十桥七轨多枢纽"、"四环六横多联络"❷的交通建设便利了渝中半岛与
各组团、片区的连接，服务于更加广大的城市功能区，城市格局实际上已经克服了自

---

❶　重庆市渝中区政府：《重庆市渝中区国民经济和社会发展第十二个五年规划纲要》，2011 年 3 月.

❷　重庆市渝中区政府：《重庆市渝中区国民经济和社会发展第十二个五年规划纲要》，2011 年 3 月.

然山水环境造成的阻断分隔，日趋一体化，渝中半岛的交通辐射功能提升（图34），政治经济文化多方面的辐射也因此而得到进一步实施。城区的扩展从土地面积的有形持续扩张进入到交通与经济文化辐射等更深层次的无形扩展，和以往简单的粗放式外延扩张相比，进入了内涵式扩张阶段，主城的拓展方式与内容已经具有了质的变化。

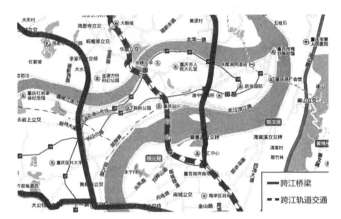

图34　渝中半岛跨江桥梁、轨道交通连接两江四岸的位置关系图
（图片来源：根据 Google 地图绘制）

2.母城城区竖向增长及其影响

在大量人口对占据社会经济资源优势的主城区的高度依赖背景下，内部空间密集扩展是改革开放后众多大城市发展的特征之一。重庆事实上在抗战时期就已经出现了建筑向空中发展的趋势，改革开放后伴随经济的快速发展，这一特征不断加剧，城市内部空间密集的竖向发展成为现代重庆城区最明显的特征。

实际上重庆作为山地城市，街区建筑立体修筑、街区竖向发展是传统自然地貌环境造就的特征，但传统时代的城市街区竖向发展是依托于地形地貌的，建筑、道路本身相对高度并不突出，城区的地势高差变化多出自天然地理位置的差别，然而随着现代城市人口的大量增加，街区的建筑密度、厚度较传统时代大大增加，高度上也形成了极大的悬殊，从地势的高差变为建筑高楼本身绝对高度的区别，甚至在很大程度上改变了城市由山形决定的城市天际线景观，密集高楼的轮廓成为现代城市的标志，母城拓展由顺江而延伸的平面拓展变为快速的向空间增长，进而带来人为景观取代自然山景的巨大变化，从根本上看是城市经济发展与人口暴增的必然结果。

重庆现代城市建设发展曲折，在充分认识到主城土地资源有限性前提下对周边副中心、小城镇建设予以了较多关注，并借助三线建设等历史机遇推动了近郊、远郊地区的发展，也在一定程度上缓解了主城中心区的压力，但缺乏高度前瞻性的规划没能恰当地把握准高速经济发展给城市带来的巨大变化，如20世纪80年代预计的城市人口规模是到2000年200万，但事实上直辖后城市总人口达到1011万，2000年第五次人口普查统计结果为仅母城人口就已经达到250万，目前渝中区全域及大渡口、江北、九龙坡、沙坪坝、南岸等内环以内的面积 181 平方千米的都市功能核心区常住人口 300 多万，❶ 人口密度约为 18000 人／平方千米，远远超于一般西部地区的城市。

就渝中老城区而言，新中国成立至今几十年发展很早就呈现出人口过密、交通拥挤、环境恶化等一系列问题。面对弊病丛生的城市，宜居问题也日益提上日程。改革开放前重庆市区人均生活用地仅 13.7 平方米，只达到国家规定下限指标的一半 ❷，直辖后经济高速发展，《2000 年中国可持续发展战略报告》显示重庆市人口密度 375 人／平方公里，为全国人口密度的 2.7 倍，都市发达圈则高代 1125 人／平方公里的密度，渝中半岛为最高密度区，2005 年达 1179 人／平方千米 ❸，对生活居住空间提出了严峻挑战。为更大程度地满足城区人口居住生活需求，大量高层建筑被修建起来，整个城市都较长时间地处于向上生长的状态，街区环境内容转变为多以人工高层建筑堆积为主，并且随着城市空间中高层建筑量急剧暴增，大量高楼占据城区有限空间，并且大量绿地空间被侵占，杂乱建筑插建对山地自然环境的生态格局造成很大损害。

值得关注的还有受到市场经济利益的策动，随着建筑高层空间的需求强烈，和国内大多数城市一样母城城区不断经历大拆大建，据统计，20 世纪 80 年代到 90 年代中期，仅市中区就拆除房屋 258.46 万平方米 ❹，其中大量具有优秀传统的街区和城市历史空间形态因为粗放式拆迁而没有得到合理保护而被粗暴破坏，高层建筑涌现的同时，周边的自然生态环境也遭受连带，造成不可逆转的损失。

改革开放三十多年来不断扩大的"千城一面"现代城市竖向增长方式带来的弊病日益显露，人口压力驱使下的城市建筑高度增长只有通过有效疏散和人工环境重新塑造来建立新的城市面貌。2000 年后，渝中半岛旧城改造工作从大规模外延式扩展转为关注内涵的提升改造，多种力量的综合作用开始影响新城建设与旧城改造，如何在拓展新区之时，充分吸收以往城区建设的教训，并在老城区现代化改造中融入对自然生态环境、历史文化传统的关注，优化未来半岛城市的形态，是今后渝中城区建设需要精心筹划的工作内容。

6.2.3 都市核心区其他城区的拓展

半岛空间的有限性早已成为定论，城区扩展是重庆城市发展的必然趋势，新中国成立之后主城持续展拓，近年来，主城空间扩展速度与广度更是大幅度增强，"多中心、组团式"城市格局下的主城各区在直辖之后十多年产生了惊人的变化。2014 年城市总体规划调整版本中提出的五大功能区划分，除了继续保持渝中母城核心区，集中体现

---

❶ 重庆市人民政府：《重庆市城乡总体规划（2007-2020 年）》（2014 年深化规划文本·图集），第 103 页.

❷ 重庆市计委：《关于重庆市维持简单再生产和城市建设、人民生活方面补欠问题的情况报告》，重庆市档案馆藏，1080/2/522.

❸ 重庆市统计局. 重庆市统计年鉴 [Z]. 北京：中国统计出版社，2006：63.

❹ 重庆市渝中区人民政府地方志编纂委员会. 重庆市市中区志 [Z].（1986-1994），重庆：重庆出版社，2006：137.

国家中心城市的经济辐射力和服务影响力，着力提高区域组织能力，作为重要门户和平台，两江四岸区域也随之迈入新阶段，除渝中区外，主城其余江北、南岸、九龙坡、沙坪坝、大渡口等主城五区被作为"都市核心区"，具有汇集高端要素辐射周边外，集中体现重庆主城政治经济、历史文等中心功能，同时肩负展现历史文化名城、山水城市和现代大都市风貌的主城之核心作用。这种核心作用的形成在新中国成立后也经历了很长的曲折发展，并且各区之间因为自然地理环境、经济基础和文化因素的差别，在新中国成立后几十年的拓展变化特点也各有不同。

1. 江北区新中国成立至今的发展概况

江北区境变化在民国时期由于市区范围扩张，多次从江北县划入地域建置了第九、十、十六区，新中国成立后这三个区合并建置为江北区，此后几十年区域空间位置都相对比较稳定，但区域内部却在不断调整和发展。

1921年江北城及其附近居民居住区被正式纳入重庆商埠督办辖区面积不过1平方公里，1933年正式划定重庆市界时东自溉澜溪同德堂庙下长江边起，经江北城、廖家台、简家台、刘家台、陈家馆至香国寺嘉陵江边止，区境面积也不过15方里（3.75平方公里），后多次扩大，1951年，江北区域范围沿长江北岸，东由铜锣峡门口、侯家垭口、梅子岚垭长江边起，至嘉陵江上游边梁沱江边止，联成一条沿江带状的狭长区境，此后范围相对稳定，20世纪80年代后由新绘制的《四川省、市、地、州、县工农行政区划面积》量定，正式确定行政区划面积为86.85平方公里❶。90年代按照城市建设"北移东下"的战略部署，江北区对辖区街、乡和行政区划进行大规模调整，1995年原江北县（今渝北区）3个乡镇及南岸郭家沱街道划入江北区。迄今最终形成区境界线全长171.6公里，拥有江岸线70.2公里（其中长江段51.37公里、嘉陵江段18.83公里），东南西三面分别与巴南、南岸、渝中、沙坪坝四区隔江相望，北与渝北区接壤，幅员面积220.77平方公里。❷

作为城市腹地的江北区一直是重庆的北大门，拥有北部水陆空交通枢纽和物资集散口岸，是重庆城市组团中的重要板块，历次城市规划都赋予了江北区丰富的城市建设内容，大石坝、观音桥和唐家沱3个自抗战时期就初步萌芽的并发挥了重要作用的组团，新中国成立后以此为基础，经过数次规划和持续建设，逐渐构建了长江、嘉陵江以北的北部片区，其中观音桥片区最早完成作为重庆城市4个副中心之一的任务。2004年的城市总体规划明确江北城地区是城市未来中心的地位，突出其商务功能，同时对区内观音桥—人和组团、唐家沱组团、鱼嘴组团等3个具有连带辐射效应的组团作出了规划，经过近10来年的建设，江北城作为未来城市中心、观音桥至新牌坊为城市副中心，市级行政机关办公集中地，寸滩地区为水路货运枢纽、集装箱物流基地，丘堡地区为出口加工区；唐家沱和五里坪地区的机械制造加工、铁路物流基地建设及

---

❶ 重庆市江北区地方志编纂委员会编 . 重庆市江北区志 [Z]. 成都：巴蜀书社，1993：67-76.

❷ 重庆市江北区地方志编纂委员会编纂 . 重庆市江北区志（1986—2005）[Z]. 北京：方志出版社，2011：1-3.

鱼嘴、复盛的工业拓展区等构想的城市建设成果正在逐步显现。

　　综合来看，江北区从不过 1 平方公里之地扩展到 220 多平方公里的广阔城区，从沿江的狭长之地到深入腹地扩展，在有目的的发展规划指引下有序推进，凭借优厚的地理位置与新中国成立后的交通建设条件，汇集雄厚的传统工业基础，充分发展贸易经济、化工制造、建筑开发、文化教育等产业，不断迁入市级机关和企事业单位，既分担了母城重荷，又在更大的空间中发挥区域优势，形成了具有个性特色的城市新组团中心，区域内打造了新兴的金融、商贸、物流中心和现代工业制造基地，同时境内城区园林设施、两江生态绿化和居民住宅区环境建设都取得了较大进步，形成主城具有代表性的片区之一（图 35）。

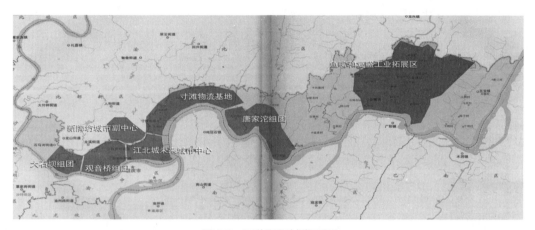

图 35　江北区区域发展图
（资料来源：重庆市勘测院编制．江北区地方志办公室监制．2009 年 12 月）

2. 南岸区新中国成立至今的发展概况

　　南岸区发展时间相对比较晚，开埠之前南岸地区并没有成型的街区，多为自然风光与庙观为主，更多时候是以川黔交通连接之地的面目出现。随着西方资本进入而带来的南岸地区经历了民国时期的持续开发、抗战时期的机关迁建，沿江地区的商业、军工和南山村镇均得到逐渐发展。新中国成立后 60 多年的持续建设，南岸从街巷狭陋、道路梗阻的沿江小市镇变为交通纵横的现代城市区，其间有一个不断变化完善的过程。

　　重庆 1929 年建市时，沿江南坪、海棠溪、龙门浩、玄坛庙、弹子石划入巴县，设南岸市政管理处，1935 年撤管理处设重庆市第四区，后改为第六区，再分第六区为十一、十二区，1940 年，崇文、大兴两乡划入设为第十五区，1944 年第十一区划分为第十一、十八区，至此到重庆解放接管时期，南岸地区共分为四个区，新中国成立后不久郭家沱、文峰乡相继被纳入区划，1955 年正式更名为重庆市南岸区，1969 年年底，广阳坝划入，❶ 1995 年郭家沱被调整至江北区，长生桥、迎龙、广阳 3 镇及九龙坡区花溪镇

---

❶　重庆市南岸区地方志编纂委员会编纂．重庆市南岸区志 [Z]．重庆：重庆出版社，1993：1.

二塘村则划入南岸区，形成现今区域界。南岸区辖境变化便是在沿江地带萌芽，通过陆续划入黄桷垭、大兴场、文峰及广阳坝等地而向内扩展，最终构成现今东部、南部接巴南区，西濒九龙坡区、渝中区，北临江北区、渝北区，形成幅员面积 263 平方公里的区境（图 36）。

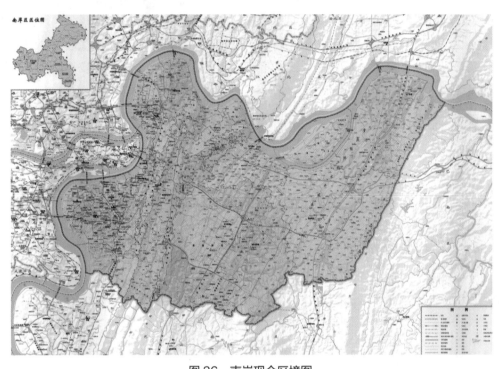

图 36　南岸现今区境图

（资料来源：重庆市勘测院编制 . 重庆地理地图中心绘制 . 2017）

作为重庆主城南大门，传统时期的南岸地区主要承担着商贸和水路交通的责任，从分散零落的沿江小村落到幅员广阔的现代都市区，南岸区的主要发展推动力来自新中国成立后的大力建设。作为地处重庆市西南部的老工业基地，远在宋代就有烧窑制瓷传统，明清时期亦有手工纺织、染织业等手工工场，由此刺激南岸各码头附近形成街市。开埠经济刺激下民族资本在南岸地区开始迅速扩展，机械、矿业、化工、建材、医药、采矿等逐渐兴起，抗战时期军工发展之需进一步刺激了南岸工业的大幅度增长，使南岸成为重庆城市的三大组成部分之一，广阳坝机场建设、川黔铁路开通也对城区发展起到了极大的促进作用，同时为新中国成立后城区经济建设奠定了基础，使南岸区的经济建设很快得到恢复，商贸、工业、交通迅速发展。

新中国成立初期南岸区沿江一带被规划为重庆市经济中心之一，在 20 世纪 80 年代的总体规划中将南岸作为四个副中心之一的贸易中心，形成以南坪为中心的"一心三点"结构，四公里、海棠溪、铜元局作为"三点"重点建设发展，在保持传统历史人文与优美自然风光的背景下，赋予了全市经贸中心、电子科研教育、生产基地的重责,上新街、弹子石着力发展轻工、轻纺,❶ 建设重心也逐渐从沿江码头内移到城中腹地,随着近年主城进入"二环时代",南岸大茶园地区全部处于这一范围,拥有较好基础与较强的空间承载力,此外还有经开区作为发展新平台,形成和两江新区、西永、高新区联动的格局,通过调整产业结构,南岸区在原有工业制造的基础上发展机电装备制造、电子信息产业,还充分挖掘区位优势发展现代物流服务业,打造弹子石 CBD 中央商务区,区内还凭借良好的山地风景区环境资源为创新都市旅游业、现代都市农业提供便利,这些都为实现圈翼联动、与主城协调发展夯实了基础。区境内除了南坪商圈、南山景区的传统经济发展版块,茶园新区、弹子石商务区、广阳岛生态区及南滨路经济带都在持续建设,以都市工业区、中央商务区、国际会展区和风景旅游区的城区功能与渝中母城功能相呼应,并为主城提供良好的人口、经济、文化教育发展深入扩展的自然延伸空间。

3.沙坪坝区新中国成立至今的发展概况

沙坪坝区作为重庆主城西大门历来是渝西交通咽喉之地,东接渝中半岛,西倚歌乐山,境内嘉陵江环绕,台地起伏,自民国时期开始就建立了较好的工业基础,抗战时期更以沙磁文化名扬中外,❷ 新中国成立后为重庆市第三区,1955 年正式定名为重庆市沙坪坝区。

与其他行政区划的最大不同是,沙坪坝区建区伊始就被明确定位为文化区,在1958 年重庆市建委就对城区做了比较详细的发展规划。沙坪坝区先后辖小龙坎、渝磁路、沙坪坝、磁器口、童家桥、石井坡、詹家溪、井口、歌乐山、山洞、新桥、天星桥、石桥铺、大坪、化龙桥、土湾等 16 个街道,拥有全市最为集中的高校教育资源,也是重庆市高级人才的集中汇集地。20 世纪 50 年代,城市新增建筑多在嘉陵江沿江及区境附近的沙坪坝、新桥、石井坡、双碑等接近文化中心区与先后出现的厂区相连,70年代小龙坎及沙坪坝中心地带已经发展为不可分割的城市街区,成为此后沙区城市建设的核心地段。80 年代,进一步形成双碑冶金机械工业区、沙坪坝中心政治经济文化中心区、上桥铁路货运及综合仓库片区,歌乐山旅游片区及大坪电视电信中心商业区、石桥铺高新技术产业区。90 年代行政区划调整,大坪、石桥铺、化龙桥街道划归渝中区管理,目前沙坪坝区辖 396 平方公里,下属 17 个街道,7 个镇。❸

近年来沙坪坝区汇集区内科技、教育资源,以大学城、西永微电园建设,突破中梁山等岭谷环境限制,汇集城区、校区。园区资源,打造"一区三高地",大力发展教育培训、电子信息、物流货运等产业,尽力维护山脉水域生态环境,提升城区功能,改善城市居住生活环境,❹ 逐步实现在所辖行政区划中有品质的内涵拓展（图 37）。

❶　重庆市城市规划志编辑委员会.重庆城市规划志 [Z].（内部资料缩写本）,1994:66.

❷　重庆市沙坪坝区地方志编纂委员会编.重庆市沙坪坝区志 [Z].成都:四川人民出版社,1995:73-74.

❸　资料来源:沙坪坝区人民政府门户网 http://spb.cq.gov.cn/.

❹　重庆市沙坪坝区人民政府:《重庆市沙坪坝区国民经济和社会发展第十二个五年规划纲要（草案）》,2011 年.

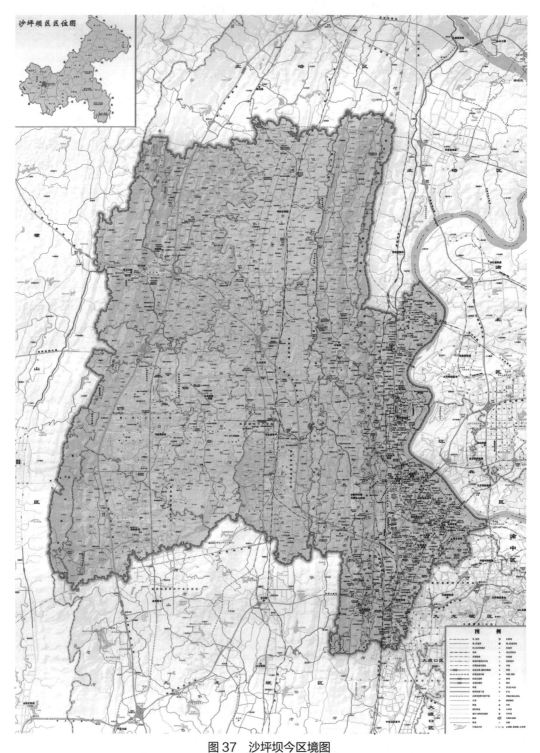

图 37 沙坪坝今区境图

（资料来源：重庆市勘测院编制．重庆地理地图中心绘制．2017）

4. 大渡口区新中国成立至今的发展概况

大渡口区是主城区中面积最小的行政区划，也是建立区划最晚的，作为主城区中的弹丸之地，地处山边低谷，土地贫瘠，起于江边渡口，盛于抗战时期"钢迁会"迁建，成为该地的发祥根基。1965 年从九龙坡区中划出，其建区目的是为了配合整个重庆钢铁公司的发展，建区时面积仅 4.9 平方公里，辖跃进村、新山村、九宫庙 3 个街道，其中重钢厂区与生活区就占了 62% 的区境，1988 年增加为 7.46 平方公里，[1]1995 年，重庆市区划调整，大渡口辖区面积增至 102.82 平方公里，所辖街道增加春晖路、茄子溪及八桥、跳磴、建胜等镇。

近年来大渡口区的发展面临较大挑战，首先是区位挑战，"组团式"发展作为重庆城市空间的主要格局和围绕"二环"形成的主城城市空间结构定位的诸多定位中，大渡口区是 16 个组团之一，但在其他城市中心、副中心、功能区中都没有大渡口区板块的融入，在主城"北拓、东跨、西进、南优"格局下，大渡口区区位没有占据任何优势，不仅没得到积极拓展，反而有被边缘化的倾向；其次是城市内涵式扩展原动力——产业竞争压力增大，结构性矛盾突出，当前具有重大意义的高端产业、服务业不断进驻渝北、江北、渝中等区域的保税港区、几大交易所，顶级奢侈品牌、酒店、写字楼、微电园等三产明显优势不足，竞争力不强；第三是域内传统产业面临巨大转型压力，区内板块协调发展不足，发展缓慢，钓鱼嘴、重钢片区仍以加工制造、新材料等附加值较低的底端产业为主，跳磴镇等重点发展商圈基础明显薄弱，[2]综合看来实现转型并与城市功能、定位匹配，是未来大渡口区急需解决的问题。[3]近年来随着重钢搬迁，区内腾笼换鸟，如何加强城市建设，依托"两江四岸"的建设契机，加强城市公共基础设施、道路交通建设，提升城区品质都需要进一步探索。

5. 九龙坡区新中国成立至今的发展概况

九龙坡区地处主城西部中梁山背斜地段，渝中半岛西南端。新中国成立之初重庆并未设有九龙坡区，仅将第八区、第十七区合并，作为第四区，此后对第四区所辖街区几度调整，直到 1952 年九龙坡区全境都还属于第四区，1955 年 10 月，第四区才定名为九龙坡区，1965 年从区内又划出九宫庙、新山村和跃进村 3 个街道建大渡口区。1995 年行政区划大调整后，九龙坡区辖杨家坪、谢家湾、石坪桥、黄桷坪、中梁山 5 个街道以及九龙、华岩 2 个镇，2010 年 8 月 1 日，石桥铺、渝州路街道正式随重庆高新技术产业开发区划归九龙坡区，至 2014 年，全区幅员面积 431.86 平方公里，辖 8 个街道和 11 个镇，分别为杨家坪街道、谢家湾街道、石

❶ 重庆市大渡口区地方志编纂委员会编纂.重庆市大渡口区志 [Z].成都：四川科学技术出版社，1993：35-36.

❷ 重庆市大渡口区人民政府：《重庆市大渡口区国民经济和社会发展第十二个五年（2011-2015 年）规划纲要》，2011 年.

❸ 王方华主编.中外都市圈发展报告 [M].上海：格致出版社，2011，8：292.

坪桥街道、黄桷坪街道、石桥铺街道、二郎街道、渝州路街道、中梁山街道、九龙镇、华岩镇、白市驿镇、西彭镇、铜罐驿镇、陶家镇、走马镇、含谷镇、巴福镇、金凤镇、石板镇。

九龙坡区具有良好的工业发展基础及水港陆路交通条件，直辖以来九龙坡凭借汽车制造、摩托车制造、有色金属冶炼及加工业、电气机械及器材业生产基础，连读多年保持全市综合经济实力首位，位居西部前列，良好的经济基础进一步为电子信息、铝加工、现代装备制造等集聚提供了广阔空间，此外九龙坡区还积极调整公路、铁路、港口布局，中梁山以东地区获得很大发展，近年来着力于解决"东西不平衡"的矛盾，对中梁山以西地区的滞后发展进行探索，这也将是区域内积极拓展的新方向。

6.2.4　都市功能拓展区相关区域的拓展演变

实际上随着社会政治经济与现代交通的发展，重庆主城的意义已经超越传统意义上的地域限制，实现了更为广阔的拓展，除了近百年时间逐步形成的长期稳定发展的都市核心区外，主城区域的板块还逐步因为北碚、渝北、巴南等区域的发展而在核心区外形成了"都市功能拓展区"。这些区域板块作为"多中心、组团式"格局的组成部分，一方面有利于提升开放平台力度，形成与渝中的互补，另一方面随着区域内产业经济发展，形成新的人口聚居区，逐步分散了主城密集的人口居住窘迫状况，同时也为城市新区发展进行过渡，对建设维护生态环境、改善本区域与市中区的人居环境品质提供支持。❶ 由此，主城从核心区到功能扩展区都被赋予了各行政区划凭借自身地理环境与经济基础，担负起组团之间协调发展的责任，从而服务于整个大重庆建设。

北碚区地处主城西北部，是川北咽喉之地，背靠缙云山，前瞰嘉陵江，是重庆城区中第一个事先有规划、再逐步建设完善起来的城区，民国时期卢作孚先生苦心经营，将这个沿江岸的小场镇向西部腹地扩展，建成独立发展的规范化城区，新中国成立后，1950年设立重庆北碚行政管理处，后改为川东行署北碚管理处，次年建川东行署北碚市，是川东人民行政公署首府，为中共中央西南局夏季办公地点。1953年撤市改区，为重庆市第六区，为一等区。1955年，定名为北碚区，1995年、2004年，相继划入原江北县水土镇、静观镇等6镇2乡划和原北温泉镇、龙凤桥镇、东阳镇（改为北温泉街道）、龙凤桥街道、东阳街道，2005年金刀峡镇和偏岩镇合并为金刀峡镇，三圣镇和石坝镇合并为三圣镇，截至2015年，全区幅员面积754.19平方公里，辖5个街道、12个镇。北碚一直以来拥有良好的矿产、水力和生物资源，同时还具有深厚的文化教育渊源，偏于主城一隅，却有便利的水道与铁路、公路交通，所以长期以来和主城各

---

❶　重庆市人民政府：《重庆市城乡总体规划（2007-2020年）》（2014年深化文本·图集），2014年8月，第8页.

区相比，既保持了独立的发展又有相互沟通和联系，既有工矿业、教育经济的持续发展，又保持着较好的绿色生态环境，城区发展比较稳定，近年来随着主城辐射力量的增强，对北碚城区也形成了较强的带动，旅游观光与教育科技都具有较好的发展前景，将是推动城区变化的重要动力。

渝北区成立时间较晚，是 1995 年在撤销原江北县建制基础上设立的新区，幅员面积 1452.03 平方公里，于今下辖 19 个街道、11 个镇，以打造城市现代工业、服务业、农业基地和最佳生态宜居城区为目标，具有良好的空港、交通与自然环境资源，区位优势非常明显，近年来经济发展迅速，一直是全市工业强区，在对外开放、招商引资方面位居全市第一。随着两江新区挂牌，渝北区占据这个国家第三个国家级开放新区近 70% 的面积，两江新区"十大功能区"，7 个都在渝北，主城扩张、二环时代的来临，加强了渝北与主城的密切联系，绕城高速的开通让母城与空港的距离大大缩短，渝北成为主城重要辐射，拓展区域的各项优势得到更充分的彰显。❶ 当然，渝北区内部也存在南北发展不均衡的矛盾，北部缺乏南部优厚的交通、区位优势，一边是空港繁荣的吞吐、两路、寸滩保税港的助推，另一边是整体城市规划没有完全跟上，北部农村交通基础设施不完善，对两江新区的大开发支撑不够，对外开放的力度还没有得到充分体现，成为未来深入拓展的方向。

巴南区也是 1995 年经行政区划调整后成为主城九区之一，目前辖 8 个街道、14 个镇，幅员面积 1834.23 平方公里，区内地形以山地为主，是主城农业大区，李家沱、鱼洞等地具备良好的工业汽摩生产基础。由于历史和地理原因，巴南区缺乏具有带动性的载体和战略性的高级平台，故而在政策优惠、产业承接、重大项目引入、人才资金吸引等方面缺乏优势，城区经济结构矛盾突出，城乡建设规划受到山地环境束缚，很难有大规模空间展开，资源环境约束性较强，全区占地面积大，实际可供开发利用的资源比较受限，城区拓展比较缓慢。在主城二环发展背景下，巴南区以主城第三增长极作为发展目标，以长江滨江经济带、环樵坪经济带为依托打造江南新城，开发麻柳沿江经济开发区，李家沱—鱼洞区域近年得到优化提升，龙洲湾等沿江地段以"宜居、生态"为特色打造的滨江休闲娱乐与居住区带动了周边发展，此外，在城乡统筹中加强打造二环特色小镇，❷ 以城乡一体化建设的方式实现新时期的拓展，在未来社会经济发展中具有较大的潜力。

---

❶ 渝北府发〔2011〕1 号：《重庆市渝北区人民政府关于印发重庆市渝北区国民经济和社会发展第十二个五年规划纲要的通知》.

❷ 巴南府发〔2011〕132 号：《重庆市巴南区人民政府关于印发〈重庆市巴南区国民经济和社会发展第十二个五年规划纲要〉的通知》.

6.3 小 结

现代重庆城的发展与传统时代相比，从质到量的发展上都有显著区别。社会政治经济环境因素发挥强大作用，推动着现代重庆城市规模大幅度扩张，城市空间功能布局在人口、社会经济发展的压力与动力下进行大调整。从"梅花点状"散点分布到"多中心、组团式"城市空间格局成形与"二环时代"的来临，政策决定、经济推动、文化影响，分别在不同阶段发挥了重要作用。

新中国成立之初，经济恢复建设与"三线建设"对重庆经济结构的调整、交通建设影响巨大，促进了渝中半岛上下半城的发展和城市周边卫星城镇的繁荣，改革开放后，重庆城市社会政治地位一再提升，自然封闭的环境障碍在现代技术支持下进一步突破，主城半岛独荣成为跨越两江的多中心组团式城市。直辖后高速发展的经济推动城区再度扩张，山水阻隔的封闭状态不复存在，城市核心区和周边地区都获得了爆发式增长，市内外联通交流变得方便快捷，越来越强大的社会需求与现代技术还在不断地改变传统的自然环境。重庆从山水城市变为高楼城市，众多现代桥梁交通成为重庆新的城市景观，自然生态环境一度受到较强冲击，近年来经过有意识的环境保护与绿化，情况有所缓解。

"多中心、组团式"城市格局与"二环时代"的主城扩张战略使重庆从母城核心区到都市拓展区的九大行政区都因社会经济建设需要而不断演变，其中有空间范围的扩充，但更多在于随着经济发展而获得质的提升，一方面分担了母城繁重的商业经济功能和人口过度集中的压力，另一方面形成了新的城市分中心，依靠区域自然与社会经济环境基础而持续发展，共同服务于特大城市重庆的发展需要。

第 7 章

长江流域三地城市空间拓展及影响因素对比

7.1 重庆主城扩张历史演进综述与特征分析

  城市发展有其自身规律，是一个自然产生、发展、壮大的历史过程。城市的扩张与社会生产力相辅相成、相互促进，城市的扩张实质是农业人口向城市集聚、农业用地按相应规模转化为城市用地的过程 ❶，传统时代这个过程因为生产力发展缓慢而变化地相应迟滞，近现代时期则随着社会经济的飞速发展，城市以超越传统时代的惊人速度扩张，大量的自然空间被纳入城市范围而被人工改造利用。梳理城市扩张演进的历史进程并总结其发展规律，是在急剧扩张的现代城镇化建设中总结过去的经验得失，并为未来城市拓展规划提供可资借鉴的参考信息。

  重庆是长江流域上游城市群中具有典型意义的山水城市，其扩张演进的历史过程同样具有代表性。从远古时代开始，城市萌芽——酋邦方国时代的据点就沿长江流域散点、线性分布，早期筑城也以两江江岸为依托，向内部适宜居住生活的平坦腹地扩展，历经两千多年的持续扩张，最终形成今天的超大型城市，从对江水环境的充分依赖转化为突破山环水绕的自然屏障，传统时代自然环境的深刻影响与近现代社会经济文化的强大推动力在城市发展的各个时期显示出不同的影响力。

  古代重庆城市的扩张主要遵循山水为界的传统模式。重庆城区与其他长江流域一样，最初的城址诞生地点散布在两江沿岸适宜渔猎和农业耕作的近水平坝地区。半岛沿江前端朝天门周边、江北嘴至香国寺沿线缓坡地带是早期城址的选择地，持续的沿江线性发展到一定规模，散点扩张成片，形成了自然分布的古代城区，进而在城市军事防御建设中被逐步纳入城墙管理范围，城市可考的扩张领域也从此逐步明确，从张仪依旧址筑城到李严沿长江南岸筑大城（下半城大部），彭大雅扩城到嘉陵江沿线（上半城部分），戴鼎时期最终形成环江为池的上下半城，都是取决于江水与山势，在两种地形环境元素中寻找城区最适合发展的空间，最后在传统社会末期逐步跨越小江（嘉陵江）、大江（长江），在山地水岸之间形成自然组团。城市面积从张仪筑城时代不到 1 公里（隗瀛涛先生推测数据）发展到传统时代末期，有清光绪年间官方测定数据，巴县城乡东西 245 里、南北 270 里，与江北划江而治，相距 1 里。❷ 城墙围合的半岛城区在戴鼎明城时代周长 2666.7 丈，约 7207.2 米，清代补筑没有较大扩张记载，可以推测城市区域大概在 5 平方公里以内。整个传统时期的扩张进程便是在山地水岸间完成从山地半岛（自顶端开始到沿江上下半城）到江岸组团（半岛、江北、南岸）的城

❶ 参见 2015 年 12 月 20～21 日中央城市工作会议要点。
❷ 《嘉庆通志》载巴县疆域东西 285 里、南北 270 里，王尔鉴《巴县志》载东西广 280 里、南北 240 里，对《通志》进行了核准，清光绪年间县令傅松龄进行城乡专门测绘，并在《图说》中注明东西 245 里、南北 270 里，与向楚时代的核准数据比较接近，在此采用此数据。

市逐步发展。

　　近代重庆城市的扩张则力图突破山水屏障，争取更多拓展空间。主城之外的江北、南岸在经济发展的自然推动力作用下得到更多开发，在清末民初逐渐形成掎角之势，而开埠商业经济的影响和战争环境的畸形推动，进一步让半岛城区在近代重庆社会快速发展的大背景下人口倍增，于是拆除城门，突破城墙，将荒坟野地变为城市新区，成为重庆主城加大扩张力度的重要表现，也是走向近代化的标志性事件。随之而来的交通建设为深入扩张提供了可能性，在军政管辖时期新兴市区被纳入城区，主城范围平面宽 1.5 公里，长 4 公里，到民国 18 年，比明清旧城范围将近拓展了 1 倍左右，近 10 平方公里。❶抗战时期的迁建工作极大地刺激了原本就已经具备的组团区域发展，公路、铁路、水运等交通技术的运用，让城区大幅度拓展获得有力的技术支持，主城辖区范围从民国初期的 6 个区变为 12 区、17 区、18 区（含水上区），半岛西部腹地的大坪、沙坪坝等地以及江北、南岸腹地都得到深入拓展，城区建成面积到 1949 年新中国成立前扩张到 300 多平方公里。水岸、山地的限制在近代重庆社会的时代特殊需求下一步步被突破。

　　现当代重庆主城的拓展出现了质的变化，钻山跨水的组团急速扩张成为城市发展的主要任务。新中国成立之初，"一五"期间，重庆开始根据地形地貌特点致力组团建设，主要向此前闲置地较多的西部腹地延伸，沙磁区、大（大渡口）杨（杨家坪）九（九龙坡）、大（大坪）石（石桥铺）华（华岩）以及歌乐山、金刚碑、老鹰岩等地域得到部署开发，城区范围深度扩张。含三线建设时期在内的 20 世纪 60 ~ 70 年代的二十多年时间，由于三年自然灾害和"文化大革命"，城市尤其主城的建设被延缓，三线建设大量工厂内迁，推动了周边城镇发展，主城建设更多在于打通交通动脉，所以这个时期在城市建设方面主要在于市内跨江大桥和隧道、市外川黔、襄渝铁路的修建，对城市缓步扩张创造了条件，到 20 世纪 70 年代城区建成面积比新中国成立前扩大了一倍；80 年代组团建设开始重新提上城市建设日程，1983 年的城市规划中对主城部署了"有机分散、分片集中"的 14 个片区和 4 个地区级中心，使城区继续深度开发和扩张；1997 年直辖后，随着万县、涪陵和黔江地区划入重庆，整个城市范围扩大到 8.2 万平方公里，而主城区也以母城为基础，都市圈在继续保持多中心、组团式的布局结构下分为南部、北部和西部 3 大片区、12 组团，以及主城之外的 11 个外围组团（北碚、鱼洞、两路、西彭、鱼嘴、西永、长生、蔡家、白市驿、界石、一品组团）；2015 年后重庆城区形成了 23 个市辖区、11 个县、4 个自治县的格局，主城形成"一城五片、多中心组团式"的结构，"五片"包括中部、北部、西部、南部和东部片区，较 90 年代再次增加两个片区，"多中心"则由 1 个城市中心、6 个城市副中心组成，城市中心包括渝中半岛、江北城、弹子石在内的重庆 CBD 地区，6 个城市副中心由观音桥、沙坪坝、杨家坪、南岸中心区及茶园、西永中心区组成，主城变为了 16 个组团和 8 个功能区（图 38、图 39）。

---

❶ （民国）巴县志 [M]. 重庆地域历史文献选编，成都：四川大学出版社，2011 年版 . 卷 18. 市政・区域：801.

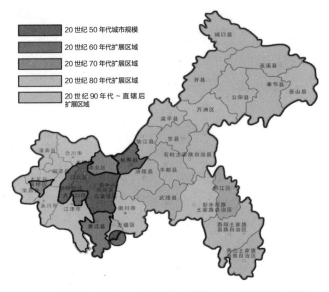

图 38 新中国成立至直辖后重庆城市辖区规模扩展进程

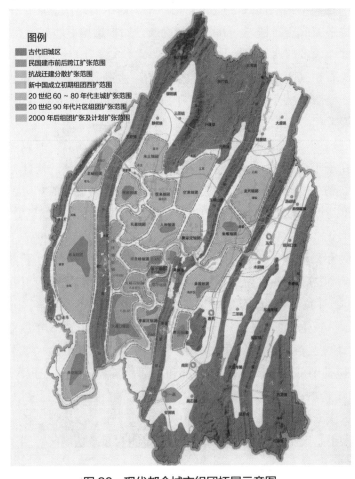

图 39 现代都会城市组团拓展示意图

经过改革开放和直辖时期的持续建设，主城的概念在当代实际上有了更为广泛的含义，渝中、江北、南岸、沙坪坝、九龙坡、大渡口等行政区划经过改革开放后的持续扩张发展，片区组团在社会经济、文化各方面协调互补、互相支持，事实上已经成为另外一种意义上的"大主城"概念，两江新区的设立，把江北、渝北和北碚的优势与更为广阔的地域发展充分结合，强化了主城经济区在新时代背景下更紧密的抱团互助和潜能开发，这种跨行政区的整合更深入地凸显了城市组团发展的新趋势，此后市委、市政府近年来在原有的行政区划基础上提出"五大功能区"的划分，原主城区进一步成为五大功能区中具有核心发展功能的区域，城市的扩展战略受山水环境的束缚极大缩减，向东、南、西、北四个方向的扩张继续推进，跨江之后的钻山模式成为向更广大区域要地的重要途径，但和新中国成立初期较盲目的粗放式扩张具有明显区别，当前的城市拓展已经深刻意识到自然生态环境和社会人文传统的重要影响，尤其是对生态环境的修复开始提上城市工作日程。

7.2　长江流域视野中的重庆城市

7.2.1　长江流域城市群发展环境概述

重庆是中国著名长河——长江流域上游最大的城市，其产生形成与发展都与长江息息相关，长江流域的自然和社会环境对重庆从古至今的变化都有至关重要的作用。

长江是中国和亚洲第一长河，干流自西而东绵延 6300 多公里，干流横贯中国 13 个省市地区，跨越西南、华中、华东地区，联接着东西部、沿海内地，其广阔的干支流域，先后流经青藏高原、云贵高原、四川盆地、江南丘陵和长江中下游平原，具有丰富的水利、生物、矿产资源，水系流域良好的亚热带季风气候造就了适宜生物繁衍的摇篮，造就了中国农耕文化的发祥地，成为适合人类生存发展的广阔空间❶，并为社会经济发展提供了雄厚的物质支持与资源供给。自上古时期开始，长江流域就有城市萌芽发育，新石器时代晚期大溪文化以其滥觞，其后铜石并用时代上游的四川新津宝墩城址、中游的湖北天门石家河和沙阳河城址、下游浙江余杭良渚遗址等都已经显现长江流域早期城市独立的发展力量，此后星罗棋布的大小城市不断相继出现并依托长江流域得天独厚的资源环境条件而不断发展，逐渐形成上中下游各具特色的城市群及核心区，分享着长江流域不同时空的自然与社会资源，进而锻造了城市基本特征与区域文化个性，在整个中国社会中占据了举足轻重的位置，从政治、经济、文化几大层面影响和制约着中国社会的未来发展。

---

❶　邓先瑞 . 季风形成与长江流域的季风文化 [J]. 长江流域资源与环境，2004，9.

总体看来，长江流域自然与社会环境带给域内城市发展的影响体现在：

一是促成流域内城市依水而生的格局。水源是城市形成发展的基础，在中国传统城市营建中影响至深，"得水为上"与"沿河设城"是城市选址的通则。长江流域城市从早期聚落到大型村落、城市均位于江河边，对江水环境所带来的水利交通优势有充分的重视和利用，并且长江自然环境塑造的防御天险为城市防守带来了有利条件，这种由自然环境所创造的军事防御作用是政治建设的必要条件，也是城市发展的重要推动力量，长江沿岸重镇几乎都是从沿江渡口发展而来的，比如南京原为越城渡、安庆本为宜城渡、镇江为京口渡、扬州本为瓜洲渡、马鞍山为采石渡等，此后一直是重要战略要地与核心城市；此外长江流域所有的重要城市几乎与长江及其支流交汇之处相关，如长江与汉水交汇处有武汉，秦淮河汇入长江的入江口是南京，长江和嘉陵江交汇处有重庆，而雅砻江、岷江、沱江、黄柏河与长江汇流处则散布着攀枝花、宜宾、泸州、宜昌等城市，位于长江入海口的上海上通长江全河流域，下转海外❶。纵观各历史时期，富裕的农业、商业经济区遍布长江流域，秦汉时期《盐铁论》所载的富庶工商业城市——江陵、成都、荆襄、丹阳属于长江流域，唐宋之际，长江下游地区是几代王朝倚重的基本经济区，明清时期长江流域的城市工商业更加发达，长沙、南京、杭州、嘉兴、松江、湖州等都成为纺织业、丝织业中心，九江、芜湖、汉口、荆州、南昌等是出名的米市，宜宾、泸州、重庆、沙市、宜昌、武昌、扬州、镇江则为商业、手工业中心城市❷。这些占据水利要素优势之地的城市很多从春秋战国时期就已经分别发展为巴蜀、荆楚、吴越之地的建都之地，为古城建设发展至今的繁荣打下了深厚基础。

二是影响城市形态与内部空间、文化特征的形成。长江流域的自然地形崎岖多变，城市建设往往是自然环境生态与地形地貌的结合，不规则筑城是流域地区传统城市空间构筑特点之一，并由此而孕育了流域不同地段丰富多变的城市文化。其中，宜宾、重庆、武汉、南京分别是上中下游城市建设与文化发展的典型代表，这将在后文中进行深入分析。除了城市形态上的不规则外，城市内部空间布局也非常具有特色。早期城市文化中比较具有代表性的表现是对宗教和权力等级阶层内容的凸显，所以城市中有城垣、大型祭祀场所、宫殿、器物等，其表现形式上不论材质、形象还是使用功能，都独具特色，与黄河流域的城市文化有很大区别，形成与北方文化的差异❸。鉴于长江流域考古工作的限制，长江文化的发展研究还有待于深入，但值得一提的是，富有个性与未知文化色彩的城市布局、建筑构造彰显了长江流域最初城市文明形成与自然社会环境之间密不可分的关系，并自诞生开始就具有鲜明的独立个性。长江流域巴蜀文化、荆楚文化、吴越文化等相对于黄河流域文化而言所呈现的特质于今尚有很多值得研究挖掘的空间。❹在传统时代中后期，衣冠南渡带来文化南北融合，但长江流域的城市

❶ 邓先瑞. 试论自然环境与城市建设——以长江流域为例 [J]. 华中师范大学学报，2006，9.

❷ 罗正齐. 长江流域城市体系建设中的几个问题 [J]. 经济科学，1992，2.

❸ 罗二虎. 长江流域早期城市初论 [J]. 文物，2013，2.

❹ 郭翠潇. 长江流域三大文化区 [J]. 人民长江报，2010，11.

发展格局也依然保持了自然环境因势就形的特征，在吸收包容北方文明的时候很大程度上依然保持了本地文化色彩，并且在流域内部也相互有所区别，城市群与居民族群心理类型依然存在明显的文化差别，如重庆山城与武汉江城、南京山水交织的城市构造、拓展方式就完全不同，显示出自然环境的强大影响力。

三是影响流域内城市群的功能分区。长江流域上中下游依据地理环境、历史渊源不同，在社会政治经济功能的发挥上也就具有不同偏重，自然环境与社会资源条件类似的城市集合，共同组成了不同的城市群，从而促成了长江流域城市群经济功能区分，由此带来上中下游的社会经济发展的差别。社会经济的发展是逆长江而行的，总体而言，上游、中游地区的森林、矿产、能源资源较下游地区更有优势，所以农业、重工业等基础性产业经过若干次历史选择而较多立足于中上游地区；在近现代工商业文明发展较早的下游地区，社会经济发展水平则明显高于中上游地区，如最早拥有开放条件的上海，金融、贸易等行业早早领先于长江流域任何一座城市，[1]以上海、南京等下游核心城市为代表的地势平坦的二省一市"长三角经济区"是全国经济最发达的门户区域，工商、贸易、金融为主流产业经济；以武汉、长沙等中游城市为核心的"中四角经济区"，以山水分隔、地形复杂为特点，水利、矿产资源丰富，工业制造业最具潜力；上游以成都、重庆等为核心的"西三角经济区"是前两者的腹地，受自然区位条件局限，历史发展曲折，城市群体明显在近现代社会经济各方面落后于中下游地区，自然环境资源储备、第一产业为主要经济基础的业态和中下游形成反差。[2]按照城市性质和功能不同，各区域又有综合性城市（如沪宁汉渝）、产业型城市、交通枢纽城市、旅游城市等类型之分，但区域间与区域内经济功能发挥区别还是非常明显。这种自然地理环境与社会历史发展综合作用造成的差异带来的城市群体经济分工和社会功能的差异发展至今，一定程度上限定了现代长江流域城市未来走向。

长江流域经济带的整体发展需要城市群体相互间的配合与互助，处于上中下游城市群核心区的重庆、武汉、南京、上海肩负着带动和辐射区域城市社会经济发展的责任，每个城市的定位与变化都将影响其他流域内城市的未来发展，和传统历史时期城市可以凭借自然环境资源独立发展的局面完全不同，现在需要流域每个城市，尤其是重点核心城市，围绕长江流域大环境现实条件有预见地开展城市建设。

7.2.2　当代重庆城市拓展与长江流域城市发展的关系

重庆经历两千多年的拓展，从两江交汇不到 1 公里的半岛弹丸之地扩展到现今 8.24 万平方公里，成为与陕、鄂、湘、黔、川、西部 12 省市接壤和中部地区结合最前沿的城市，

❶　姚士谋.长江流域城市发展的共性与个性问题 [J].长江流域资源与环境，2001，3.

❷　王兴昌.长江流域城市经济布局原则 [J].城市问题，1994，3.

其未来发展对长江流域城市具有极为重要的关系。重庆自古就是兵家必争之地，在我国现代经济战略大局中，同时以长江黄金水道与长三角相连，又借西南出海大通道与珠三角相接，承东启西，左右传递，沟通中东部的经济发达区域与西部的资源富集区；此外还贯通南北，衔接珠江流域和西部地区，目前是长江上游经济带与西陇海兰新线经济带、南贵昆特色经济区结合的中心，肩负着推进西部大开发战略突破口之一的责任，具有不可替代的重要地位。

新中国成立后重庆持续扩展，成为长江流域经济带上端的核心城市，近几十年来在自然生态环境保护、三峡工程建设、城市区域经济中心建设方面对整个长江经济带发挥着越来越具有举足轻重的作用，这些历史任务决定了重庆城市当下的地位和未来发展方向，也将更深层次地影响到重庆城市的新扩张。

传统时代，重庆城市发展是在相对封闭环境中独立发展起来的，早期主要发挥的是军事通道作用，这个时期重庆和众多农业社会时代的城市一样，与周边城市的联系远不如近现代时期紧密，人口与经济增长变化都相对缓慢，故而会有钓鱼城自给自足坚守几十年的奇迹发生，这都是传统时期城市独立发展环境中才会出现的情况。独立发展时期的城市变化主要体现在缓慢的范围拓展与内部格局细节的调整上，"自然城市"的生态环境特征比较突出，开埠之后重庆被逐渐纳入资本主义世界的经济体系中，成为被迫依附于西方经济链条中的廉价原材料、资源产品的供给方中转站，长江流域经济带对西方的开放客观上造成了重庆为核心的长江上游城市人力、物力、财力的聚集，加速了城市的迅速扩展和各种外来文化的快速进入、交流，推动重庆城市越过旧城墙，建设新市区，并开始向周边地区辐射，使经济腹地的作用得到显现，抗战时期特殊环境下城市地位进一步放大，综合影响力畸形繁荣，成为新中国成立后持续发展的基础。

当代社会条件下，长江流域经济带的巨大作用已经充分发挥，各区位在长期资源供给、商业贸易经济发展进程中形成的分工将城市群推向了互生共济的新模式中，在市场的调剂下，区域城市群之间的资源、人才、信息相互流通，协调发展，更多的优势资源向大城市、港口城市汇集，也就带来了上游中心重庆在改革开放后的巨变，急剧增加的人口与旺盛的生产力、市场需求再一次改变了城市的外围扩展与内部格局，这种变化单独看来是一座城市的嬗变，实际上背后巨大的力量来自于整个长江流域环境的整体带动。

长江流域的自然社会环境是重庆城市历史变化之根本，而重庆在整个长江流域城市带中的发展也起着不容忽视的反作用，重庆城市环境、社会经济功能的发挥是流域带中上游关键一环，在现在以及未来都至关重要。

就自然环境而言，重庆城市是长江流域环境中生态环境保护的关键节点。重庆城市建立于川东岭谷沟槽地带，农业经济时代不利于耕作，但由于人口有限、开发利用有限，经济活动基本处于自然环境可容范围之内，尚未造成人地失衡，然而客观的短板却一直存在，山地环境中的地理气象条件不利于现代工业大气污染物扩散，土壤环境易于扬尘，❶ 这些在农业经济时代尚不明显的弊病，在工业建设兴盛之后重庆扩张迅速，但很快便得到现代城市盲目发展的教训，工业三废的排放、人口暴增、城市空间生活的有限性，逐渐累积而成的酸雨和热岛效应等众多"城市病"对现代城市的快速无序扩张敲响警钟。如果说早期工业污染还限于重庆城市自身内部及周边地区，那么随着三峡工程的建设和投入使用，库区上游环境的生态问题就直接涉及中下游若干城市，影响范围已经大大超出一地一市。自然经济时代古典传统社会下风光旖旎、环境优美的三峡山水环境在面对现代社会经济条件下显示出其资源贫瘠与生态脆弱性，大规模的工业发展与密集的人口生活并不适宜在三峡库区展开，对重庆城市建设而言已经不单是传统时代小规模集中、分小组团独立发展的社会经济文化简单格局，而是一方面有经济发展、人口暴涨、城区扩张的压力，一方面则有对城市污染治理和长江三峡水质与库区生态环境安全的保障，建设宜居城市已经成为关系整个长江经济带的历史命题。❷

其次，重庆城市持续扩展很大程度上源自未来经济发展定位关系长江流域经济带整体腾飞的预期。如前文所言，长江中下游城市区域因区位资源、历史环境的不同各有发展功能定位，重庆作为上游腹地封闭环境走向开放的口岸城市代表，既有继续承担支持中下游城市环境保护、资源供给、产业支持的任务，还有辐射和带动上游中小城市共同发展的作用，作为东部经济深入西部的桥梁和西部步入东部经济的跳板，重庆承担着连接中枢的作用，城市下一步发展依托的原动力将极大地影响和带动流域城市经济体。

第三，重庆作为连接东西部经济的中心城市和国内"一带一路"建设的重要节点，不仅在经济上具有重要的连接作用，在政治文化上也有连接东西、维持社会稳定的作用。重庆作为西部核心城市之一，其良好的发展状况将会为东部经济深入内陆拓展奠定资源通道，建立良好的人才、技术储备，更以雄厚的物质文化基础巩固西部地区的安全稳定，对西北、西南地区的社会发展树立典范，更以经济文化的建设繁荣保证长江流域上游经济带的长期稳定，为进一步的东西相连、南北互通奠定可靠的政治保证。❸

总体而言，随着重庆城市的不断扩张拓展，其在长江流域经济带中的综合功能发挥更体现出重要的地位，内外多种环境因素都在不同层面发挥作用，从远古时代的自然无序扩张、传统时代的为军事所用到近现代时期的统筹发展，重庆城市将逐渐摆脱以往依赖、被动利用环境阶段进入到从现有资源基础出发、主动规划和把握机遇开展城市建设的阶段，既要保证城市核心经济产业的发展，又要兼顾上游及西部腹地的联系协作，也要保持跟进中下游发达地区的进步节奏，又要时时把好生态环境关。因此，重庆自 2000 年便开始实施的多元化发展战略，区分都市发达经济圈、渝西经济走廊与库区生态经济区建设和 2007 年的"一圈两翼"战略制定都体现了高度的环境掌控意识，

❶　徐刚 . 山地城市地貌环境问题研究 [J]. 中国环境科学，1997，6.
❷　《重庆》课题组 . 重庆 [M]. 北京：当代中国出版社，2008：524-537.
❸　蓝勇主编 . "西三角"历史发展溯源 [M]. 重庆：. 西南师范大学出版社，2011：309-315.

在关注生态自然环境之时又充分把握社会条件，承担起支持中下游城市经济发展又带动上游城市群联动进步的重要历史使命，而主城的扩张变化也因此而被赋予了更为深刻的内涵。

7.3 重庆与长江流域三地城市空间拓展对比

几乎所有沿江城市都是依靠长江及其支流逐渐发展起来的，并且大都依托长江的水利之便获得城市发展动力，但在类似的自然地理空间中，城市的发展却各有其特点。上游地区金沙江、岷江与长江三江汇合成"万里长江第一城"的宜宾和嘉陵江、长江交汇的重庆，都是沿江发展的山地城市，而长江中游武汉则更多表现为平原状态，下游南京地区虽然有丘陵地貌，但山地最高海拔也不过 300～400 米❶，与重庆山地地形几乎不在一个层面。这些城市与重庆相比，有的在自然环境方面具有共性，有的在社会历史发展进程中有某种类似，各自都依托长江奠定了城市发展地位并形成特色，城市之间显示出自上而下的时空差距和发展差距，以重庆作为参照坐标，对共处于类似地理空间中的城市形成发展历史进程和自然、社会环境动力进行比较分析，可以更为宏观地审视重庆城市的过去、现在与未来，在回顾城市产生、拓展的全过程之时，对照近现代时期各城市拓展的方向与模式，总结出更为合理的持续发展依据。

7.3.1 重庆与宜宾城市空间拓展及环境比较

长江上游沿江城市都有远古时代原始聚落散点分布，再逐渐形成城区线性带状繁衍，最后联合成片的过程，因此直到今天，长江中上游城市大都还保持了城市繁荣区以沿江、近江区域为核心发展的特征，早期主要政治经济核心都集中在沿江区域，这种特点直到现在都还可以追溯到痕迹。长江上游的宜宾与重庆自然环境十分相似，宜宾城市发展自古以来都比较稳定，所以直到现在都还保持着资源环境型城市的特色，与重庆传统时期半岛独大的状态十分相像。

宜宾自古至今城区空间格局狭小，有"一亩三分田"之说，受到金岷两江及翠屏山限制，老城在以三江口合江门为中心沿江岸展开，城市地貌以中低山地和丘陵为主，域内岭谷相间。城市连接川滇黔，"东距泸水，西连大峨，南通六诏，北接三荣。负山濒江，地势险阻。当舟车之冲,冠盖往来相望。❷"域内山川并具，尤其多山，有七星山、

---

❶ 参见南京地方志编委会. 南京自然地理志 [M]. 南京：南京出版社，1991.

❷ （清）刘元熙修，李世芳纂. 宜宾县志·卷五 形势志 [M]. 嘉庆十七年刻本，民国 21 年重印本，中国地方志集成·四川府县志辑. 第 30 册，成都：巴蜀书社，1992.

翠屏山、登高山（东山）、天柱山、赤严山、大梁山、小梁山，石城山、夷牢山等，也是名副其实的小山城。宏观上看城市为金沙江、岷江三分，以三江口为核心，呈半岛繁荣之势。

宜宾筑城据传在先秦时代，西南少数民族僰人在宜宾聚居，建立僰侯国，但考古发掘尚未获得有关僰人在此地建立城址和空间布局的信息。汉代，宜宾为僰道县，在现今城区东南一侧女学街、走马街至栈房街一带开始建"临江枕水"的土城❶，西汉昭帝元年僰道为犍为治所❷，政治中心地位一直得到沿袭，城市发展比较稳定，城市中心三江口一带在唐代德宗时城市建设加强，修筑了土城，建起了比较坚固的城墙，一度因为马湖江水患，于唐会昌三年（公元 843 年）冲垮城墙，政区中心迁徙到江北旧洲坝❸，宋代因为军事防御考虑，于咸淳三年（1267 年）迁移城区到登高山，城占地约 1.8 万平方米，现存少量城址遗迹❹，不过不到十年，州县治所最终还是回到三江口旧城所在地，并在明代洪武年间进一步修筑周回六里的砖石城墙，"高二丈七尺五寸，厚一丈八尺，周六里，共长一千八十七丈"❺，设城门六座：丽阳、合江、七星、建南、文星、武安，城市东南方以长江、马湖江作为天堑，为古城此后之规模定式❻。

城址先后经由三江口到旧州坝，又迁登高山，最后依旧回到三江口的变迁，据此经历可以看到，由于自然原因和军事需要，古城虽几度迁徙，经过反复选择比较，三江口地区是具有比较适合城市发展的优势，也是此后现代宜宾城市发展的基础。究其原因，这里具备三江环抱的水利之变，是川南山区水路交通纽带中枢，城市最主要的发展动力是作为川滇黔的商品集散吐纳地，民间有谚语"搬不完的昭通，塞不满的叙府"，就是对城市交通贸易吞吐作用的形象描绘，此外三江口在防御上也占据着相当的优势，在这样的地域环境中，宜宾城市商业贸易伴随城市建设也发展起来，社会经济因此而得到很大发展。

传统时代，宜宾本土酿酒、手工业发展具有优势，但城市经济的发展主要是作为商品中转地，陆路茶马古道运输是其一，货运途径更多还是赖于水运，所以宜宾城市注重傍水发展，城市建设中"崇水"观念比较突出。

城市城址选择注重临江枕水是"崇水"表现之一，古城街区布置也随时体现以水为重的观念。清代城墙防御作用淡化，码头交通成为引领，城市仍旧以原三江口作为

❶　应金华，范丙庚.四川历史文化名城 [M].成都：四川人民出版社，2000.

❷　（清）刘元熙修，李世芳纂.宜宾县志·卷三 建制沿革 [M].嘉庆十七年刻本，民国 21 年重印本，中国地方志集成·四川府县志辑.第 30 册，成都：巴蜀书社，1992.

❸　（清）刘元熙修，李世芳纂.宜宾县志·卷十 城池志 [M].嘉庆十七年刻本，民国 21 年重印本，中国地方志集成·四川府县志辑.第 30 册，成都：巴蜀书社，1992.

❹　中国城市规划设计研究院：《宜宾市城市总体规划（2008-2020 年）》，2008 年 12.

❺　（清）刘元熙修，李世芳纂.宜宾县志·卷十 城池志 [M].嘉庆十七年刻本，民国 21 年重印本，中国地方志集成·四川府县志辑.第 30 册，成都：巴蜀书社，1992.

❻　（清）刘元熙修，李世芳纂.宜宾县志·卷十 城池志 [M].嘉庆十七年刻本，民国 21 年重印本，中国地方志集成·四川府县志辑.第 30 册，成都：巴蜀书社，1992.

中心，发展方向沿金岷两江泊岸的自然曲线拓展❶，继续朝便于水运的方向发展。城市街巷布置一直保持规整，城内南北东西干道纵横，均向江边延伸，达到水陆互通的棋盘格局❷，街道东南西北方位指向明确，主要街道以方位命名，如依据城门方位定名的东街、西街、东门、大南、小北街等，以城墙方位定名的东顺城、东城垣、中城垣、西城垣街等，还有以旧城壕改为街巷并依此方位命名的如东壕、南壕、北壕；还有以地处城中方位命名的如西城角、中心路等。这些街道与"通衢四达"的大什字和"丁字口"、"小什字"等组成"井"字形结构，对应六道城门（图40）。

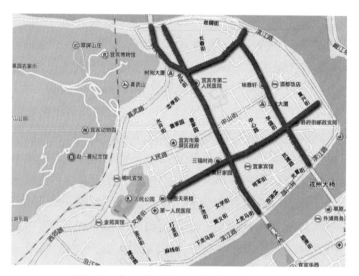

图 40 宜宾城市具有方位感的道路干线

宜宾城市空间布局明代就已经很成规模，明万历年间后从沿岷江一带筑城发展到沿金沙江一边筑城，城形也逐渐丰满❸，形成以城东为主要的政治军事中心，设有府署、县署，下川南道署，此外还设有司狱、税课、经历、递运、河泊司所及演武厅、军器局等，主城内及附近、南岸、旧州地区建有翠屏书院、三台书院、涪溪书院及庙宇20几所、牌坊若干，文化、宗教区完备，❹清代填川移民后，宜宾水运商贸充分发展，位于三江口的城东依然是主要城中心，除合江门外还增建了塘站，大批商业会馆兴起，商业兴盛，❺城南、城北成为商业发展活跃区，各大码头、玻璃厂、火柴厂、纺织厂等近现代工业出现，靠水吃水的环江经济带繁荣发展，这种商业重镇格局迄今仍存。

宜宾城市传统的"七山一水二分田"格局，受金岷两江分隔阻断，市内翠屏山、

❶ 刘大桥. 宜宾的文化传承对城市扩张的影响 [J]. 宜宾学院学报，2005，11.
❷ 应金华，范丙庚. 四川历史文化名城 [M]，成都：四川人民出版社，2000.
❸ 刘大桥. 宜宾的文化传承对城市扩张的影响 [J]. 宜宾学院学报，2005，11.
❹ 明清时期宜宾文化教育事业发展较快，故多建文化、宗教建筑，据嘉庆《宜宾县志》及光绪《叙州府志》等载，宜宾老城现存主要庙宇多为明万历年间始建清代修葺，尤其文庙大多完成于清代。
❺ 段杨波. 浅析宜宾古城的兴起 [J]. 宜宾学院学报，2007，4.

七星山、登高山（东山）等主要山脉对城市的扩展也形成阻隔，主城空间被限定在山
与江之间的局促地块中，直到现代都没有完全突破山地限制。现代跨江交通改善了被
江水分隔区域间的联系，但山水环抱、小规模集中、沿江带状紧凑发展的城市空间构
造与简单的片区分割显然依旧较多受制于自然环境（图 41）。

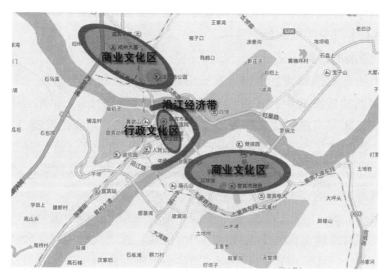

图 41　宜宾城区传统三江口一带的经济组团示意图

作为长江上游的典型山水之城，宜宾保持了相当长时期的传统城市面貌。短期看来，
山地环境似乎制约了这座城市的发展速度，所以进入 21 世纪，突破山地制约，以江岸
经济为基础，发展一个中心、多个组团的城市模式显然已经成为现代宜宾城市建设的
必行工作，但长远看来，现代立体交通的力量增强，突破环境限制城市暂时是可以缓
解迅速发展中出现的人口增多、空间不足问题，但长期看来却未必有利，虽然自然环
境对城市扩张有相当强的制约，但实际上却为城市发展"留白"，为未来更长远的发展
提供剩余空间，只不过在需要城市的未来开拓上需要有新思路，不是粗放式野蛮扩张，
而应该是重质量、有预见的环境保护性拓展。

同属长江流域大范围地理空间中的山地城市，具有大体相似的发展背景，宜宾与
重庆在城市形成与发展中有很多相似处，也有更多的相异点，彼此可相映照，其自然
与社会环境机制所造成的影响值得探究。两座城市发展的相似处在于：

第一，都是沿江发展起来的山地丘陵城市。从古至今长江及其支流对城市的发展
都有决定性影响，沿江水运贸易经济是城市兴起的动力，两座城市都曾经在发展过程
中对中心城址选择产生过摇摆，宜宾迁登高山、重庆始建北府城，但最终还是确定在
自然环境优势更强的江水环抱地区长期发展，成为近现代城市发展的基础。

第二，江水对城市空间大格局的形成都起到了划分作用。两座城市都被江水划分
为几个片区，且山南水北都成为城市中心区的发源地。传统时代的城市中心都在两江

交汇的半岛地段，近现代时期逐渐随商品经济的发展而实现跨江拓展。

第三，城市内部的山地对于空间格局的演变都有限制作用，如宜宾市域的翠屏山等山脉将城区阻隔，大梁子脊线划分出重庆上下半城，都体现了山地自然环境在古代城市形成发展中的限制作用。

第四，当代城市发展格局都是在山水环境中开展组团式城市建设。建立不同的城市功能区，不与平原城市摊大饼的方式重复，建设生态化的多中心、组团式城市是两地城市正在践行并部分实现的规划目标。

两座城市发展的差异性在于：

一是城市的空间格局演变不同。宜宾的城市发展在新中国成立后多年都还保持了过去历史时期的传统面貌，在古代、近代时期受到城内山地限制，都没有越过山地界限开拓新城区，表现出较多的环境束缚，主要以水岸为依托发展，城市功能区、街道都是围绕长江及其支流展开，以水岸为轴发展；而重庆在近现代时期则不仅迈过山脊线，改变了上下半城格局，还深入更广阔的腹地、跨江开拓新市区，各个功能组团因此而成形。

二是城市在近现代时期的社会条件不同。如果说囿于自然环境条件的古代城市时期，大多数长江沿岸城市都处于大致相同的起跑线，近现代时期以社会环境变化为主导的城市建设则让这些城市走上了不同的道路。尽管两座城市都具有极其相似的地理环境与经济发展条件，在古代城市发展的漫长过程中不论是城址选择还是空间布局都惊人相似，但进入到近现代时期，社会条件的悬殊极大地改变了城市面貌，成为两座城市发展过程中的分水岭，虽然宜宾在近现代时期都逐步开始了城市的近现代化，但比之于重庆开埠、抗战迁都的重大历史机遇，这种变化显然要缓慢和微弱得多。宜宾的社会经济发展动力不来自于政治权力的直接衍生，也并非文化作用的直接推动，而是由其特有的边地发达商业催生，清末民初时期繁盛的商业、水运对岷江城区与金沙江一带城区的推动，使得城市开始自然延伸展开 ❶，这和重庆建市、抗战与三线建设等直接政治干预力量有很大不同。

三是近年来的发展趋势有所不同。重庆多中心、组团式发展自近代时期萌芽，到新中国成立后进一步发展，跨山跨水的组团式形态已形成多年，近年来不断突破组团割断，进入深层次联合，有"摊大饼"的潜在趋势；而宜宾多中心的组团式发展还在推进期，自然基底的绿色生态环境还大部分得到保留。

7.3.2 重庆与武汉城市空间拓展及环境比较

长江中游城市武汉和重庆相比，都具有沿江分布和因江而兴的共性，长江自然环境资源对城市的社会经济发展都具有重要意义，但两座城市在具体的地域环境资源分

---

❶ 刘大桥. 山水之间说宜宾 [J]. 四川党的建设. 城市版，2010，12.

配上又有所不同，所以在城市的历史进程中也显示出一定的差异性。

从自然地理条件上看，川江航道的险阻在中游变为畅通，武汉及以下城市的航运交通显然优于上游城市，这些在环境区位与历史条件影响下形成的城市群差异无时无刻不在影响核心城市的拓展与空间布局。武汉自古就被长江、汉江水自然分隔，形成了重要城区长期三足鼎立、"分而不合"的局面，这种城市格局在全国属于唯一一个，是自然环境所造就的特殊典型（图 42）。

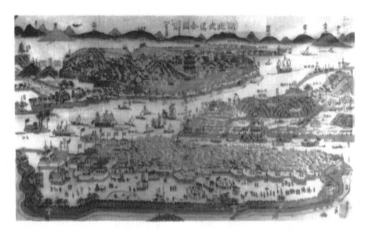

图 42　清代武汉沿江发展的平原水网城市空间分布图
（资料来源：武汉历史地图集）

武汉作为长江中游核心城市，地处荆楚文化带，一直对传统的巴渝文化有着重要影响，武汉三镇的繁荣也在重庆之先。比之于中原地区，武汉城市发展历史并不算长，但具有强大的经济辐射能力，东汉末年开始逐渐从军事城堡成为大区域政治中心，直到今天形成为具有多种功能的超大城市，其跨江发展的方式一度是重庆城市建设借鉴的范本。武汉与重庆，两座城市在江水分隔形成的城市分区上极为相似，然而同属长江流域，相隔咫尺，城市环境条件与大体格局有类似之处，但城市内部空间构筑却有显著区别。

武汉是古代云梦泽的所在，具有丰富的水源资，是座典型的"江城"，而不是"山城"，江汉平原之地地貌平整，不像重庆山封水阻，而是四通八达，显示出水利交通上独树一帜的优势，"汉曰路通雍、荆，控引秦、梁，……所以兵压汉口，连络数州……若郑城既拔，席卷沿流" [1]，军事有利地位鲜明，同时商业因素伴随军事活动开始萌芽孕育，"石阳市盛" [2] 就是在这种军事背景下特殊开展起来的商业产物。显然，这种环境已经暗示水运资源不仅是武汉城市发展的物质依赖，更决定了传统时期城市从早期军事城邑最终成为商业都会的方向。

在城市空间布局上，武汉三镇虽以长江、汉水划分区域，同时又以水道相连，三

---

[1]　（唐）姚思廉 . 梁书·武帝纪 [M]. 北京：中华书局，1973，卷一 .

[2]　（西晋）陈寿 . 三国志 [M]. 北京：中华书局，1959 年，卷 58，《吴书》十三，《陆逊传》.

镇一体，协调发展。武昌、汉阳隔江相望发展的布局自东汉便开始，汉阳发展较早，古代一直是兵家必争之地，先后建有却月城、汉阳城、鲁山城等十座古城 [1]，一直为统治阶层所看重，明清之后码头经济十分活跃，商贾云集；长江对岸的武昌自孙权夯土版筑建江夏城开始，先后计有五座古城堡，后世对江夏古城不断扩张，至宋代已经"市邑雄富，列肆繁错，城外南市亦数里，虽钱塘、建康不能过，隐然一大都会"，[2] 汉口建城比较晚，明成化十年（1474 年）汉水改道后在新河道北岸下逐步形成集市，明末勃兴，清初生齿日繁，成为九省通衢之地，[3] 开埠之后西方势力的介入、租界区的建立加速了与汉口城区建设，并促成了夏口厅的设置，使汉口拥有了与汉阳平行的建制，[4] 最终形成武汉城市由双城之治变为三足鼎立的特殊局面。此后武昌、汉阳仍作为政治中心和军事重镇，汉口作为地处江汉交汇处的重要区域，是对外贸易活跃的地段，前两者在经济上又对汉口起着补充作用，三位一体相辅相成，功能上相互补充，分别构成城市发展的区域政治中心、水运交通中心和经济、金融中心。

武汉城市历经抗战考验之后，在新中国成立前一直保持三位一体的空间传统格局，随着城市建设工作的恢复，改变武汉城市空间相对独立的格局成为当时的建设构想，在苏联专家帮助下，1954 年开辟贯穿武汉三镇的城市主轴线，一体化城市空间的构想正式提出，[5] 但最终囿于自然环境基础与社会政治经济发展的有机组合下形成的强大传统空间格局影响，这一空间构想没有实现，反而在新中国成立后的工业化背景下，武昌、汉口得到较大发展，汉阳则受制于江水环绕的环境约束发展相对停滞。改革开放后多中心、组团式城市格局开始逐步构建，2006 年再次确定了以主城为核心、多轴、多中心、开放式的城市空间布局 [6] 为新时期武汉三镇的发展方向。

在具体格局方面，武汉的街区与道路交通设置对江水的利用和控制是主要特色。一面受益于江水，一面又随时面临水灾忧患，所以在城市沿江地区有大量港口、码头、堤防工程的修筑；二是城内街道交通组织均按着长江或汉江的方向垂直布局，遵从地理环境特点组织城市空间，体现出的是近代江汉平原地区对江水环境的充分尊重，为以后城市扩展做了很好的引导，所以开埠时期外商资本和民族资本都选择在长江、汉江沿岸地区规模扩张；第三是注重发展内陆交通，这是现代武汉城市发展又一依托，尤其芦汉铁路的修建大大促进了武汉的城市发展 [7]。

在现代城市拓展方向上，武汉作为长江中游平原湖区城市，总体城市格局在近现

---

[1] 参见潘新藻.武汉市建制沿革 [M].武汉：湖北人民出版社，1956.

[2] （宋）陆游.入蜀记 [M].中国西南文献丛书·西南史地文献.第 30 卷，兰州：兰州大学出版社，2003.

[3] 实际上汉口的形成在学界没有形成完全定论，有支持汉代夏口即为汉口，形成时间很早；也有的认为是明成华年间汉水改道之后才有此商贸港口；第三种说法则认为是在清代乾嘉之后。在此，本书依从第二种观点，不从简单的名称说法上做判断，以城市发展进程为依据。

[4] 参见皮明庥.一位总督一座城一场革命 [M].武汉：武汉出版社，2001：81.张之洞.汉口请设专官折.

[5] 武汉市城市建设委员会：《武汉城市总体规划》，1954 年。

[6] 武汉市城市规划管理局：《武汉城市总体规划（2006-2020 年）》，2006 年。

[7] 谭刚毅."江"之于江城——近代武汉城市演变的一条线索 [J].城市规划学刊，2009，4.

代时期受人为因素的制约和影响，古典的沿江格局逐渐向内部延伸，随着现代公路、铁路网络的建立，以人口密集的东部主城区为依托，分别向两侧发展，其中西侧地区的交通优势更为明显，从传统的散点布局到沿江轴线发展，再到大面积扩张的现代格局，城市范围平面不断铺开，现代武汉城市格局还在不断扩张之中（图43）。

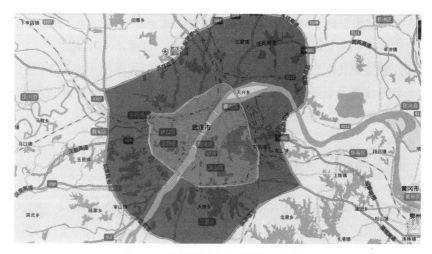

图43　武汉现代城市平面扩展走势图

（资料来源：根据《中国城市地图集》和历版武汉城市规划资料综合分析绘制）

　　武汉从东汉时期起步，经历近两千年的发展，成为当今三镇一体的大区域中心城市和南北交通中枢，江水环境资源与社会动力机制作为塑造城市的两大动因在不同时期所起到的作用各有不同。武汉与重庆的发展相比较，有明显的差异，也具有惊人的共性。

　　总体看来，武汉与重庆的差异性更多在于自然环境的显著差别。两城虽然都以长江及其支流为发展源泉，武汉依托汉江、长江，重庆靠嘉陵江、长江发展，但是，武汉城市为平原城市，水网密集发达，重庆则重在山形地貌，武汉在水运交通促进下，城市化进程早于重庆，南北通衢的自然环境优势不仅在城市发展初步阶段显示出天生的优越性，在近现代时期的发展过程中武汉城市经济、社会文化都创造了更为优厚的物质基础，所以民国时期汉口甚至成为重庆执政者构建城市的目标。

　　两座城市发展进程中也具有相似点：其一是在传统社会到近现代时期的进程中，武汉地区军事要地和商业运转中枢的地位很早就得到重视，❶而重庆也因据长江之险，有"巴苴之富"而为中央政权所用，两城都有从军事城邑到商业都会的渐进过程，尤其近现代时期的社会环境动力机制比较类似。究其原因，和长江流域的整体大环境相关。武汉经历了从东汉三国到唐宋时期的军政一体化发展，明清之后贸易与水运交通的商

---

❶　据《武汉史稿》、《商代地理与方国》、《盘龙城一九六三年——一九九四年考古发掘报告》显示分析，武汉发掘了长江流域唯一保存完整的商代城址盘龙城，作为当时商王朝征服南方流域和实施资源运输的基础城邑，可见其早期城邑诞生时期就已经具有军事与商业功能的萌芽，可见很早武汉地区地利与水运条件作用就已经得到充分重视。

业繁盛，民国时期的建设和新中国成立后的工业化的锻造，很多过程与重庆大致趋同，只不过在时间上因为自然环境基础优势而比重庆发展更快。

其二是在自然环境基础上，两城在当代社会范围拓展和空间构造趋势比较类似，分区组团之间有局部的独立繁荣，差别发展，也有相互间的协调支持，都有沿江开展建设并追求中心与组团共同发展的规划。依靠现代立体交通突破江水阻隔，实现平面粗放式的蔓延，城市竖向发展成为两座城市景观中常见的现象。

武汉与重庆，同依长江，一为平原，一为山地，自然地貌差别较大，但历史时期发展背景却比较接近，在当代城市建设开展与未来方向的选择上也趋于一致，可见自然环境的差异在社会环境近几十年的类似作用下反而造成现代城市建设在改革开放后的"千城一面"，这种超大城市的同质化发展倾向值得深思。

7.3.3 重庆与南京城市空间拓展及环境比较

长江下游城市南京，与重庆比较，一为民国首都，一为民国陪都，地域上同属于长江流域沿江丘陵山地城市外，两座城市一衣带水，但传统时代的重庆城市发展远不能与南京比肩。

从城市建设与空间拓展、城市架构的方式和方向来看，南京和长江流域中上游各大城市不尽相同，城市早期并非直接产生于长江沿岸区域，因为下游时常江水泛滥，洪灾频繁，沿岸并不适合居住生产，所以南京❶居民定居多选择长江支流淮水❷与金川河的中上游沿岸台地，故春秋末期所建的固城❸以及后来南京母城的基础越城、冶城、金陵邑等都远离长江。从现代城市空间角度看来，南京城的拓展就是从内部平原水网区域开始，逐步向外扩张，同心圆式发展，最终形成由内部主城和沿江外围城区的组合的"山、水、城、林"。

南京山水形胜空间开阔平坦，天生就具有作为城市发展的优良地域条件，在六朝、南唐、明代和民国时期都得到较多建设投入。就自然环境基础而言，淮水作为城市景观河流，同时满足江南太湖流域和钱塘江流域到都城的物资运输，是六朝古都、金陵繁华发展的环境支撑。六朝以前，南京城市内部空间以自然山水元素组合，天然汇成江南水乡，六朝时代的建业、建康城凭借钟山、秦淮水系之势，扩大了山水之城格局，形成"秦淮自东而来，出两山之端而注于江"、"覆舟山之南，聚宝山之北中为宽平宏衍之区，包藏王气"、"自临沂山以至三山围绕于其左，直渎山以至石头，溯江而上，

---

❶ 南京城旧称越城、石头城、白下、江宁、丹阳、金陵、秣陵、建业、扬州、建邺、建康、秦淮、升州、蒋州、上元、集庆、应天等，南京命名始于明洪武元年（1368年），洪武十一年（1378年）改称京师，永乐十九年（1421年）复称南京。此后清顺治二年（1645年）又改为江南省城及江宁府城。太平天国时代又改称天京，清灭太平天国后复南京至今。为行文方便，本书概称为南京。

❷ 即秦淮河。秦淮河古称龙藏浦，汉代起称淮水，唐以后改称秦淮。参见江苏省地方志编纂委员会. 江苏省志·水利志 [Z]. 南京：江苏古籍出版社，2001.

❸ 固城为南京最早建城，南宋周应合《景定建康志》称固城："此城最古，当在越城、楚邑之先。"

屏蔽于右"和玄武湖、秦淮水、青溪、大江环绕的"帝王之宅"盛景。❶

　　南京城市空间布局表面看来深受中原文化的直接影响，有严格的礼制规范讲究，同时也带着吴越文化影响下的江南地区地域特色，两者交织反映在城市布局中，实际上礼制规范与城市作为政治中心的核心地位相关，而地域特色却是自然经济与早期商品经济萌芽的结合在城市人工环境上的体现。❷

　　南京城市扩张按平面同心圆推进模式，很大程度上不是自然发展延伸的结果，更多原因在于社会力量，尤其是社会上层力量的推进。南唐严格按照"筑城以卫君，造郭以守民"的思想拓展规模，择新址"稍迁近南"筑金陵城，是南京古代城市建设的一大高潮期，一度因为城市过度建设导致清溪堵塞❸。明代改为应天府的南京在皇家权力影响下，再次进入筑城高峰，这一次筑造，成就了中国最大的山水之城。城市外扩之后延伸到长江，外扩范围达 200 平方千米左右，筑宫城、皇城、都城和外城"四重城"。长江在这个时期成为城市外层空间中的组成部分❹（图 44），近现代时期的城市基础得以确立。民国时期选择定都于此后，没有对南京城旧制进行更多改变，仅增开几处城门而已。

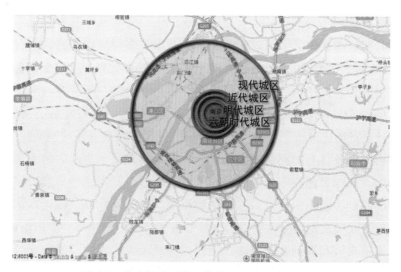

图 44　南京传统时代历代城区层向平面扩展图

　　城市内部空间从礼制上看，从吴国建康到明代应天府，南京城市都有严格的宏观布局规划，《考工记》的礼制规范与管子"地利"因素的选择在南京城布局中得到很好

---

❶　参见（南宋）周应合.景定建康志 [M].四库全书本.
❷　南京先后为十朝都会，政治地位在中国城市中都属于比较高的城市，城市建设与发展很大程度上随统治阶层的升降而变化，虽然具有有利于发展农业、手工业的自然环境，但这种环境因素更多被政治统治力量所控制和压制，使其没有得到更充分发展，也是传统时代发展一定阶段社会环境力量强于自然因素的表现。
❸　姚亦锋.长江对南京早期城市选址及景观的意义 [J].中国名城，2013，8.
❹　张捷.南京历史城市空间变迁的逻辑研究初探 [J].山西建筑，2009，8.

的契合，形成了主城内东部皇城、北部城防、南部秦淮河岸为商业居住中心和城外东部陵墓、南部寺庙以及西部商业区的传统古典格局。历代筑城，统治者在充分利用有利自然环境基础上都注意对"匠人营国"制度的遵循，明代南京城市建设中更得到进一步彰显，城墙"高、坚甲于天下"❶，皇家宫殿、庙宇都严格按照中轴对称规范布置，主要宫殿沿中轴线顺序排列，充分展现礼制威严。这种完美的中央王城之制成为此后北京建城的蓝本，对后来城市影响极大，即便民国时期国民政府建筑采用西方设计理念对城市加以规划，也不能忽视这种传统思想的巨大影响。

另一方面，在城市各种功能的街区构筑上，平原水网地域环境的特色得到鲜明体现。虽然作为政治文化中心，南京起起伏伏经历了多次王朝变迁，❷但长期以来政治经济文化的影响对商业萌芽发展都有较大的压抑和控制，使其没能得到最大程度的发挥和成长，这种商业力量没能主动影响城市建设，虽然"金陵给毂两畿，辐辏四海"❸，"四方商贾，肩背相摩。万货辐辏、五谷丰多"❹，但这种商业力量的汇集更多是增加了城市人口与物资交流，城市建设本身顺应这种经济态势，注重取江山丘防之利，多沿秦淮河两岸发展。商业、民居多在临水之地构筑，形成夫子庙、三山街等商业中心，也有贡院、大成殿等官方建筑，同时还有大批民宅建于沿河地带，组成了"十里秦淮夫子庙"的传统商业城市景观。

近现代时期，洋务派、国民政府对南京城做出了多种规划，先后曾有过七轮城市规划，其中影响最大的是《首都计划》（1929年）❺，这部规划让南京城市在传统的形式上整体有了西方理念的指引，对城市道路网格布局、公共空间、建筑形式规定等投入实践，不仅形成了中央行政区、市行政区、工业区、商业区、住宅区、文教区等分区，还在道路设计上对街道进行了方格网加对角线的设计，对商业区的发展起了很大作用，使南京拥有可以沿长江和陆路交通线并重的方向拓展城市，为以后的南京城市布局产生了极大影响，是今天还在不断建设的"主城—新城—新市镇——般市镇"组合的组团格局建设的基础。新中国成立后多年的建设南京，已经建立了四通八达的陆地交通系统，为城市的圈层式发展提供了支持，分层级、多功能的大都会都市圈最终成形。

几百年来南京随秦淮河蜿蜒发展，明代"高筑墙、广积粮"的南京城墙的围绕在近现代社会经济快速发展背景下日益显得空间有限，人口增长的现实、城市功能作用

---

❶ 杨国庆.南京明代城墙[M].南京:南京出版社,2002.
❷ 传统时代古代南京作为江左六朝和南唐都城,曾长期为东南地区政治中心,传统社会后期,南京又曾作为明朝首都,成为全国政治中心。明朝首都北迁后,南京降为留都,清代南京再度下降,成为省会,太平天国时代又为首都天京,民国时代再次定为首都,新中国成立后为省会,城市地位起伏较大。
❸ （明）王万柞.足兵训武疏.续金陵琐事[M].南京:南京出版社,2007.
❹ （明）顾起元.客座赘语[M].卷2.南京水陆诸路,四库全书本.
❺ 民国16年（1927年）,国民政府建都南京,特设国都设计技术专员办事处,任命林逸民为主任,特聘在城市设计宫室建筑方面享有国际声望的美国建筑设计师墨菲、古力治为顾问,负责国都设计。历时一年,于民国18年（1929年）二月将各种规划汇集成册,定名为《首都计划》,由国都设计技术专员办事处编印,是中国最早的现代城市规划。1930～1937年随着原计划调整又制订了《首都计划的调整计划》,1947年又制订《南京市都市计划大纲》,但都以1929年规划为蓝本。

的变化、社会功能的充分发挥都对城市提出向外扩张的要求。新中国成立之后南京经历了粗放式的"摊大饼"扩张，但也无法缓解老城区高度集中的密集人口居住现状，人口区域暴增的不均衡与新区土地的低利用率成为矛盾 ❶。于是开辟新的空间，跨越秦淮河甚至长江"门槛"，跨江分片布局成为南京当前城市建设选择的拓展方向。南京作为长江流域典型的平原城市，保持了很长时期的传统古典格局，由内到外的圈层式方式拓展可以说是较长时期受到自然环境有力约束的结果，客观而言，这种原始自然环境格局是对城市生态空间的一种保护，但是现代社会的不断发展，促使南京在发展进程中也逐渐对山水环境形成了步步紧逼，极力突破这种圈层式束缚，寻求跨江多元化、多片区的扩张，逐渐走向了中国现代大城市类似的发展道路。

　　和重庆相比较，南京发展得益于南北地理要道的交通优势和虎踞龙盘的自然地貌，加上发达的平原水系条件，在传统时代得到充分发展，近代时期也一再获得重要的历史机遇，其发展条件远远优于重庆。无论从自然地理优势还是社会政治文化，从古至今，南京的城市发展和重庆有相似处但又大大优于重庆，直到新中国成立后，南京发展才相对萎缩，虽然不可避免造成了现代大城市常见的"城市病"，但对传统格局的保护而言却是弊大于利。就环境动力机制而言，重庆与南京城市宏观发展方向相似点较多，一是传统时代山水环境优势是两座城市产生、发展的基础，同时也对现代城市扩张形成了束缚；二是近现代时期人口、经济增长等社会机制刺激下城市扩张成为必然，两座城市都借助现代技术力量突破水道、山地的阻碍，经历了粗放式扩展，在当前都在向多中心、分片区的组团式城市发展。

　　但两者在城市建设的具体细节中的差异也表现得非常明显：

　　一是自然环境造成的差异。同为山水环境，但山水作用力产生的效果不同，直接造成城市形态、空间布局、扩展成长方式的差异，南京的圈层式拓展与重庆的跨江组团布局各不相同，显示出平原与山地城市环境的巨大差异。

　　二是社会条件的历史差异。南京从古至今都因为优厚的地理位置和自然条件而受到历代统治者的青睐成为政治文化中心，重庆在传统时代则始终处于西南边陲军事要塞地位，以军事和商业为主要职能，城市性质不同，发展的水平和速度也完全不能相比。

　　三是现代城市发展进程的差别。新中国成立后南京城市发展相对萎缩，原有的政治文化中心功能压抑商业发展的长期影响 ❷ 依然具有后续效应，并且新中国成立后工业化建设并不符合南京的实际条件，也没有为南京带来更多机遇，重庆在新中国成立后曲折发展，却不断获得良好机遇，直至成为中央直辖市，城市发展速度大大提升，成为长江流域近年来发展最快的城市 ❸，城市建设相应获得了有力支持。

　　综合看来，自然山水环境的力量在不同社会文化背景下对城市形成发展有重要作

❶　汪海. 未来南京跨江河发展的大城市 [J]. 现代城市研究，1994，4.

❷　陈忠平. 明清时期南京城市的发展与演变 [J]. 中国社会经济史研究，1988，1.

❸　仲量联行《中国新兴城市 50 强》报告，2012 年.

用，但在近现代时期逐渐被削弱。南京城市的发展显示出自然与人类社会力量形成的博弈，原有的自然地理环境优势造成的南京与重庆城市的差距，在现代社会中因为政治经济力量的侧重发展而不断缩小，社会因素产生的力量导致的结果显而易见，在超大城市的未来发展进程中，如何更好地利用社会动力机制介入城市建设并良性引导，是值得深入探究的课题。

7.4　小　结

长江流域的江水文化环境是影响流域内城市发展的重要因素，长江各城市从早期聚落到大型村落、城市均位于江河边，既有交通运输的便利，又有防御天险的优势，两者结合推动长江城市群在类似地理环境下产生，并不断受到社会经济、历史文化环境的影响而发展，在具体的城市选址、范围拓展、空间布局乃至经济地位、社会分工、文化进步等方面都具有一定的共性和个性。这种相似与差异性在各自地域环境中孕育、变化、发展，也造成了长江东西部之间的不平衡。重庆作为长江流域的超大城市，随着近现代长江流域经济带的兴盛被纳入对外开放的经济体系，从中央王朝的边陲之地成为长江上游核心与西部中心城市，成为整个国家战略布局中影响社会经济均衡发展与政治稳定的重要节点城市。

重庆城市发展与上游宜宾、中游武汉、下游南京等代表性城市在整体环境的发展上得到长江之利，但特殊的自然地貌与社会政治文化条件的差别，导致城市核心区域发展与城市总体扩张在历史发展进程中不尽相同，也因为不同阶段社会经济、政治环境的不同而带来现代城市群区域分工的差异，进而影响城市的后续发展。

自然环境对长江流域城市都具有很强的束缚力，原本江水、山地分隔，为宜宾、重庆、武汉与南京城市片区之间保持着有效的自然空间留下余地，但现代建设与交通技术水平的发展却打破了这种自然环境的隔断，凭借现代交通的不断完善，以发达的水陆交通网络作为新城区的扩张依托，使山地城市出现了与平原城市类似的粗放式平摊发展势头，自然生态环境与传统格局都被彻底改变，四座城市虽然政治、经济、文化发展水平各自不同，但在城市建设上却都以类似的跨江、多中心、分片区为目标，在发展经济之时城市如何在扩张的过程中做好生态保护环境，需要从以往城市演变的进程中吸取经验教训，做到科学有序的扩张，是长江流域城市群需要共同面临并解决的现实问题。

第8章

重庆主城空间拓展规律及对当代城市建设的启示

山地城市在我国城市类型中并不具有特别的资源优势，不少山地城市还属于资源短缺型城市，深受自然生态资源、土地资源的制约。重庆区别于一般山地城市，因为这座山城同时还具备了长江流域的水脉资源，山与水的交错成为重庆山地特色城市形成发展的基底。广阔的西部地区在传统时代对重庆的政治、经济和文化浸润，滋养了这座城市发展进程中的"山性"，长江流域以逆流而上的经济潮将重庆纳入时代的洪流之中，锻造了重庆城市发展中博大包容的"水性"，两种宏观地域环境在不同时期、不同层面形成了重庆城市历史发展巨大的推动力，使其既得西部之惠，又有长江之利。当代"一带一路"战略的部署将重庆及周边城市群推到了更高层次，更为国际化的长远发展布局使这座从远古军事城邦走向近现代商业都会、现代超大城市的西部之城具有更加不可限量的未来。

重庆山地城市形成发展与自然环境、社会环境因素息息相关。本书通过分析重庆产生的自然、社会经济、政治、文化与技术条件，依据有史以来的地域特征、历史沿革及城市拓展演变的过程，结合中国传统城市构筑观念、社会历史发展背景，回顾了古代、近代和现代时期的重庆市城市拓展的历史进程。同时对典型历史时期的城市持续扩张的格局、内部空间结构变化进行了比较，追溯重庆城市历史演进和不断扩张的脉络。本书力图在回顾城市扩展进程中发掘重庆扩张的历史规律，并将重庆纳入长江流域的宏观环境中加以审视，与上中下游代表性城市对比分析，以达到更深刻理解城市发展变迁的缘由并为未来城市发展方向进行探索。

8.1　重庆主城空间拓展演进模式与环境影响分析

8.1.1　影响重庆主城空间拓展演进的环境因素

重庆城市从古代一叶半岛之城到近代跨江拓展，现代梅花点状散点分布扩张，当代"多中心、组团式"跨江穿山扩张，经历了漫长的几千年时间，从依山为城到筑墙护卫，再到拆除城门，以四通八达的交通贯通两江四岸，开启二环时代，其间主城经历了曲折的演化变革过程，变化巨大。当代超大城市的形成和发展背后有着多种环境的内因和外因，内因是城市自发扩展的原始动力，而外因则以综合形式表现出直接或间接的影响作用。两种环境因素共同构成城市演进的动力，缔造了城市巨变，不过，在不同历史时期的环境因素产生的作用力各不相同。内因与外因从具体内容上综合看来可以主要分为以下五大因素：

1. 自然环境

山水之地的自然生态环境是重庆城市存在的基础，对城市的历史发展影响深远，贯穿城市发展全过程。丘陵起伏的川东平行岭谷与长江、嘉陵江支流的丰沛水源、航运交通条件，适合人类生活劳作的亚热带季风气候，共同组成了重庆城市产生的现实环境基础，同时也是城市发展不能改变和忽略的自然约束力。

传统农耕时代，地形地貌是决定农业生产发展的基础条件，同时还影响到当时当地的经济水平和社会发展。远古时代巴人建立国都和后世农业场镇的发展大多选择在川东平行岭谷的向斜谷地中，占据水热、土壤、交通条件相对具有优势的地区，以顺地形拓展为依托，呈明显的带状分布。城市的产生主要是基于军事防御需要，对复杂自然地形的依赖更多，所以今主城所在的山地水岸高台是城市早期建设选址的首选，就因为位于峡谷向斜、两江环抱的地域适合开展农耕渔猎，更利于防御攻守。❶

尊重自然、道法自然是中国城市营建法则中最重要的传统理念，充分利用自然环境优势，寻求发展是早期城市建设的基础。重庆城市一叶半岛、自然山水的古典格局虽然随着经济发展需要拓展了更多的空间，选址也不断向平原、河谷、丘陵地区扩张，但地形地貌的特殊构造依然是不可逾越的屏障。从半岛开始，借舟楫之利跨过两江，向南北广阔的地区不断扩展，但东西方向在传统时代始终没有突破，主要是因为中梁山与铜锣山的山地阻挡很难逾越，极大地制约了东西内陆发展。

除了平面扩张，古代巴渝城市内部建设，无论是宏观位置、城市轮廓、拓展方向、总体结构还是中观的城市功能分区、街道、轴线、肌理和微观的建筑形态、构造，都受到山地自然环境的极大制约。尽管近现代城市发展对传统格局改造很大，但山水环境的现实基础条件不会从根本上被改变，并且始终是不可改变的客观存在。直辖后，城市经济进一步腾飞，人口大量聚集，凭借技术力量，中梁山、铜锣山的天然屏障才被克服，但交通建设也并非任意而行，2011 年建成通车高速公路还是选择在围合主城最适合开展建设的自然地貌区开展。地理环境的决定性力量无论社会如何变化，技术如何进步，不管城市扩张拓展的速度有多快，无法改变山水环绕的客观自然环境的存在。发展到今天，重庆主城还是围绕着一岛、两江、三谷、四山的城市格局在规划多中心、组团式的超大城市，与宜宾、武汉、南京保持着差别。

然而，自然环境在现代城市建设中越来越脆弱，对环境的改造以适应经济社会发展之需，最后结果却一再证明与环境对抗的行为结果都是惨重的，工业污染、高层建筑蜂起、自然绿地消失，种种现代城市建设都对天然生态产生了严重破坏，热岛效应、工业三废、PM2.5 等恶果在新中国成立后的盲目建设中已经被验证。城市发展必须和自然环境和谐同步，才有可能成为真正有品质的宜居城市，这已经成为当代城市建设的共识。

2. 经济发展

自然环境为城市的产生提供了客观物质基础，经济发展水平则是城市得以继续存在和进步的根本力量。先秦时代巴国城市生产力滞后，社会发展缓慢，城市在战争中

---

❶　隗瀛涛. 近代重庆城市史 [M]. 成都：四川大学出版社，1991.

不断迁徙。城市建设作为经济力量的外在表现，和蜀国大量修建居住、宗教建筑情况相比，巴国城市以山为城，连基本的城墙都没有建起，其社会经济水平显然不能与之比肩。巴渝城市的范围扩展相当缓慢，从秦代到明朝，历经四次大型筑城活动才构筑起了上下半城的格局，这种状况与其传统时代经济发展速度是相吻合的。重庆的经济与社会生产力飞速进步是在清末之后，在开埠、建市、抗战时期的外部力量刺激下，重庆商贸经济快速发展，推动城市持续拓展扩张，随着城墙拆除，半岛城区上下半城的狭窄格局逐渐突破，各种功能街区、新城区出现，在逐步改变旧城区无法支撑社会经济发展窘迫的背景下，新中国成立后工业建设与改革开放的推动，重庆经济从工业向商业继续转变，成为长江上游综合经济中心，城市得到前所未有的发展，在此背景下城市建设的大跨步迈进成为必然，城市形态、街区布局、个体建筑作为经济发展力量的物化表现，以更加强大的力量作为支持，表达出更为丰富的内容，跨江发展的多中心组团式城市与"二环时代"的来临，在现代经济形态的持续增长环境下产生快速变化，其速度远远超过任何时代。主城空间在实际幅员范围中大幅度增长，城区包含的社会、经济、文化生活内容也更具时代性。可见，经济发展是重庆城市从传统向现代转型、裂变发展的最强大动力。

3. 政治力量

重庆城市发展受政治力量作用影响极大，传统时期四次筑城都是中央集权军事管辖的产物[1]，从城址选择、范围扩张、建城材料、城门分布等，几乎都直接出自政治决策。近现代时期开埠条约的签订拉开重庆城近代化的序幕；军阀统治时期城市建设直接成为其实施城市管辖的工作内容，拆除城墙并发展交通，带来了城市大规模的扩张和全新的市政建设；抗战迁都的中央决策巨大力量更改变了重庆作为内陆城市的命运，五大中心功能带给重庆城市建设空前的发展机遇，迁建区更大规模的扩张推动城市跨江发展；新中国成立后三线建设的决定将重庆从传统商贸城市转变为工业城市，现代交通与卫星城镇的建设使重庆组团式发展开始成为现实；改革开放与设立直辖市，赋予重庆更多的发展机遇，推动重庆向国际化都市发展。可以说，重庆城市每一次范围扩张、形态改变和空间格局的演变，都深受政治力量的强大影响，并且还在未来发展中继续发挥强大作用，"一带一路"的国家战略还将把重庆城市将来的格局提升到前所未有的高度，实现更加广阔的发展前景。

4. 社会文化

社会文化是一个国家和地区生活方式、观念、风俗等多种内容的综合体现，对

---

[1] 张仪筑城主要是为了实施对巴地土著的统治，南北城分置的防御意图很明显，江州城本身也有作为防御楚国基地的作用；李严大城是出自军事格局目的；彭大雅筑城直接目的就是防御蒙军；戴鼎筑城更是秉承明王朝"高筑墙，广积粮"的原始动因。因此，古代重庆城可以说四次修筑都是出于军事目的，是统治政权政治直接干预的产物。

城市建设的作用力，大到扩展方式、方向，小到空间布局、街区功能、建筑修筑等都会产生影响，只是这种影响力不像政治决策作用力那样直接，而是在很多时候是间接发生作用。如张仪筑城，采用双城制，即为沿袭北方文化城郭分治的文化概念；明清时代整个城池虽然不是方正格局，但下半城官府署衙的设置却严格沿袭中原政权讲究对称中正的构造，体现官府威仪；重庆建市时期唯一的城区陆路通道成为扩张的阻碍，只因为通远门外是墓地殡宫、阴宅所在，开拓建城区显然不符合传统理念，使得政府决策受阻，还不得不靠军队强行执行；在城市建筑方面，文化力量的影响尤其明显，巴渝土著习惯于居住吊脚楼，而北方移民带来了合院与碉楼建筑方式。开埠之后，西方建筑、市政建设的多种观念进一步刷新了重庆城市文化理念，向较早开埠的上海进行模仿，"颇具沪汉之风"、"俨然十里洋场" ❶，以至于抗战时期陪都文化更是综合影响到重庆城市生活各方面，作用于文化教育、生活方式和风俗理念，对重庆街区改造、教育设施、衣食住行等都带来了改变，使得陪都城市面目一新，城市建设品质明显与迁都前产生了极大差距；改革开放后，西方文化进一步深入重庆，极大地改变着城市生活方方面面，城市居住、消费和娱乐方式被再次影响，并带来现代城市规划与建筑设计的大变革，追求向欧美生活娱乐方式靠近的现代居住小区、高层商业大楼、巨型地标建筑应运而生，近现代时期文化力量对城市建设的作用更显强大。

5. 科学技术

城市的发展和实体建设离不开技术支持。重庆城最早的夯土筑城到宋代的石头包面、明代的石墙筑城，是冷兵器时代向炮火武器过度的军事技术进步防御需要，但城墙的坚固程度与技术的时间发展顺序是呼应的；开埠后重庆传统人畜为主的街道交通、肩挑背负的运输以及沿江取水的生活方式都被西方技术所改变，供人流车行的马路建设、改变山地取水难的自来水厂，以及便利城市生活动力的电厂、电灯、电话等现代技术广泛应用，将新城区的拓展变为可能，并极大地改善了社会生活品质。新中国成立后铁路、桥梁的修建，作为重庆与周边地区城市及城市内部的交通连接，让城市跨江发展得到有力支持，当前，以交通技术为主导的技术发展已经成为是多中心、组团式山地城市建设的最有力的支撑 ❷，桥梁、公路、航运与空港等共同组成的城市立体交通体系不仅将重庆主城密切联系为一体，还将重庆的辐射力传达到周边地区城市，使重庆成为西部发展、"一带一路"国家经济战略部署中的重要区域。强大的科技力量赋予了城市更为强大的发展力，当代城市的构建越发离不开技术发展的支持，现代化的科技水准已经成为整个现代城市不可或缺的支撑力量。

---

❶ （民国）张恨水 . 重庆旅感录 [J]. 旅行杂志，1939，13：12.

❷ 刘玉龙 . 城市用地形态演进及动力机制研究——以重庆主城为例 [D]. 重庆：重庆大学，2006.

8.1.2 重庆主城空间拓展的环境综合作用

自然、经济、政治、文化与科技等多种环境因素对重庆城市发展并不是单一的产生影响，而是在各个历史时期形成的综合合力，是共同作用于城市的演进历程。只不过不同时期各元素作用力的程度不同，使城市显示出阶段性特征与个性。

先秦时代，古代城市沿江线性分布的自然选择是原始环境与生产力发展的需要所决定，取水便利又易于防御的江岸台地自然环境成为早期巴人首选的城址。军事政治的需要促使巴人几易其都，自然条件与文化习惯使然，巴国城池没有筑下土城墙，城市存在极大地依赖与自然环境力量的支撑，经济和技术水平在这一时期力量展现稍微薄弱。

传统时代，依然沿袭城市沿江发展的自然规则，但更重要的军事政治需要刺激了四次筑城，与中原王朝密切相关的礼仪与秩序观念文化则贯穿于古代巴渝城市内部空间格局中，对重庆城市中街区功能的形成和具体的建筑构造产生深刻影响。具有浓厚古典特色的山地水岸商贸城市在清代最终成型，上下半城各依地势而建的官衙府署、税关厘局、寺庙道观、文庙宗祠、会馆民宅，充分展示出政府管辖的威严、顺应经济开展的需要以及对文化信仰的尊崇。多个元素在传统城市规划理念的统筹与技术的结合下得到直接展现，人与自然的和谐共处在这一时期依然得到良好的维持。

近代时期是重庆城市扩张剧变的开端。经济与政治、技术力量开始超越自然束缚发挥作用。沿江分布的缓慢发展已经不能满足城市空间集聚的使用需求，跨江寻求更为广大的空间成为城市扩张的趋势。重庆城市在开埠之后逐渐打破了相对封闭独立的发展模式，被纳入附属于西方资本主义与长江中下游城市发展的时代，商业贸易经济的驱使和资源、人口的汇聚，对城市空间增强了社会需求，而战争加倍扩大了这种需求。随着民国时代重庆建市，古代社会缔造的城市环境空间结构平衡在城门拆除之后就逐步被打破；抗战时期的城市建设更多是基于满足社会特殊时期的需求而无序扩张，半岛核心地区随着马路干道的修建和迁建区设立而逐渐延伸，带动着其他被山岭、水道阻隔的区域变化，并纳入新的城市生活。这段时期，无序的空间迅速扩张以在满足社会需求之时产生了系列问题，自然环境因素的作用开始弱化，政治、经济、文化的需要在科学技术支撑下得以推行，而这种忽略自然力量的发展方式显然已经为环境与城市关系走向失衡埋下了伏笔。

现代重庆城市拓展彻底突破了古典格局，使传统半岛主城与沿江地区发展的小城市迅速变为了包括三峡库区在内的八万多平方公里的超大城市。曾经的大分散、小聚居状态转变为"多中心、组团式、网络化"的格局，主城都市圈与次级城镇群的建设问题提上了城市发展日程。早期古城人与自然的平衡状态被打破，膨胀的人口和现代技术的飞速进步，使重庆城市从最初的小规模逐步拓展发展为大规模扩张，从沿江到跨江，再到向腹地不断延伸，交通技术的发展助长了城市规模扩展的可行性，多个卫星城镇及功能片区逐渐突破了山水分割，逐渐粘连，合成一片，❶山地自然环境提供的生态隔离分区的状态正在消弭，科学技术显示出强大的征服和改造力量。

　　重庆历史演进，从古代空间规模扩张（形变）到近现代内部空间调整（量变），最后发展到现代城市建设与自然环境矛盾发展（质变）的过程，可见多种环境机制都在综合产生作用，只是不同时期、不同环境因素产生的力量有所不同，进而带来不同的效果。近现代城市在经济发展与社会政治力量的推动下，逐渐形成新的社会文化，影响了城市建设的理念，并依靠科技水平的进步对自然环境进行改造，带来了近现代城市与传统时期完全不同的改变，自然环境力量在近现代时期日益削弱。

　　由此可见，自然环境、经济水平、政治力量、社会文化、科学技术这五种主要元素合为一体，构成了完整的城市演进环境动力机制。城市的历史演进，自然环境力量是基础，经济与政治力量是原动力，技术是发展支持工具，而社会文化的形成则贯穿其余四大元素，左右着城市发展的大方向。

8.2　重庆当代主城空间扩张新特征与未来发展思考

8.2.1　当代重庆主城空间规模扩展中存在的问题与发展趋势

1. 主城区规模扩张中存在的问题分析

　　重庆作为长江流域上游城市，通过与流域代表性城市历史形成发展的综合比较，可以看到传统时代，古重庆与其他长江流域都经历了沿江线性发展，而后散点逐渐扩张成片、先跨小江而后跨大江形成组团的历程。随着城市近现代化的推进，长江流域各城市之间的差异在不断缩小，城市扩展过程中"千城一面"的现象在 21 世纪初就已经显现。

　　当代社会在全球化国际背景下快速发展，现代城市趋于同质化的发展趋势已经不可避免，而这种趋同的表现除了传统山水之城景观特色的丧失，带来了古城历史文化传统的失落与环境危机。经济水平、政治力量作为城市发展环境机制综合因素的原动力，决定了当代城市发展进步必须首先满足这两者的需要。改革开放之后，现代城市建设已经不再是传统时代相对封闭保守、自给自足的自然经济环境，积极融入外部经济环境，努力保持或争取与周边同步，在全球化大背景下参与国际化分工协作，在更高的经济领域和平台上参与竞争，是当代城市发展的必然选择。因此，城市需要具备服务这种政治、经济所需的社会功能，打造信息沟通、科技应用、文化交流趋同的城市环境，

---

❶ 《城市中国》杂志，2007，7：20-21.

于是城市建设也就必然走上发展趋同的道路，这种现象已经成为不可逆转的潮流。

重庆在两千多年的城市建设过程中，不同历史时期有不同的发展压力。从军事堡垒到商业口岸，再到战时首都，从工业城市到西部区域发展中心，城市在各个时期都被赋予了不同的使命，也由此成为城市持续拓展的原因。随着城市在长江流域与西部大开发中的特殊战略地位更加凸显，"一带一路"国家经济战略的部署使重庆作为国家中心城市功能将会得到进一步的强化和提升，内陆开放高地的建设也将得到进一步加强，重庆作为长江上游地区经济中心对区域的集聚辐射服务功能将得到更多方面的体现，国家中心城市建设工作将会推动交通枢纽、金融、商贸、物流等集聚辐射能力和综合服务水平的提高；城市的全球视野在大开放格局中的跨越式发展背景下更为广阔，国际贸易大通道得到构建。在这样的大时代背景中重庆深入参与国际国内竞争与合作，城市全方位提升开放水平，打造与世界接轨的国际化大城市是社会政治经济发展的使命，也是城市建设的任务。在此背景下，主城早已经不再限于半岛乃至沿江地区，而是不断扩张，深入腹地，推动了多个肩负特色经济功能板块的诞生与繁荣，"主城"已经只是个传统概念，横跨都市功能核心区与功能拓展区的两江新区集合了辐射作用强大的大都市中心区，"一小时重庆"已经将主城实际涉猎的空间范围大大延伸，"二环时代"将交通瓶颈打破，形成真正意义上的城区，从空间范围到城区格局扩张，较之于传统时期的巨变是惊人的。

从重庆城市历史演进的不同阶段可以看到，古城城市历史时期形成发展的时间是不一样的，先秦时代从原始人群聚居到巴子五都的建设前后大概几万年时间❶，传统城市山水之城的古典格局最终成型也用了将近两千年的时间，近现代时期城市发展产生巨变是近100多年时间的事情，现代化城市建设还不到70年时间，但这不到100年的时间中城市建设产生的变化速度和效果却超越了任何时代。这当中有现代科技信息技术的发达而提供的极大便利，有经济急速发展的迫切要求，有社会生产关系变更下生产、生活方式的改变对政治、文化带来的压力与推动。由此产生的推进速度显然快于城市本身自然发展的速度，开埠、建市和抗战时期都是外部因素的强大刺激与推动，让还在自然经济母体中孕育的重庆商业经济被畸形催生，先秦时代和传统时期城市产生发展的重要基础——自然环境因素退位于城市发展机制中的其他因素。于是，城市快速扩张，空间构造迅速被改造（拆除城墙、扩建市区、兴起卫星城），山水环境现实条件开始被改变，老城半岛"片叶浮沉巴子国，两江襟带佛图关"的山水之城在跨江扩展的现代化进程中原本强大的山水自然分隔力量被改变，天然环境生态保护机制遭到破坏，甚至在新中国成立后一度因为工业化建设而导致严重的环境污染，为城市社会生活带来极大损害，西方国家工业发展时期后尘的多种城市病持续产生。"先污染、后治

---

❶ 由于巴人筑城一直缺乏考古发掘的实证支持，沿江台地的原始聚落与真正意义上的城池存在很大差距，所以早期巴人城池产生存在的时间，比较可靠的推断是战国时期，也有学者如管维良认为是在西周时期，巴人筑城的终止时间以仪城江州为界，以此为时间前后界限分析，巴人早期城市建设时间也超过一百多年。

理"成为现代城市扩展的通病，宜居城市成为当今城市拓展在破坏环境之后重新追求保护环境的目标。

直辖之后，重庆城市扩展加速，人口聚集得更多，城市扩张方向从传统时期的沿江、跨江的南北拓展变为突破中梁山、铜锣山，通过山脉穿越向东西方向拓展，向以往开发程度低的山外要地发展，西永、茶园新区等概念相继提出。按照近年来的城市规划计划，截至 2020 年将会建设穿山隧道达 20 座，继大量的桥梁架设之后，穿山隧道成为东西拓城的有力支持。以往选择沿江或缓平低丘地带布设的交通线路具有较小的工程量和舒展的线路，现在借钻山隧道则带来了更大的方便，使交通连接的障碍被进一步打开。一方面这种方式是现代技术带来城市扩张的横向新发展，充分利用以往开发程度较低的建设空地；另一方面对自然屏障的突破无疑也是对未来环境影响的考验，更大幅度的扩张是否会因为对江河、高山的隔离消弭而变成新形态的"摊大饼"并破坏组团分片？是否会造成新的生态破坏和绿色环境被污染？而这些影响在短时间内尚不明显，一旦产生破坏性作用，其显现时再加以补救往往有相当大的难度。所以在现今的城市新扩张中必须要充分考虑好可能产生的后续影响。

2. 主城区规模扩张的新态势及对新型城镇化建设的影响

半岛城区经过千百年来的持续发展，开埠时期其空间的局促已经成为阻碍城市发展的一大因素，民国时期政府一直在寻求新的发展空间，新中国成立后极度密集的人口规模在周边副中心、卫星城市建设的背景下逐渐得到释放，并随着主城经济结构与产业发展调整而带动了周边郊区的城镇化建设步伐，从空间上看是城区的不断扩张，实际上却是对城市格局的新调整。

重庆城市扩展从半岛开始，沿两江发展，再逐渐跨江扩张，传统的优势地段是城区发展的基础，所以重庆江岸南北方向的逐渐扩张是自远古时代到抗战时期众多小城产生、发展的萌芽区域，也是现代城镇化建设的基础。现今的江北、南岸、沙坪坝等重要行政区都是在众多小场镇的基础上发展而来。当前经济发展态势看好的九龙坡、渝北等行政区从小城镇发展兴旺的时间越发迅速。从当前城市扩张的态势分析，南北向的主城区扩展还在继续深入，2010 年两江新区作为国家级开发新区的设立是对沿江、南北扩张的传统发展的潜力新挖掘，对具有良好基础的江北和快速发展的渝北、北碚整合差异、调整差距，并开展针对性社会经济新开发的重大举措，将南北方向的大量未建设空间作为新发展的保障，提供强有力的新城区建设的后续动力。这种以社会经济力量发展整合为目的的抱团拓展是重庆主城规模扩张从量变到质变的新方式，极大地增强了主城区经济、文化的辐射力。

传统的跨江发展在当下更多表现为穿山延伸。中梁山、明月山、铜锣山等制约沙坪坝、南岸、巴南等发展的阻力正在被现代交通基础设施建设突破，在不损害生态环境的前提下，穿越山体障碍，向低开发率的新空间中实现新城区扩张。在因山地阻隔而保存了良好自然环境资源的巴南、渝北等都市拓展区进行建设，具有更大的建设发展后劲。横向拓展将会是未来很长时间中值得关注的城市未来扩张方向，主城"二环时代"都市经济拓展大势下更多的区域进入主城扩展范围，和以往不同的是，可持续发展与环保问题将得到更多预先关注。

还值得一提的是，当下正在开展的新型城镇化建设是在城市大幅扩张背景下，正在逐步改变过去片面注重城市规模扩大、空间扩张的方式转变为关注提升城市文化、公共服务等内涵，使中小城镇成为具有较高品质的宜居地。在实现中小城镇城乡基础设施一体化和公共服务均等化之时促进经济社会发展，解决超大型城市存在的经济资源、人口过度集中带来的诸多弊病。

此外，如果按照城市历史发展规律正常演进，合理的东西得到自然保留，不适合经济发展、社会政治文化进步需要的元素也会被逐渐淘汰，但近现代时期重庆城市在外部力量刺激下快速发展，固有的城市内外构造组织形式还没有充分消化和吸收新的建设方式、内容，传统城市空间也未得到及时、合理的调整，就很快被外部植入的技术、文化元素强烈冲击，直接导致了历史发展的粗暴断层。新中国成立后，人为盲目的大跃进、"文革"使丰富的自然环境资源遭到野蛮破坏，众多具有历史传统文化特色与地方文化色彩的城市遗迹被大量毁损，改革开放后城市建设中又一度过度追求发展速度和"国际化"的城市表象，加上都市区人口发展的极度不均衡，城市中心区大量向周边和高空无限制扩张，极大地损伤了城市自然山地环境，并持续割裂历史时期形成的城区格局，造成众多具有丰富历史沉淀和重大历史意义的传统建筑、历史遗迹、风貌街区丧失，山水之城的地域特色与丰富的人文历史内容被极大损伤。这些以往城市扩张过程中出现的问题都已经在新的城市化建设中得到关注。

8.2.2　当代重庆主城空间拓展未来发展思考

推动城市历史演进的环境机制随着时代变化而具有不同的内容，五大元素的作用力也各不相同。当代社会与传统时代社会背景差距巨大，不能一成不变地沿袭旧有的城市建设方式和内容，所以当代城市建设所面临的社会背景、技术水平、经济发展程度在当代城市建设中如何发挥作用就被赋予了新内容。

回顾重庆城市发展演进的全部过程，从宏观到微观，从传统到现代，其发展轨迹和规律都是对当代城市建设最好的总结与借鉴。重庆近现代之前城市建设一方面受到生产力低下的束缚，较多依赖于环境提供的物质资料，另一方面则深受传统营建"道法自然"、"天人合一"思想的影响，具有朴素的生态发展观，追求人类与自然的和谐相处。五大环境影响因素在此时期发挥的作用是统一的，经济、社会、文化、技术都较多受制于自然环境，所以巴渝城市建设多以依山就势、因式就形的方式构筑城市、构造内部空间、修建山地建筑。两千多年缓慢形成的上下半城的传统分区、九宫八卦的城门环绕，都是这种城建思想指引的结果，与宜宾选择三江口、武汉三镇三位一体、南京圈层式发展的演进规律是一致的。

近现代时期城市建设中五大环境动力因素发挥的重要作用地位发生了变化，城市建设的主导力量较多受到经济与政治力量的左右。然而，事实却一再说明自然环境力量始终不可缺失，城市建设越重视自然环境，城市的发展也就越可能趋于优化。近些年来，城市建设虽然坚持政治经济力量作为城市发展的最主要动力，并继续以现代科学技术力量为支撑，但自然环境的约束与不可随意破坏的巨大潜力已经得到充分重视，社会文化在城市建设中的作用也得到一定程度的重视。遵循城市的历史发展轨迹，沿袭自然城市地域传统，保护历史文脉，科学有序地实施新的城市建设，稳步拓展，应该是当代城市建设应当遵始终循的法则。所以，当代城市建设对环境动力机制五大元素应予以同等程度的重视，在统一的生态发展主题下，实现可持续发展，在未来城市空间扩展进程中需要坚持：

尊重自然，保护性拓展。 从经济社会的可持续发展角度出发，充分尊重重庆山水城市的现实环境基础。在城市发展规划中要从国家、政府的政治层面来制定好如何充分保障城市自然生态，规划要具有预见性，走集约化现代城市发展之路。在"智慧城市"、"海绵城市"建设过程中重视周边组团及卫星城市的体系化建设质量，提升城镇化建设水平，保护生态绿地环境，摒弃重质而非"摊大饼"发展。在打造山地城市交通体系之时尽量减少对山水之城的自然环境破坏，同时吸取西方现代城市发展教训，做好城市公共设施基础性建设、绿色节能、排污防灾，以及注重城市绿地空间的保护利用，实现人与自然和谐的生态发展平衡局面。

服务经济，科学规划拓展。 城市扩张是社会经济发展的产物，城市拓展的方向取决于经济的重点走向。重庆主城核心区与拓展区的空间扩展因为经济基础与经济水平的差异而不同，核心区在不断优化自身经济结构的基础上注重内涵扩张。作为老城区的主城组成部分，不少地方受到既有环境的制约，缺乏新城区的活力，如渝中母城原上下半城的山地城区、沙坪坝核心区等，主要表现在交通梗阻、城区布局不合理、旧城改造对传统历史文化文脉的破坏毁损等细节上，就各中心组团而言，发展也有所区别，九龙坡、渝北区凭借良好的工业基础、交通优势在新兴产业、外资引进等方面展现出发展的巨大潜力，城市扩展具有更大动力，比较而言，大渡口区缺乏相应的区位优势，并随着重钢搬迁腾出新城市空间，但发展动力不足，是否应该重新纳入九龙坡区协同发展值得考虑，同样巴南区则因山地环境限制，三产发展明显不足，农业作为主流，如何实现城乡协调、统筹发展，在城镇化建设中实现城区的新扩张值得摸索。受到经济极大影响制约的城市未来扩展的方向与方式，要体现科学有序的特征，需要在总结城区多种制约因素的基础上做到前瞻性考虑，而不是盲目照搬现成模式或者法则。

尊重文化，有品质的拓展。 社会文化的发展是城市未来发展中不可忽视的重要因素，社会主流文化需求对城市空间的构建组合、功能发挥都会产生作用。保护传统文化文脉的传承，从传统的城市建设与地域特色文化中汲取精髓，提升城市民众的文化素质，优化城市建设的社会文化基础，这也是推动城市良性发展的重要力量。近百年来国内城市发展都在匆忙地适应和追赶外来文化，较少有时间停留下来慢慢消化，导致很多外来文化和技术没有得到适应性的应用，从而带来水土不服的毛病。当前，我国经济已经发展到一个相对稳定的时期，对传统文化的传承和外来文化吸收的反思也进入到一个全新阶段。重庆作为未来发展具有无限可能的城市，在今后的扩展更需要有力的历史文化支撑，也需要先进文化指引，才能真正寻找到适合自身的有品质的展拓。

8.3　小　结

重庆主城扩展受到内因与外因五大因素所构成的环境机制综合影响：自然环境是古代城市产生依存的现实条件，也始终制约着近现代城市的发展；经济发展是城市扩张的根本原因和强大动力，重庆主城古代的缓慢发展和近现代飞速进步与现实经济水平相吻合；社会政治环境对城市发展表现出直接作用，古代主城与近代扩城、当代超大城市的最终形成都是政治决策所产生的结果；社会文化对城市的发展具有间接影响作用，潜移默化地产生推动力和制约性；技术水平是城市近现代化发展的现实支撑，重庆主城的持续扩展、竖向增厚与现代交通、建筑技术进步密不可分。

重庆主城扩展古代传统时期较长时期受自然环境制约，近现代时期社会经济、政治、文化和技术分别表现出各自不同的影响力，使此后的重庆主城扩张呈现出不同的阶段性发展特征。当代重庆主城区继西部大开发之后正逢"一带一路"的国家战略实施的现实有利条件，故而继续保持着规模扩张，主城的概念正在产生新的政治经济含义，宜居城市和新型城镇化建设成为未来城市发展的关键词，也对尊重自然环境、尊重历史传统和地方文化提出了要求。未来城市的扩张需要在社会经济发展的前提下，对有限的城市土地资源和逐渐消失的城市文化实行具有保护性和前瞻性的有品质的拓展。

第 9 章

结　语

重庆作为西南地区具有独特自然环境与曲折社会历史进程的城市，城市空间拓展演进过程涉及自然环境、经济发展、社会政治、文化、科技等多种环境影响因素。从古代边陲、近代重镇发展到今天的现代大都会，五种环境因素在不同时期对重庆地区城市拓展、空间布局、交通组织和单体建筑都有不同程度的影响，从不同层面影响城市空间扩展演进过程中的组织形态与空间结构。

传统时期的重庆城市注重对自然环境的尊重，道法自然作为中国传统城市营建中最重要的理念，礼仪与秩序观念则贯穿于古代城市内部空间格局中，古代巴渝先民山地城市建设经验和方法体现了自然环境与社会政治经济文化相结合、平衡发展的城市个性。近代时期是重庆山地城市建设剧变的开端，经济发展要求突破传统束缚而发挥作用，开埠、建市、抗战时期的城市建设在满足社会需求之时缺乏长远而有预见的规划，由此为一系列问题的产生、自然环境与城市发展关系失衡埋下了伏笔。现代重庆城市发展使传统城市格局变为包括三峡库区在内的8万多平方公里的超大城市，曾经的大分散、小聚居状态转变为"多中心、组团式、网络化"的格局，使重庆城市从最初小规模的逐步拓展发展为大规模扩张，从沿江到跨江，再向腹地不断延伸，突破了山水分割的生态屏障。长江流域的宏观地域环境在不同时期、不同层面赋予了重庆城市历史发展巨大的推动力，塑造出了别具一格的山水文化。当前"一带一路"战略的部署将重庆及周边城市群推到了更高层次，国际化的长远发展目标使这座从远古军事城邦走向近现代商业都会、现代超大型城市的西部之城。

综合而言，本书从研究本体——重庆城市的历史发展过程出发，以重庆地区为研究地域范围，以山水城市发展的典型代表——渝中半岛母城为核心研究点，从城市自然地理环境切入，对古代、近代和现代的重庆城市逐步拓展、形成发展进程加以分期回顾。在追溯不同时期社会历史沿革与历代社会政治经济文化影响下的城市发展演进过程中对典型历史时期的城市范围、空间结构进行比较。同时将重庆城市纳入长江流域的宏观环境中加以比较分析，剖析类似自然环境与社会环境条件下不同城市发展的环境因素作用与发展规律，揭示重庆历史演进过程中五大环境因素组合而成的动力机制，分析这些因素在不同历史时期作用力不同而对城市发展造成的影响，提出当代城市建设中必须充分重视五种环境因素的均衡性，注重生态环境保护，并保持良好的历史文脉传承，在当代城市建设的经济发展与政策法规制定中加以凸显，在科学技术的强大支撑下构建和谐发展的生态文明城市。

由于研究的内容相关知识面极其宽广，作者深知本书存在诸多不足：一是城市历史形成发展研究所涉及的因素十分广泛，环境因素属于整体层面的因素，其中涉及许多自然科学、社会经济、政治人文等多学科的知识，本书对重庆个体层面的城市规模、空间、建筑景观三方面元素加以粗线条的分析，对于影响城市形成发展过程中更多技术层面的系统分析深度尚不够。二是由于研究课题对象时间跨度大，其中涉及的具体历史不同时期重庆城市建设情况的文献典籍资料较少，搜集显得较为困难，加上重庆近现代时期城市建设变化范围广，需要以大量调研工作作为支撑，受到精力、时间和篇幅限制，在资料储备广度方面存在不足。此外，本书存在的诸多疏漏与不妥之处，静待更多的批评与指正。以本文研究作为基础，拟将以下方面的研究内容作为今后继续研究的努力发展方向：一是对重庆城市空间扩展演进过程中的规律总结，提出可供现代城市建设更新提质、城市修复与修补借鉴的依据，二是对影响重庆城市扩展的社会文化深层次作用分析，三是重庆城市发展与长江流域和西部地区地域环境空间的互动影响研究，敬待更多的指导与支持。

附表 1 传统时期重庆政区沿革简表（战国－清代）

朝代	一级政区	统县政区	县级政区	治地今释
战国 - 秦 公元前 475 ~ 公元前 221 年	巴郡	巴郡	江州	渝中区
			枳	涪陵区
			朐忍	云阳县双江镇
			垫江	合川区合阳镇
		黔中郡 - 南郡	巫县	巫山县巫峡镇
		黔中郡	鱼复	奉节县白帝城
西汉 公元前 206 ~ 公元 24 年	益州	巴郡	江州 郡治	渝中区
			临江	忠县忠州镇
			枳	涪陵区
			垫江	合川区合阳镇
			朐忍	云阳县双江镇
			鱼复	奉节县白帝城
			涪陵	彭水县汉葭镇
			阆中	四川阆中县保宁镇
			安汉	四川南充市北
			宕渠	四川渠县东北土溪公社南岸卫星大队
			充国	四川省南部县
	荆州	南郡	巫县	巫山县巫峡镇
东汉 公元 25 ~ 公元 220 年		巴郡	江州 郡治	渝中区
			临江	忠县忠州镇
			枳	涪陵区
			垫江	合川区合阳镇
			朐忍	云阳县双江镇
			鱼复	奉节县白帝城
			涪陵	彭水县汉葭镇
			平都	丰都县名山镇
			阆中	四川阆中县保宁镇
			安汉	四川南充市北
			宕渠	四川渠县东北土溪公社南岸卫星大队
			充国	四川省南部县
			宣汉	四川达县
			汉昌	四川巴中市
		巴东郡	鱼复 郡治	奉节县白帝城

朝代	一级政区	统县政区	县级政区	治地今释
公元 25 ~ 公元 220 年		189 年置	羊渠	云阳县三坝乡
			巫县	巫山县巫峡镇
			朐忍	云阳县双江镇
			北井	巫山县北洋溪公社
		涪陵郡	汉葭 郡治	彭水县郁山镇
		195 年置	涪陵	彭水县汉葭镇
			丹兴	黔江区联合镇
		巴西郡 189 年置	垫江	合川区合阳镇
东汉		广汉属国 180 年置	匄氏道	南川区内
公元 25 ~ 公元 220 年	荆州	南郡	巫县	巫山县巫峡镇
三国蜀汉	益州	巴郡	江州 郡治	渝中区
公元 221 ~ 公元 263 年			垫江	合川区合阳镇
			临江	忠县忠州镇
			枳	涪陵区
			平都	丰都县名山镇
			乐城	江北县洛碛公社
			常乐	治地不详
		巴东郡 221 置	永安	奉节县白帝城
			汉丰	开县汉丰镇
			南浦	万州区去
			朐忍	云阳县双江镇
			北井	巫山县洋溪公社东南宁河
		涪陵郡	涪陵 郡治	彭水县汉葭镇
		（涪陵属国）		
			汉发	彭水县郁山镇
			丹兴	黔江区联合镇
			汉平	武隆县鸭江镇
			汉葭	酉阳县龚滩镇
			万宁	贵州东北思南县北
		阴平郡	匄氏	南川区内
	荆州	建平郡	巫县 郡治	巫山县巫峡镇
			秭归	湖北省境内
			兴山	湖北省境内
			信陵	湖北省境内
			房陵	湖北省境内
			沙渠	湖北省境内
	吴国	建平郡	巫县	巫山县巫峡镇
			北井	巫山县北
西晋	梁州	巴郡	江州 郡治	渝中区

朝代	一级政区	统县政区	县级政区	治地今释
公元265～公元317年			垫江	合川区合阳镇
			临江	忠县忠州镇
			枳	涪陵区
		涪陵郡	汉复 郡治	彭水县郁山镇
			涪陵	彭水县汉葭镇
			汉平	武隆县鸭江镇
			汉葭	酉阳县龚滩镇
			万宁	贵州省沿河
		巴东郡	鱼复	奉节县白帝城
			胸忍	云阳县双江镇
			南浦	万州区
			汉丰	开县汉丰镇
	荆州	建平郡	巫县 郡治	巫山县巫峡镇
西晋	荆州	建平郡	北井	巫山县北
公元265～公元317年			泰昌	巫山县大昌镇
			秭归	湖北省境内
			兴山	湖北省境内
			信陵	湖北省境内
			建始	湖北省境内
			沙渠	湖北省境内
成汉	荆州	巴郡	江州 郡治	渝中区
公元304～公元347年			垫江	合川区合阳镇
			临江	忠县忠州镇
			枳	涪陵区
		巴东郡	鱼复	奉节县白帝城
			胸忍	云阳县双江镇
			南浦	万州区
			汉丰	开县汉丰镇
	梁州	涪陵郡	汉复 郡治	彭水县郁山镇
			涪陵	彭水县汉葭镇
			汉平	武隆县鸭江镇
			汉葭	酉阳县龚滩镇
东晋	荆州	巴东郡	鱼复	奉节县白帝城
公元347～公元420年			胸忍	云阳县双江镇
			南浦	万州区
			汉丰	开县汉丰镇
		建平郡	巫县 郡治	巫山县巫峡镇
			北井	巫山县北
			泰昌	巫山县大昌镇
			南陵 东晋立	巫山县南陵乡
	梁州	涪郡，涪陵郡	枳	涪陵区

续表

朝代	一级政区	统县政区	县级政区	治地今释
公元 347 ～公元 420 年		巴郡	江州 郡治	渝中区
			垫江	合川区合阳镇
			临江	忠县忠州镇
			枳	渝北区洛碛镇
		遂宁郡	晋兴	潼南县玉溪镇青石坝
刘宋	益州	巴郡	江州 郡治	渝中区
			垫江	合川区合阳镇
			临江	忠县忠州镇
			枳	涪陵区
		东遂宁郡	晋兴	潼南县玉溪镇青石坝
公元 420 ～公元 479 年	荆州	巴东国	鱼复	奉节县白帝城
			朐忍	云阳县双江镇
			南浦	万州区
			汉丰	开县汉丰镇
			新浦，刘宋立	开县跳蹬场
			巴渠	开县谭家坝
			黾阳，刘宋立	巫山县南
刘宋	荆州	建平郡	巫县 郡治	巫山县巫峡镇
			北井	巫山县北
			泰昌	巫山县大昌镇
公元 420 ～公元 479 年			南陵 后废	巫山县南陵乡
			秭归	湖北省境内
			归乡	湖北省境内
			新乡	湖北省境内
			沙渠	湖北省境内
萧齐	巴州	巴东郡	鱼复 郡治	奉节县白帝城
			朐忍	云阳县双江镇
			南浦	万州区
			汉丰	开县汉丰镇
			新浦，刘宋立	开县跳蹬场
			巴渠	开县谭家坝
			聂阳，刘宋立	巫山县南
公元 479 ～公元 502 年		建平郡	巫县 郡治	巫山县巫峡镇
			北井	巫山县北
			泰昌	巫山县大昌镇
			秭归	湖北省境内
			新乡	湖北省境内
			沙渠	湖北省境内
		巴郡	江州 郡治	渝中区
			垫江	合川区合阳镇

续表

朝代	一级政区	统县政区	县级政区	治地今释
公元 479～公元 502 年			临江	忠县忠州镇
			枳	涪陵区
		涪陵郡	汉平 郡治	武隆县鸭江镇
			涪陵	彭水县汉葭镇
			汉玫	彭水县郁山镇
	益州	东遂宁郡	晋兴	潼南县青石坝镇青石坝
		东宕渠郡	宕渠 郡治	合川区合阳镇
			平州县	
			汉初	武胜县西关镇
		东阳郡	丹兴县	北碚区朝阳镇东岸东阳镇
萧梁	楚州	巴郡	垫江 郡治	渝北区
公元 502～公元 553 年			江州	江津区顺江镇
		东阳郡	丹兴县	北碚区朝阳镇东岸东阳镇
		东宕渠郡	宕渠 郡治	合川区合阳镇
		涪陵郡	枳 郡治	涪陵区
			汉平	武隆县鸭江镇
	信州	巴东郡	鱼复 郡治	奉节县白帝城
			胸忍	云阳县双江镇
			南浦	万州区
			汉丰	开县汉丰镇
			新浦，刘宋立	开县跳蹬场
			巴渠	开县谭家坝
萧梁	信州	巴东郡	阳口	奉节县安坪乡
公元 502～公元 553 年		临江郡	临江	忠县忠州镇
		建平郡	巫县 郡治	巫山县巫峡镇
			北井	巫山县北
			泰昌	巫山县大昌镇
	新州	东遂宁郡	晋兴	潼南县玉溪镇青石坝
西魏	巴州	巴郡	垫江 郡治	渝中区
公元 553～公元 557 年			枳	涪陵区
			汉平	武隆鸭江镇
		七门郡	江阳	江津区顺江镇
		东阳郡	丹阳	北碚区朝阳镇东阳镇
	合州	垫江郡	石镜	合川区合阳镇
			始兴	潼南县玉溪镇青石坝
	信州	巴东郡	阳口 郡治	奉节县平安乡
			人复	奉节县白帝城
			胸忍	云阳双江镇
			巴渠	开县谭家坝
		建平郡	巫县 郡治	巫山县巫峡镇

续表

朝代	一级政区	统县政区	县级政区	治地今释
公元 553 ~ 公元 557 年			泰昌	巫山县大昌镇
			北井	巫山县北洋溪公社
	临州	临江郡	临江	忠县忠州镇
		万川（安乡）郡	万川（鱼复）郡治	万州区
			梁山	梁平县
	容州	容山郡	垫江 郡治	垫江县桂溪镇
	开州	开江郡	新浦	开县跳蹬场
			永宁	开县汉丰镇
北周	蓬州	怀化郡	始兴	潼南县玉溪镇青石坝
公元 557 ~ 公元 581 年	合州	垫江郡	石镜	合川区合阳镇
	楚州	巴郡	巴县	渝中区
		七门郡	江阳	江津区顺江镇
		东阳郡	丹阳	北碚区朝阳镇东阳镇
		涪陵郡	汉平	武隆县鸭江镇
	信州	永安郡	民复	奉节县白帝城
		巴东郡	云安	云阳县双江镇
		建平郡	巫县 郡治	巫山县巫峡镇
			建昌	巫山县大昌镇
			北井	巫山县北洋溪公社
	开州	周安郡治西流县	新浦	开县跳蹬场
		万世郡	万世 郡治	开县谭家坝
			永宁	开县汉丰镇
	南州	万川郡	安乡	万州区
			梁山	梁平县西
		怀德郡	武宁（源阳）	万州区武陵镇
北周	临州	临江郡	临江	忠县忠州镇
	容州	容山郡	魏安	垫江县桂溪镇
	黔州		州治	彭水县郁山镇
公元 557 ~ 公元 581 年	邓州	邓宁郡	尚安 郡治	南川区黑河乡
			周昌县	南川区城关镇
隋朝		巴郡 渝州	巴县 郡治	渝中区
公元 581 ~ 公元 618 年			江津	江津区顺江镇
			涪陵	涪陵区
		涪陵郡 涪州	石镜 郡治	合川区合阳镇
			赤水	合川区赤水乡
			汉初	四川武胜县
		巴东郡	人复 郡治	奉节县白帝城
			云安	云阳县双江镇
			南浦	万州区
			梁山	梁平县西

续表

朝代	一级政区	统县政区	县级政区	治地今释
公元581～公元618年			大昌	巫山县大昌镇
			巫山	巫山县巫峡镇
			新浦	开县跳蹬场
			盛山	开县汉丰镇
			临江	忠县忠州镇
			武宁	万州区武陵镇
			石城	黔江开发区县坝乡
			丰都 隋末置	丰都县名山镇
			秭归	湖北省境内
			巴东	湖北省境内
			务川	贵州省境内
		遂宁郡	青石	潼南县玉溪镇青石坝
		资阳郡	隆龛	潼南县光辉乡
		通川郡	万世	开县谭家乡
		宕渠郡	垫江	垫江县桂溪镇
		黔安郡	彭水	彭水县郁山镇
			涪水	贵州省德江县东南
		临州 隋末	临江	忠县忠州镇
			丰都 隋末置	丰都县名山镇
唐朝	山南道	夔州云安郡	奉节 州治	奉节县白帝城
公元618～公元907年			云安	云阳县双江镇
			巫山	巫山县巫峡镇
			大昌	巫山县大昌镇
			云安监 唐末	云阳县云安场
	山南道	忠州南宾郡	临江 州治	忠县忠州镇
			丰都	丰都县名山镇
			南宾	丰都县龙河镇
			垫江	垫江县桂溪镇
			桂溪	垫江县东南
	山南道	涪州涪陵郡	涪陵 州治	涪陵区
			宾化	南川区隆化镇
			武龙	武隆县土坎镇
			乐温	长寿区乐温乡
			温山	长寿区邻封镇
		万州南浦郡	南浦 州治	万州区
			武宁	万州区武陵镇
			梁山	梁平县梁山镇
		开州盛山郡	开江 州治	开县汉丰镇
			新浦	开县跳蹬场

续表

朝代	一级政区	统县政区	县级政区	治地今释
			万岁	开县谭家乡
	黔中道	黔州黔中郡	彭水 州治	彭水县汉葭镇
	江南道		黔江	黔江开发区联合镇
			洪杜	酉阳县龚滩镇
			洋水	彭水县龙洋乡
			信宁	武隆县江口镇
			石城	黔江区东北县坝公社窑平大队
			都濡县	贵州省东北务川县北
		南州南川郡	南川 州治	綦江县古南镇北
			三溪	綦江县三江镇
			丹溪县	綦江县东溪镇
		溱州溱溪郡	荣懿 州治	万盛区青年镇
			扶欢	綦江县扶欢镇
公元 618 ~ 公元907 年			夜郎县	贵州省桐梓县西
			丽皋县	贵州省北习水县东南
			乐源县	贵州省北桐梓县北官店
	剑南道	遂州遂宁郡	青石	潼南县玉溪镇青石坝
			遂宁	潼南县梓潼镇
		合州合川郡	石镜 州治	合川区合阳镇
			赤水	合川区赤水乡
			巴川	潼梁县巴川镇
			铜梁	铜梁县旧县镇
			新明县	四川岳池县罗渡镇
			汉初县	四川武胜县西关镇
		普州安岳郡	崇龛	潼南县光辉乡
		渝州南平郡	巴县 州治	渝中区
唐朝			江津	江津区顺江镇
			万寿	江津区朱沱镇
			璧山	璧山县璧城镇
			南平	巴南区双新乡
公元 618 ~ 公元907 年		昌州	大足 州治	大足县龙岗镇
			静南	大足县龙水镇
			昌元	荣昌县古昌镇
			永川	永川区永昌镇
五代前后蜀		遂州	青石县	潼南县西北玉溪镇西青石坝
			遂宁县	潼南县西北大佛场
公元 907 ~ 公元965 年		渝州	巴县 州治	渝中区
			江津	江津区顺江镇
			万寿	江津区朱沱镇

续表

朝代	一级政区	统县政区	县级政区	治地今释
公元 907～公元965 年			璧山	璧山县璧城镇
			南平	巴南区双新乡
		合州	石镜 州治	合川区合阳镇
			赤水	合川区赤水乡
			巴川	潼梁县巴川镇
			铜梁	铜梁县旧县镇
			新明县	四川岳池县罗渡镇
			汉初县	四川武胜县西关镇
		昌州	大足 州治	大足县龙岗镇
			静南	大足县龙水镇
			昌元	荣昌县古昌镇
			永川	永川区永昌镇
		普州	崇龛	潼南县光辉乡
		开州	开江 州治	开县汉丰镇
			新浦	开县跳蹬场
			万岁	开县谭家乡
		夔州	奉节 州治	奉节县白帝城
			云安	云阳县双江镇
			巫山	巫山县巫峡镇
			大昌	巫山县大昌镇
			云安监	云阳县云安场
		万州	南浦 州治	万州区
			武宁	万州区武陵镇
			梁山	梁平县梁山镇
		忠州	临江 州治	忠县忠州镇
			丰都	丰都县名山镇
			南宾	丰都县龙河镇
			垫江县	垫江县桂溪镇
			桂溪	垫江县东南
		涪州	涪陵 州治	涪陵区
			宾化	南川区隆化镇
			武龙	武隆县土坎镇
			乐温	长寿区乐温乡
			温山	长寿区邻封镇
		黔州 - 武泰军	彭水 州治	彭水县汉葭镇
			黔江	黔江开发区联合镇
			洪杜	酉阳县龚滩镇
			洋水	彭水县龙洋乡
			信宁	武隆县江口镇
			石城	黔江区东北县坝公社窑平大队
		黔州 - 武泰军	都濡县	贵州省东北务川县北

续表

朝代	一级政区	统县政区	县级政区	治地今释
公元907~公元965年		南州	南川 州治	綦江县古南镇北
			三溪	綦江县三江镇
		溱州	荣懿 州治	万盛区青年镇
			扶欢	綦江县扶欢镇
			夜郎县	贵州省桐梓县西
			丽皋县	贵州省北习水县东南
			乐源县	贵州省北桐梓县北官店
两宋	梓州路	遂州遂宁军遂宁府	青石	潼南县玉溪镇青石坝
			遂宁	潼南县梓桐镇
		昌州昌元郡	大足 州治	大足县龙岗镇
			昌元	荣昌县昌元镇
			永川	永川区永昌镇
		合州巴川郡	石照 州治	合川区合阳镇
			巴川	铜梁县巴川镇
			赤水	合川区赤水乡
			铜梁	铜梁县旧县镇
			汉初	四川武胜县西北西关公社
公元960~1279年	夔州路	夔州永安郡都督府	奉节 州治	奉节白帝城后治永安镇
			巫山	巫山县巫峡镇
		万州南浦郡	南浦 州郡治	万州区
			武宁	万州区武陵镇
		忠州南宾郡咸淳府	临江 州治	忠县忠州镇
			垫江	垫江县玉溪镇
			丰都	丰都县名山镇
			南宾县	丰都县龙河镇
			南宾尉司南宋龙驹县	万州区龙驹镇
		开州盛山郡	开江 州治	开县汉丰镇
			清水	开县谭家乡
		涪州涪陵郡	涪陵 州郡治	涪陵区
			乐温	长寿区乐温乡
			武龙	武隆县土坎镇
		渝州南平郡重庆府	巴县 郡治	渝中区
			江津	江津区几江镇
			璧山	璧山县璧城镇
		羁縻 溱州	荣懿 州治	重庆市南桐区青年公社
			扶欢	綦江县扶欢镇
		黔州黔安郡绍庆府	彭水	彭水县汉葭镇
			黔江	黔江区联合镇
		云安军	云安 军治	云阳县云阳县
			云安监 唐置	安阳县云南场
		梁山军高梁郡	梁山	梁平县梁山镇

续表

朝代	一级政区	统县政区	县级政区	治地今释
公元960~1279年		南平军	南川 州治	綦江县古南镇北
			隆化县	南川区隆化镇
			军治	綦江县赶水公社
两宋	夔州路	大宁监	大昌	巫山县大昌镇
			监治	巫溪县城厢镇
元	重庆路	录事司	巴县 路治	渝中区
			江津	江津区几江镇
			南川	南川区隆化镇
		忠州	临江 州治	忠县忠州镇
			南宾	丰都县龙河镇
			丰都	丰都县名山镇
		合州	石照 州治	合川区合阳镇
			铜梁	铜梁县巴川镇
			大足	大足县龙岗镇
			昌宁	荣昌县九龙镇昌州大队
			定远	四川武胜县旧县镇
		涪州	武龙	武隆县土坎镇
		绍庆府	彭水 州治	彭水县汉葭镇
			黔江	黔江区联合镇
1276~1371年	夔州路	录事司	奉节 路治	奉节县永安镇
			巫山	巫山县巫峡镇
		梁山州	梁山	梁平县梁山州
		万州	武宁	万州区武陵镇
		云阳州		云阳县云阳镇
		大宁州		巫溪县城厢镇
		叙南等处蛮夷宣抚司		
		开州		开县汉丰镇
	怀德府路	来宁		
		柔远		
		服		
		西阳州 宣尉司	司治	酉阳县钟多镇
			务川县	贵州省务川县都濡镇
			中水县	
			宁夷县	
		溶江芝子平茶等处长官司		治秀山县美妙公社
		佛乡洞长官司		治秀山县梅江乡
		邑梅沿边溪洞军民府	府治	秀山县梅江乡
		石耶洞长官司	司治	秀山县石耶乡
		湖广省播州安抚南平綦江长官司	司治	綦江县古南镇北
		石柱军民宣抚司	司治	石柱县南宾镇
明朝	四川	夔州府	奉节 府治	奉节县永安镇

续表

朝代	一级政区	统县政区	县级政区	治地今释
1368～1644 年			巫山	巫山县巫峡镇
			大昌	巫山县大昌镇
			大宁	巫溪县城厢镇
			云阳	云阳县双江镇
			万	万州区
			梁山	梁平县梁山镇
			开	开县汉丰镇
明朝	四川	夔州府	新宁 1377 省	开县城厢镇
1368～1644 年			建始	湖北省境内
		达州		东乡县太平县
		重庆府	巴	渝中区
			江津	江津区几江镇
			璧山	梁山县璧城镇
			永川	永川区永昌镇
			大足	大足县龙岗镇
			安居	铜梁县安居镇
			綦江	綦江县古南镇北
			南川	南川区隆化镇
			长寿	长寿区凤城镇
			黔江	黔江区联合镇
		合州		州治合川区合阳镇
			铜梁	铜梁县巴川镇
			定远	四川武胜县
		忠州	丰都	丰都县名山镇
			垫江	垫江县桂溪镇
		合州		治涪陵区
			武隆	武隆县土坎镇
			彭水	彭水县汉葭镇
		平茶洞长官司	司治	秀山县美沙乡
		溶溪芝麻子坪长官司	司治	秀山县溶溪乡
		酉阳州宣尉司	司治	酉阳县钟多镇
			石耶洞长官司	司治　秀山县石耶乡
			邑梅洞长官司	司治　秀山县梅江乡
			麻兔洞长官司	贵州省境内
		石柱宣尉司	司治	石柱县南宾镇
清朝	川东道	重庆府	合州	合川区合阳镇
1644～1840 年			涪州	涪陵区
			江北厅	
			巴	渝中区
			江津	江津区几江镇
			璧山	梁山县璧城镇

续表

朝代	一级政区	统县政区	县级政区	治地今释
1644～1840年			永川	永川区永昌镇
			大足	大足县龙岗镇
			荣昌	荣昌县昌元镇
			綦江	綦江县古南镇北
			南川	南川区隆化镇
			长寿	长寿区凤城镇
			铜梁	铜梁县巴川镇
		夔州府	奉节 府治	奉节县永安镇
			巫山	巫山县巫峡镇
			云阳	云阳县云阳镇
清朝	川东道	夔州府	万	万州区
1644～1840年			开	开县汉丰镇
			大宁	巫溪县城厢镇
		忠州直隶厅	忠州 厅治	忠县忠州镇
			丰都	丰都县名山县
			垫江	垫江县桂溪镇
			梁山	梁平县梁山镇
		酉阳直隶州	酉阳 州治	酉阳县钟多镇
			秀山	秀山县中和镇
			黔江	黔江区联合镇
			彭水	彭水县汉葭镇
		石柱直隶厅	南宾镇 厅治	石柱县南宾镇
		潼川府	永安县	潼南县梓潼镇
		绥定府	城口厅	城口县葛城镇

附表2 重庆城市扩张进程中重大历史事件与相关建筑遗存对照表

时间	重大历史事件	城市建筑情况	文献记载及考古实证	典型建筑遗存
旧石器时代	考古发掘巫山猿人化石	三峡地区人类活动散点遗迹	巫山龙骨坡遗址、丰都长江沿岸水井湾遗址、奉节长江沿岸遗址	"穴居"、"巢居"
新石器时期	大溪文化、哨棚嘴文化	原始村落遗迹出现	①大溪文化、哨棚嘴文化遗址；②樊绰《蛮书》卷十："夷蜒居山谷，巴夏居城郭"	香炉石遗址等地面式建筑出现，干阑建筑萌芽
夏商周时代	巴师八国伐纣，周封宗姬于巴，爵之以子		①《华阳国志·巴志》载大禹"会诸侯于会稽……巴蜀往焉"；②《华阳国志·巴志》载"武王伐纣……巴师勇锐，歌舞以凌殷人"	巴蜀具备相应社会城邦管理制度，推测应有城市雏形，具体建筑无考
春秋—战国时代	巴人五次迁都，其中定都江州时间最长	巴子始筑江州城	①《华阳国志·巴志》"巴子时，虽都江州，或治垫江，或治平都，后治阆中，其先王陵墓多在枳"；②《巴志》云"蔓子请师于楚，许以三城"	《舆地纪胜》载铜锣峡有古滩城，"周回一百步，阔五尺"，夯土碉楼式防御建筑
秦代（公元前316年）	秦置巴郡	张仪筑江州城	①《华阳国志·巴志》"置巴、蜀及汉中郡，分其地为三十一县，仪城江州"；②《舆地纪胜》载："古江州城，东接渝州城，西接巴县城，《巴记》云，张仪所筑"	江北嘴大剧院所在地出土秦汉筒瓦等建筑构件及T型渗水井遗迹
汉代	汉承秦制	南北二城分治改为半岛城市独立发展格局	①《巴志》载"汉世，郡治江州巴水北，有柑橘官，今北府城是也，后乃还南城"；②《水经注·江水》："汉世郡江州巴水北，北府城是也，后乃徙南城"	江州居民"结舫水居"，"重屋累居"城市民居形式形成规模，干阑建筑成为城市常见建筑形式
三国蜀汉	李严筑大城	城市中心由江北回复渝中半岛，城垣扩展	《华阳国志·巴志》："更versions城，周回十六里，欲穿城后山，自汶江通水入巴江，使城为洲，以求五郡置巴州"	中原建筑礼制影响巴渝建筑形制，有盘溪石阙、忠县丁房阙、江津东汉崖墓遗存
隋唐	隋改江州为渝州，唐代官员贬谪开发巴渝	农业发展，商业兴旺，促进城市建设发展，建筑技术普遍借受中原文化影响	①司空曙《送夔州班使君》："晓樯争市隘，夜鼓祭神多"；②王维《晓行巴峡》："水国舟中市，山桥树杪行。登高万井出，眺迥二流明"	宗教文化建筑得到长足发展，木结构建筑技术成熟。以盘谷石城、大足石窟群唐代窟龛（245号）、潼南独柏寺为典型
宋元	彭大雅筑城	南宋抗击盟军，构建西南城市山地防御体系，重庆、合川、嘉定、泸州形成"四舆"，阻击蒙军对峙近50年	①三峡博物馆藏"淳祐乙巳东窑城砖"，"淳祐乙巳西窑城砖"，是为南宋重庆城市建筑材料见证；②《宋史·张珏传》载重庆城当时"有熏风门（南），千斯门（东），洪岩门（北），镇西门（西）"；③《雪舟胜语》载：彭大雅"立四大石于四门之上，书大宋嘉熙庚子，制臣彭大雅城渝为蜀根本"；④《说郛》卷五十五："蜀亡，城犹无恙，真西蜀根本也"	①宗教建筑进一步发展，有大足石窟群宋代窟龛（245号）、砖塔遗存；②山城规划、木结构技术和砖石结构建筑技术获得极大发展，重庆及合川钓鱼城遗迹为代表

续表

时间	重大历史事件	城市建筑情况	文献记载及考古实证	典型建筑遗存
明清	戴鼎扩城，湖广填四川	府城城垣范围进一步扩展，环江筑十七城门，半岛母城格局基本奠定；移民文化催生多种建筑	① 东水门城墙上石刻碑文载，戴鼎所建石城，"高十丈，周二千六百六十有七丈，环江为池，门十七，九开八闭，象征九宫八卦"；② 明代竹枝词："江上小楼开户多"；③ 清代竹枝词："水绕孤城城绕山，平田一掌苦悭天。层层楼屋依山势，个个秋船宿水湾"，"朝天门外水交流，朝天城内起高楼"	各类衙署、商业建筑、民居建筑充分吸收中原及移民文化特点而发展，主城有府衙、文庙、湖广会馆、吊脚楼等，周边有石宝寨、夯土碉楼等
晚清、民国	重庆开埠、辛亥革命后建市、抗日迁都重庆	开埠后外事建筑发展，建市后拆除城门、修建新市区，抗战时期各类建筑大兴土木，城市跨江发展，两江四岸格局奠定	①《扁舟过三峡》：利德乐完成川江航行，并在南岸建立利德乐洋行，开创西方商人航行川江开拓重庆商业之始。从此西风东渐，中西合璧建筑出现；② 民国《巴县志》："民国10年，杨森为重庆商埠督办，主撤临江门，发展城郭间交通；十五年，潘文华长市政，建筑马路，宏廊码头，朝天、太平、南纪、通远等门悉行彻废"；③ 1937年11月20日，南京国民政府发布《国民政府移驻重庆宣言》抗战迁都，战时建筑广泛修筑	西方殖民建筑法国水师营、宗教建筑若瑟堂，与传统建筑清邮政局共存；抗战时期国民政府、黄山建筑群等行政办公建筑、重工业、商业金融建筑兵工署50厂、川康银行等，普通抗战房、圆庐等名人旧居住宅建筑，沙坪坝中央大学等文化建筑遗存
新中国成立初期及三线建设时期	新中国成立初期，设立西南大区，三线建设、文化大革命	兴建政治文化建筑，开展工业城市建设	①《重庆市志》："市中心旧城区完成了新中国成立夕朝天门"九一二"火灾区的重建，北区路主干道完工，原有城市道路得到大规模改造，布局混乱、交通拥挤的状况得到改善，一大批文化娱乐设施和标志性建筑兴建起来"；② 薄一波：《若干重大决策与事件的回顾》下卷，关于三线建设："把重庆地区，包括从綦江到鄂西的长江上游地区，以重钢为原材料基地，建设成能够制造常规武器和某些重要机器设备的基地"	新中国成立时期理想主义建筑思潮、现代建筑设计思想萌芽，有重庆市人民大礼堂、重庆市委会办公楼、山城影院、重庆炼铁厂等建筑代表
改革开放时期	改革开放、西部大开发、成立直辖市	多中心、组团式大都会城市格局成形	1960年、1983年、1996年、2007年出台的《重庆城乡建设总体规划》四版	适应社会发展需求，各种风格、各种类型的建筑出现，有凯旋路电梯、红岩魂广场、大都会广场、世贸中心、重庆市大剧院、国泰艺术中心等

图　目

表　目

参考文献

历史文献

[1] （西汉）刘向.战国策·楚策[M].哈尔滨：哈尔滨出版社，2011.

[2] （西汉）司马迁.史记[M].北京：中华书局，1959.

[3] （东汉）班固.汉书·地理志[M].北京：中华书局，1962.

[4] （晋）常璩.华阳国志[M].刘琳校注.成都：巴蜀书社，1984.

[5] （晋）司马彪等.后汉书[M].北京：中华书局，1965.

[6] （晋）袁宏.袁宏后汉纪集校[M].李兴和校释.昆明：云南大学出版社，2008.

[7] （晋）陈寿.三国志·蜀志[M].北京：中华书局，1959.

[8] （刘宋）范晔.后汉书[M].（唐）李贤等注.北京：中华书局，1965.

[9] （北魏）郦道元.水经注校注[M].陈桥驿校注.北京：中华书局，2007.

[10] （唐）魏征等.隋书·地理志[M].北京：中华书局，1997.

[11] （唐）李泰等.括地志辑校[M].贺次君辑校.卷4.北京：中华书局，1980.

[12] （唐）陈子昂.陈子昂集卷8《上蜀川安危事》[M].上海：上海古籍出版社，2014.

[13] （唐）李泰等著.括地志辑校[M].贺次君辑校.卷4.北京：中华书局，1980.

[14] （唐）李吉甫修.元和郡县图志[M].北京：中华书局，1983.

[15] （唐）李延寿.北史[M].卷95列传第38.北京：中华书局，1974.

[16] （唐）杨炯.盈川集[M].卷2.上海：上海古籍出版社，1992.

[17] （唐）杜甫.杜工部集[M].卷16.近体诗132首.上海：上海古籍出版社，2003.

[18] （五代）刘昫.旧唐书[M].北京：中华书局，1975.

[19] （宋）欧阳修.新唐书[M].北京：中华书局，1975.

[20] （宋）王存修.元丰九域志[M].北京：中华书局，1984.

[21] （宋）周密.癸辛杂识[M].上海：上海古籍出版社，2012.

[22] （宋）曾巩.隆平集[M].四库全书本.

[23] （宋）乐史撰.太平寰宇记[M].王文楚等校.卷72.北京：中华书局，2007.

[24] （宋）王象之撰.舆地纪胜[M].李勇先点校.成都：四川大学出版社，2005.

[25] （宋）司马光.资治通鉴[M].北京：中华书局，1993.

[26] （宋）欧阳忞撰.舆地广记[M].李勇先、王小红校注.卷33.成都：四川大学出版社，2003.

[27] （宋）乐史撰.太平寰宇记[M].王文楚等校.卷147.北京：中华书局，2007.

[28] （宋）范成大撰.范成大笔记六种[M].孔凡礼点校.北京：中华书局，2002.

[29] （宋）陆游.入蜀记中国西南文献丛书·西南史地文献.第30卷[M].兰州：兰州大学出版社，

2003.

[30] （元）罗志仁．姑苏笔记·题梁 [M]．文渊阁四库全书本．

[31] （元）脱脱等撰．宋史·余玠传 [M]．北京：中华书局，1977.

[32] （元）袁桷．清容居士集 [M]．卷 8．北京：中华书局本，1985.

[33] （元）吴莱．古今说海·三朝野史 [M]．文渊阁四库全书本．

[34] （明）宋濂著．元史 [M]．北京：中华书局，1976.

[35] （明）宋濂撰，（清）孙锵校．宋文宪公全集．卷 18．杨氏家传 [M]．上海：中华书局，1911.

[36] （明）曹学佺．蜀中名胜记·重庆府 [M]．卷 17．重庆：重庆出版社，1984.

[37] （明）曹学佺．蜀中广记 [M]．四库全书本．

[38] （明）杨慎编，刘琳点校．全蜀艺文志．卷 34 下．巴川舍仓记 [M]．北京：线装书局，2003.

[39] （清）顾祖禹．读史方舆纪要 [M]．上海：上海书店出版社，1988.

[40] （清）王梦庚修．重庆府志 [M]，北京：国家图书馆出版社，2011.

[41] （清）董诰等编．全唐文．卷 660[M]．北京：中华书局，1983.

[42] （清）张云轩．重庆府治全图 [M]．重庆：重庆市地理信息中心，2012.

[43] （清）乾隆．巴县志 [M]．四库全书本．

[44] （民国）朱之洪，向楚等修．巴县志 [M]．成都：巴蜀书社，1992.

[45] （清）黄廷桂修，张吾生纂．雍正．四川通志 [M]．乾隆元年（1736 年）补版增刻本．

[46] （清）蔡毓荣等修：康熙．四川总志 [M]．康熙十二年（1673）刻本．四库全书本．

[47] （清）乾隆二十八年重庆府捐修城垣及捐赠引文及捐册 [M]．四川省档案馆编．清代巴县档案汇
编乾隆卷．北京：档案出版社，1991.

[48] （清）常明，杨光灿等纂修．嘉庆《四川通志》[M]．嘉庆二十一年（1816 年）刻本，摘自《中
国地方志集成·省志辑》，南京：凤凰出版社，2011.

[49] （清）道光．江北厅志．中国地方志集成·四川府县志辑 [M]．成都：巴蜀书社，1992.

[50] （清）王士祯．《蜀道驿程记》[M]．四库全书本．

[51] （清）清实录·圣祖实录 [M]．四库全书本．

[52] （清）杨怪曾．使滇纪程．小方壶舆地丛钞 [M]．杭州：杭州古籍西泠印社，1985.

[53] （清）刘元熙修，李世芳纂．宜宾县志·卷三 建制沿革 [M]．嘉庆十七年刻本，民国 21 年重印本，
《中国地方志集成·四川府县志辑》第 30 册，成都：巴蜀书社，1992.

[54] （民国）向楚．巴县志选注 [M]．重庆：重庆出版社，1989.

[55] （民国）陪都建设计划委员会．陪都十年建设计划草案·总论 [M]．1946.

[56] （民国）重庆市政府．九年来之重庆市政 [R]．1935.

[57] （民国）国民政府行政院．重庆郊外市场营建计划大纲 [R]．重庆市政公报．1939，6-7.

[58] （民国）重庆商埠督办公署．重庆商埠月刊 [J]．1927.

[59] （民国）中央银行经济研究处编印．参观重庆附近各工厂报告 [R]．经济情报业刊．14，1943.

[60] （民国）杨纫章．重庆西郊小区域地理研究 [J]．地理学报，1941，（8）．

[61] （民国）嘉陵江三峡乡村建设实验区概况 [J]．北碚月刊，1938.

[62]　（民国）唐式遵.重庆商埠督办.重庆市政计划大纲 [R].重庆商埠汇刊，1926.

[63]　（民国）重庆市工务局.重庆商埠经线及纬线马路分期首要计划 [R].1929，6.

[64]　（民国）张恨水.重庆旅感录 [J].旅行杂志，1939，13.

[65]　（民国）黄镇球.防空疏散之理论与设施 [R].航空委员会防空监消极防空处编印，民国二十九年版.

[66]　（民国）陪都十年建设计划草案 [R].1946.

论著、方志

[1]　陡瀛涛.近代重庆城市史 [M].成都：四川大学出版社，1991.

[2]　陡瀛涛，周勇.重庆开埠史 [M].重庆：重庆出版社，1983.

[3]　曹洪涛，储传亨.当代中国的城市建设 [M].北京：中国科学社会出版社，1990.

[4]　赵文林，谢淑君.中国人口史 [M].北京：人民出版社，1988.

[5]　彭伯通.古城重庆 [M].重庆：重庆出版社，1981.

[6]　彭伯通.重庆地名趣谈 [M].重庆：重庆出版社，2001.

[7]　段渝.政治结构与文化模式——巴蜀古代文明研究 [M].上海：学林出版社，1999.

[8]　黎翔凤撰，梁运华整理.管子校注 [M].北京：中华书局，2004.

[9]　蓝勇.中国历史地理 [M].北京：高等教育出版社，2002.

[10]　马正林.中国城市历史地理 [M].济南：山东教育出版社，1998.

[11]　蓝勇.历史时期西南经济开发生态变迁 [M].昆明：云南教育出版社，1992.

[12]　张明杰.近代日本人中国游记·总序 [M].北京，中华书局，2006.

[13]　顾朝林.中国城镇体系——历史·现状·展望 [M].北京：商务印书馆，1996.

[14]　周勇，刘景修译编.近代重庆经济与社会发展：1876-1949[M].成都：四川大学出版社，1987.

[15]　刘豫川.从三峡库区文物考古成果看重庆地区史前和先秦历史的新轮廓 [M].重庆：重庆出版社，2001.

[16]　杨正泰.中国历史地理要籍介绍 [M].成都：四川人民出版社，1988.

[17]　唐治泽，冯庆豪.老重庆影像志·老城门 [M].重庆：重庆出版社，2007.

[18]　蒙和平.三峡之谜——三峡考古纪实 [M].南昌：百花洲文艺出版社，2006.

[19]　杨光华，马强.历史地理文献导读 [M].重庆：西南师范大学出版社，2006.

[20]　熊笃.历代巴渝竹枝词选注 [M].重庆：重庆出版社，2002.

[21]　童恩正.南方文明 [M].重庆：重庆出版社，1998.

[22]　童恩正.古代的巴蜀 [M].成都：四川人民出版社，1979.

[23]　徐中书.论巴蜀文化 [M].成都：四川人民出版社，1982.

[24]　王川平.巴渝文化 [M].重庆：重庆出版社，1984.

[25]　周勇.重庆·一个内陆城市的崛起 [M].重庆：重庆出版社，1989.

[26]　周勇.重庆通史 [M].重庆：重庆出版社，2002.

[27] 周勇主编.重庆抗战史:1931-1945[M].重庆:重庆出版社,2013.

[28] 蓝勇.西南历史文化地理[M].重庆:西南师范大学出版社,1997.

[29] 蓝勇.长江三峡历史地理[M].成都:四川人民出版社,2003.

[30] 蓝勇,杨光华,曾小勇等.巴渝历史沿革[M],重庆:重庆出版社,2004.

[31] 蓝勇主编.重庆市古旧地图研究[M].重庆:西南大学出版社,2013.

[32] 蓝勇主编."西三角"历史发展溯源[M].重庆:.西南师范大学出版社,2011.

[33] 郑敬东.中国三峡文化概论[M].北京:中国三峡出版社,1996.

[34] 薛新立.重庆文化史[M].《重庆文化史料》编辑部出版,1990.

[35] 薄一波.若干重大决策与事件的回顾[M].下卷.北京:中共中央党校出版社,1993.

[36] 周天豹,凌承学.抗日战争时期西南经济发展概述[M].重庆:西南师范大学出版社,1988.

[37] 刘敦祯.西南古建筑调查概况[M].天津:津大学出版社,1999.

[38] 刘致平.中国居住建筑简史——城市、住宅、园林(附四川居住建筑)[M].北京:中国建筑工业出版社,1990.

[39] 四川省建设委员会.四川古建筑[M].成都:四川科学技术出版社,1992.

[40] 季富政.巴蜀城镇与民居[M].成都:西南交通大学出版社,2000.

[41] 唐璞.山地住宅建筑[M].北京:科学出版社,1994.

[42] 欧阳桦.重庆近代城市建筑[M].重庆:重庆大学出版社,2010.

[43] 管维良主编.重庆民族史[M].重庆:重庆出版社,2002.

[44] 何智亚.重庆古镇[M].重庆:重庆大学出版社,2009.

[45] 何智亚.重庆老城[M].重庆:重庆大学出版社,2010.

[46] 黄光宇.山地城市学[M].北京:中国建筑工业出版社,2002.

[47] 王川平主编.重庆文物论丛[C].重庆:重庆出版社,2000.

[48] 《重庆》课题组.重庆[M].北京:当代中国出版社,2008.

[49] 蔡金英.三峡古代聚落形态研究[M].北京:科学出版社,2011.

[50] 杨铭.论古代重庆地区的濮、僚族[C].载彭林绪,冉易光.重庆民族研究论文选.重庆:重庆出版社,2002.

[51] 邓少琴.巴蜀史迹探索[M].成都:四川人民出版社,1983.

[52] 陆大钺主编.近代以来重庆100件大事要览[M].重庆:重庆出版社,2005.

[53] 张瑾.权力、冲突与变革[M].重庆:重庆出版社,2003.

[54] 应金华,范丙庚.四川历史文化名城[M].成都:四川人民出版社,2000.

[55] 郑祖安.百年上海城[M].上海:学林出版社,1999.

[56] 邹逸麟.中国历史人文地理[M].北京:科学出版社,2001.

[57] 黄中模主编.中国三峡文化史[M].重庆:西南师范大学出版社,2003.

[58] 刘豫川,邹后曦.重庆文物考古工作五十年[M].重庆:重庆出版社,1999.

[59] 毛曦.先秦巴蜀城市史研究[M].北京:人民出版社,2008.

[60] 蔡金英.三峡古代聚落形态研究[M].北京:科学出版社,2011.

[61] 张良皋.匠学七说 [M].北京:中国建筑工业出版社,2002.

[62] 龙生主编.重庆港史 [M].武汉:武汉出版社,1990.

[63] 吴必虎,刘筱娟.中国景观史 [M].上海:上海人民出版社,2004.

[64] 彭敏.当代中国的基本建设 [M].上册.北京:中国社会科学出版社,1989.

[65] 朱朝亮.重庆城市建设 [M].重庆:重庆大学出版社,1992.

[66] 赵廷鉴主编.重庆 [M].上海:新知识出版社,1958.

[67] 重庆市地方志编纂委员会总编辑室.重庆市志·地理志·历史地理篇 [Z].成都:四川大学出版社,
      1992.

[68] 方大浩.长江上游经济中心重庆 [M].北京:当代中国出版社,1994.

[69] 张守广.抗战大后方工业研究 [M].重庆:重庆出版社,2012.

[70] 董鉴泓.中国城市建设史 [M].北京:中国建筑工业出版社,1989.

[71] 路遇,滕泽之.中国人口通史 [M].济南:山东人民出版社,2000.

[72] 皮明庥.一位总督一座城一场革命 [M].武汉:武汉出版社,2001.

[73] 潘新藻.武汉市建制沿革 [M].武汉:湖北人民出版社,1956.

[74] 杨国庆.南京明代城墙 [M].南京:南京出版社,2002.

[75] 舒莺.远去的记忆——不可错过的重庆建筑 31 处·汪全泰号 [M].重庆:重庆大学出版社,
      2009.

[76] 舒莺,金磊,周荣蜀主编.重庆地域建筑特色研究 [M].北京:中国建筑工业出版社,2015.

[77] 金磊,舒莺.中国抗战纪念建筑·重庆 [M].天津:天津大学出版社,2010.

[78] 温贤美主编.四川通史 [M].第七册.成都:四川大学出版社,1993.

[79] 王方华主编.中外都市圈发展报告 [R].上海:格致出版社,2011.8.

[80] 汪忠满著.都市旅游与"宜游城市"空间结构研究 [M].北京:中国建筑工业出版社,2011.

[81] 张弓,牟之先主编.国民政府重庆陪都史 [M].重庆:西南师范大学出版社,1993.

[82] 卢作孚.卢作孚文集 [M].北京:北京大学出版社,1999.

[83] 方明.国殇 [M].第 6 部.抗战时期国民政府大撤退秘录.北京:团结出版社,2013.

[84] 赵万民主编,李旭著.西南地区城市历史发展研究 [M].南京:东南大学出版社,2007.

[85] 李鸿球.巴蜀鸿爪录 [M].中国社会科学院近代史研究所近代史数据编辑:《近代史资料集》总
      85 号,北京:中国社会科学出版社,1994.

[86] 中国第二历史档案馆编.中德外交密档(1927-1947)[Z].南宁:广西师范大学出版社,1994.

[87] 重庆市城市建设局市政环卫建设志编纂委员会.重庆市政环卫建设志 [Z].成都:四川大学出版
      社,1993.

[88] 重庆市江北区地方志编纂委员会编.重庆市江北区志 [Z].成都:巴蜀书社,1993.

[89] 重庆市江北区地方志编纂委员会编纂.重庆市江北区志(1986 ~ 2005)[Z].北京:方志出版社,
      2011.

[90] 四川省地方志编纂委员会编.四川省志·城建环保志 [Z].成都:四川科学技术出版社,1999.

[91] 重庆市南岸区地方志编纂委员会编纂.重庆市南岸区志 [Z].重庆:重庆出版社,1993.

[92] 重庆市经济委员会编.重庆工业综述 [M].成都：四川大学出版社，1996.

[93] 重庆市渝中区人民政府地方志编纂委员会.重庆市市中区志（1986-1994）[Z].重庆：重庆出版社，2006.

[94] 重庆地方文史资料组.巴蜀史稿 [M].1986.

[95] 重庆市人民防空办公室编.重庆市防空志 [Z].重庆：西南师范大学出版社，1994.

[96] 四川大学历史文化学院考古系，云阳文管所.云阳李家坝遗址发掘报告，庆库区考古报告集（1997）[R].北京：科学出版社，2007.

[97] 重庆市城乡建设管理委员会，重庆市建筑管理局编.重庆建筑志 [Z].重庆：重庆大学出版社，1995.

[98] 黄晓东，张荣祥主编.重庆抗战遗址遗迹保护研究 [M].重庆：重庆出版社，2013.

[99] 重庆市文物局编.重庆市第三次全国文物普查重要新发现 [R].重庆：重庆出版社，2011.

[100] 重庆市统计局.重庆市统计年鉴 [Z].北京：中国统计出版社，2006.

[101] 重庆市城乡建设管理局.重庆市建筑志 [M].重庆：重庆大学出版社，1997.

[102] 重庆市交通局交通史志编纂委员会编.重庆公路运输志 [Z].北京：科学技术文献出版社，1991.

[103] 重庆市沙坪坝区地方志编纂委员会编.重庆市沙坪坝区志 [Z].成都：四川人民出版社，1995.

[104] 重庆市沙坪坝区地方志办公室编.抗战时期的陪都沙磁文化区 [M].重庆：科学技术文献出版社重庆分社，1989.

[105] 重庆市大渡口区地方志编纂委员会编纂.重庆市大渡口区志 [Z].成都：四川科学技术出版社，1993.

[106] 重庆市城市规划志编辑委员会.重庆城市规划志 [Z].（内部资料缩写本），1994.

[107] 孙家驷编著.重庆桥梁志 [Z].重庆：重庆大学出版社，2011.

[108] 重庆市地方志编纂委员会.重庆市志 [Z].第七卷.重庆：重庆出版社，1999.

[109] 重庆市江北区地方志编纂委员会编.重庆市江北区志 [Z].成都：巴蜀书社，1993.

[110] 中共重庆市委研究室.重庆市情 1949-1984[M].重庆：重庆出版社，1985.

[111] 重钢志编辑室编.重钢志（1938-1985）[Z].内部发行，1987.

[112] 南京地方志编委会.南京自然地理志 [Z].南京：南京出版社，1991.

论文、报刊

[1] 熊月之.中国城市史：枝繁叶茂的新兴学科 [N].人民日报，2010-11-19.

[2] 崔大庸.中国城镇化的前世今生 [N].潇湘都市报，2013-3-17.

[3] 重庆市"一圈两翼"课题调研组.深刻认识构建"一圈两翼"新格局的重大意义 [R].2007-5-16.

[4] 李晟.重庆主城首次发现南宋古城墙 [N].重庆晨报，2015-6-10.

[5] 谭继和.成都城市文明与城的年龄考析 [J].中共成都市委党校学报，1999（6）.

[6] 吴庆洲.四塞天险重庆城——古重庆的军事防御艺术 [J].重庆建筑，2002（2）.

[7]   姚朔民 . 四川交子的产生 [J]. 中国钱币，1984（4）.

[8]   王国强 . 抗战中的兵工生产 [J]. 抗战胜利 40 周年论文集，1986.

[9]   邱国盅 .1949 年以来中国城市现代化与城市化关系探讨 [J]. 当代中国史研究，2002（5）.

[10]   胡嘉渝，杨雪松，许艳玲 . 秦汉时期重庆城市空间营造研究 [J]. 华中建筑，2011（4）.

[11]   王明珂 . 由族群到民族：中国西南历史经验 [J]. 西南民族大学学报：人文社科版，2007（11）.

[12]   王家佑，徐学书 . 大足《韦君靖碑》与韦君靖史事考辨 [J]. 四川文物，2003（5）.

[13]   段渝 . 巴蜀古代城市的起源、结构和网络体系 [J]. 历史研究，1993（1）.

[14]   卢汉超 . 美国的中国城市研究 [J]. 清华大学学报（哲学社会科学版），2008（1）.

[15]   张捷 . 南京历史城市空间变迁的逻辑研究初探 [J]. 山西建筑，2009（8）.

[16]   胡道修 . 从 1 到 600，重庆城区的始建迁徙与拓展历程 [J]. 重庆地理信息，2011（1）.

[17]   林春 . 宜昌地区长江沿岸夏商时期的一支新文化类型 [J]. 江汉考古，1984（2）.

[18]   蔡利 . 唐宋时期四川盆地市镇的居民结构和管理研究 [D]. 重庆：西南大学，2011.

[19]   唐崤 . 近现代重庆市渝中半岛城市形态演进研究 [D]. 重庆：重庆大学，2012.

[20]   刘玉龙 . 城市用地形态演进及动力机制研究——以重庆主城为例 [D]. 重庆：重庆大学，2006.

[21]   李彩 . 重庆近代城市规划与建设的历史研究（1876-1949）[D]. 武汉：武汉理工大学，2012.

[22]   徐煜辉 . 历史·现状·未来——重庆中心城市演变发展与规划研究 [D]. 重庆：重庆大学，2000.

[23]   成一农 . 中国古代地方城市形态研究现状评述 [J]. 中国史研究，2010（1）.

[24]   刘豫川，邹后曦 . 重庆考古工作五十年 [J].《巴渝文化》第 4 辑。

[25]   胡道修 . 从张仪城到彭大雅城——重庆城市起源之一 [J]. 重庆地理信息，2011（6）.

[26]   蓝勇 . 近代日本对长江上游的踏查调查及影响 [J]. 中国历史地理论丛，2005（7）.

[27]   侯仁之 . 试论北京城市规划建设中的三个里程碑 [J]. 北京联合大学学报，2003（1）.

[28]   罗灵军，张海鹏 . 平行岭谷地貌影响下的重庆城市建设 [J]. 重庆地理信息，2013（6）.

[29]   杨宇振 . 区域格局中的近代中国城市空间结构转型初探——以"长江上游"和"重庆"城市为
       参照 [C]. 张复合主编 . 近代中国建筑研究与保护（五）. 北京：清华大学出版社，2006.

[30]   蓝勇 . 中国西南历史气候初步研究 [J]. 中国历史地理论丛，1993，2.

[31]   傅崇兰，朱玲玲 . 城市发展是一个自然历史过程 [J]. 中国史研究，1989，3.

[32]   卢汉超 . 美国的中国城市史研究 [J]. 清华大学学报，2008，1.

[33]   徐刚 . 山地城市地貌环境问题研究 [J]. 中国环境科学，1997，6.

[34]   王兴昌 . 长江流域城市经济布局原则 [J]. 城市问题，1994，3.

[35]   罗二虎 . 长江流域早期城市初论 [J]. 文物，2013，2.

[36]   郭翠潇 . 长江流域三大文化区 [J]. 人民长江报，2010，11.

[37]   姚士谋 . 长江流域城市发展的共性与个性问题 [J]. 长江流域资源与环境，2001，3.

[38]   罗正齐 . 长江流域城市体系建设中的几个问题 [J]. 经济科学，1992，2.

[39]   邓先瑞 . 试论自然环境与城市建设——以长江流域为例 [J]. 华中师范大学学报，2006，9.

[40]   邓先瑞 . 季风形成与长江流域的季风文化 [J]. 长江流域资源与环境，2004，9.

[41]   王晓伦 . 近代西方在中国东半部的地理探险及主要游记 [J]. 人文地理，2001，2.

[42] 李智君.文化地理研究的范式转换与中国历史文化地理学 [J].中国社会科学报，2010，7.

[43] 张凤琦.论三线建设与重庆城市现代化 [J].重庆社会科学，2007，8.

[44] 杨华.长江三峡地区新石器时代文化遗迹的考古发现与研究 [J].重庆历史与文化，1999，1.

[45] 杨华.三峡地区古人类房屋建筑遗迹的考古发现与研究——兼说湖北、湖南及成都平原地区古城遗迹比较（下）[J].湖北三峡学院学报，2000，3.

[46] 姚亦锋.长江对南京早期城市选址及景观的意义 [J].中国名城，2013，8.

[47] 刘大桥.山水之间说宜宾 [J].四川党的建设.城市版，2010，12.

[48] 段杨波.浅析宜宾古城的兴起 [J].宜宾学院学报，2007，4.

[49] 刘大桥.宜宾的文化传承对城市扩张的影响 [J].宜宾学院学报，2005，11.

[50] 陈淑卿，王芬.重庆余家坝巴人墓地的发掘收获 [J].山东大学学报（社会科学版），2004，1.

[51] 杨华.长江三峡地区古人类化石和旧石器文化遗迹的考古发现与研究 [J].巴文化研究通讯，6-7.

[52] 四川省文物考古研究所，达州地区文物管理所，宣汉县文物管理所.四川宣汉罗家坝遗址 2003 年发掘简报 [J].文物，2004，9.

[53] 何一民.从政治中心优先发展到经济中心优先发展——农业时代到工业时代城市发展动力机制的转变 [J].西南民族大学学报（人文社会科学版），2004，1.

[54] 刘豫川，邹后曦.从三峡库区文物考古成果看重庆地区史前和先秦历史的新轮廓 [J].重庆历史与文化，1999，2.

[55] 邹后曦.年重庆库区 2001 年考古发现 [J].重庆历史与文化，2002，1.

[56] 蔡靖泉.考古发现反映出的成都平原先秦社会经济文化发展 [J].江汉考古 2006，3.

[57] 汪海.未来南京跨江河发展的大城市 [J].现代城市研究，1994，4.

[58] 谭刚毅.“江”之于江城——近代武汉城市演变的一条线索 [J].城市规划学刊，2009，4.

[59] 陈忠平.明清时期南京城市的发展与演变 [J].中国社会经济史研究，1988，1.

外国、外文文献

[1] Joshua T.Howard. Workers at War：Labor in China＇s Aresenals，1937-1953[M]. Standford University Press，2004.

[2] Roberts F M. Western.Travelers to China [M]. Shang-hai，Hong Kong and Singapore：Kelly & Walsh，Ltd，1932.

[3] （英）Thomas Wright .Five months on the Yang-TSze[M].Camebridge University Press，1862.

[4] Isabella Lucy Bird.The Yangtze Valley and Beyond：An Account of Jouneys in China[M]. Camebridge University Press，1898.

[5] George Ernest Morrison.An Australian in China[M].Oxford Universty Press Oxford new Melbourne，1905.

[6] Alicia E.Neva Litllle.Inmitate China：The Chinese as I have Seen Them[M].Camebridge University Press，1899.

[7] （美）盖洛 . 扬子江上的美国人 [M]. 清史编译丛刊，2003.

[8] （英）阿奇博尔德·约翰·立德著，黄立思译 . 扁舟过三峡 [M]. 昆明：云南人民出版社，2001.

[9] （英）阿奇波德·立德 . 穿蓝色长袍的国度 [M]. 王成东，刘云浩译 . 北京：时事出版社，1998.

[10] （日）前田哲男著，王希亮翻译 . 从重庆通往伦敦、东京、广岛的道路——二战时期的战略大轰炸 [M]. 北京：中华书局，2007.

[11] 陈桥驿译，施坚雅著 . 中华帝国晚期城市 [M]. 中译本后记，北京：中华书局，1984.

[12] （英）伊莎贝拉·博德·卓廉丝 .1898：一个英国女人眼中的中国（1898 年）[M]. 黄岗译 . 武汉：湖北人民出版社，2007.

[13] （日）山川早水 . 巴蜀旧影 [M]. 北京：中华书局，2007.

[14] （美）刘易斯·芒德福 . 城市发展史 [M]. 北京：中国建筑工业出版社，1989.

[15] T. H. Sun Lu Tso–fu and His Yangtze Fleet [M]. Asia and Americ a's. 1944，6：248.

[16] （美）周锡瑞 . 华北城市的近代化——对近年来国外研究的思考 [M]. 天津：天津社会科学院出版社，2002.

[17] （英）泰晤士报 . 社论 . 重庆之屠杀 [N]，1939.

[18] 重庆海关报告 [R]. 好博逊（H.E.Hobson），1892.9.

其他材料

[1] 重庆市统计局：《重庆市国民经济统计资料(1965—1974)》：资料／F2／185 卷. 重庆市档案馆藏。

[2] 重庆市建设委员会：《重庆市城市建设的基本情况和急待解决的问题（1977 年 10 月)》1127/2/144 卷，重庆市档案馆藏。

[3] 国务院：《关于加强城市建设工作的意见》，1978 年。

[4] 中国城市规划设计研究院：《宜宾市城市总体规划 2008-2020》，2008 年 12 月。

[5] 重庆市城市总体规划领导小组办公室，重庆市规划局：《重庆市城市总体规划（1982—2000）》[Z].1982 年。

[6] 重庆市城市总体规划修编办公室，重庆市规划设计研究院：《重庆市城市总体规划（1996—2020）》[Z].1998 年。

[7] 重庆市人民政府：《重庆市城乡总体规划（2007—2020 年)》，2014 年 8 月。

[8] 重庆市人民政府：《重庆市城乡总体规划（2007—2020）》（2014 年深化文本·图集）。

[9] 《中共重庆市委 重庆市人民政府关于建设"一小时经济圈"的决定》(渝委发〔2007〕33 号），2007 年 5 月 18 日。

[10] 四川省人民政府、重庆市人民政府《重庆市人民政府四川省人民政府关于推进川渝合作共建成渝经济区的协议》，2007 年 4 月 2 日。

[11] 重庆市人民政府：《2002 年重庆市政府工作报告》。

[12] 中国社科院：《城市竞争力蓝皮书：中国城市竞争力报告》，2006 年。

[13] 重庆市大渡口区人民政府：《重庆市大渡口区国民经济和社会发展第十二个五年（2011—2015）

规划纲要》，2011 年。

[14] 重庆市渝中区政府：《重庆市渝中区国民经济和社会发展第十二个五年规划纲要》，2011 年 3 月。

[15] 渝北区人民政府：《重庆市渝北区人民政府关于印发重庆市渝北区国民经济和社会发展第十二个五年规划纲要的通知》，渝北府发〔2011〕1 号。

[16] 巴南区人民政府：《重庆市巴南区人民政府关于印发 < 重庆市巴南区国民经济和社会发展第十二个五年规划纲要 > 的通知》（巴南府发〔2011〕132 号）

[17] 武汉市城市规划管理局：《武汉城市总体规划（2006—2020 年）》，2006 年。

[18] 武汉市城市建设委员会：《武汉城市总体规划》，1954 年。

[19] 《重庆防空司令部调查 1939 年 5 月 3 日、4 日日机袭渝情况暨伤亡损害概况表》统计，重庆市档案馆，档案 0044- 1- 82。

[20] 《重庆疏建委员会训令总字第 760 号》重庆市档案馆，档案 0067- 5-657

[21] 《廿八年开辟太平巷工作报告》、《重庆市疏散委员会工程组拆卸太平巷统计表》，重庆市档案馆：档案 0067- 1-1533。

[22] 陕西省政府公函：奉行政院令饬拟都市计划函请查照办理（民国档案），民国 28 年 9 月 16 日，西安市档案馆存。

[23] 《重庆疏建委员会疏建方案》来源：重庆市档案馆：全宗号 0067. 目录号 1 卷号 336。

[24] 《重庆疏建委员会疏建方案》来源：重庆市档案馆：全宗号 0067，目录号 1，卷号 336。

[25] 《新华日报》，1944 年 5 月 18 日。

[26] 重庆市计委：《关于重庆市维持简单再生产和城市建设、人民生活方面补欠问题的情况报告》，重庆市档案馆藏，1080/2/522。

[27] 重庆市人口普查办公室编：《人口与发展——重庆市第五次人口普查论文集》。

[28] 吴良镛：《北京宪章》[R]. 国际建筑师协会第 20 届世界建筑师大会于 1999 年 5 月在北京通过。